Anaesthesiology and Resuscitation
Anaesthesiologie und Wiederbelebung
Anesthésiologie et Réanimation

9

Editores

Prof. Dr. R. Frey, Mainz · Dr. F. Kern, St. Gallen
Prof. Dr. O. Mayrhofer, Wien

Die Neuroleptanalgesie

Bericht über das
II. Bremer Neuroleptanalgesie-Symposium
am 30. und 31. Mai 1964

Herausgegeben von

Walter F. Henschel

Springer-Verlag Berlin Heidelberg GmbH 1966

ISBN 978-3-662-37218-0   ISBN 978-3-662-37941-7 (eBook)
DOI 10.1007/978-3-662-37941-7

© by Springer-Verlag Berlin Heidelberg 1966
Ursprünglich erschienen bei Springer-Verlag Berlin Heidelberg New York 1966.

Library of Congress Catalog Card Number 66-10919

Titel Nr. 7444

Geleitwort

Mit großem Vergnügen schreibe ich dieses Geleitwort. Die Neuroleptanalgesie hat in Europa und der ganzen Welt nach und nach großes Interesse gefunden.

Glücklicherweise hat man erkannt, daß man in enger Zusammenarbeit am weitesten kommt und Erfolge und Erfahrungen austauschen soll.

Dafür ist in der heutigen Zeit ein Symposium am besten geeignet.

Dr. WALTER F. HENSCHEL aus Bremen hatte uns zum zweiten Male zu einem Symposium über die Neuroleptanalgesie eingeladen. Keiner hat sich dieser Einladung entzogen, kennen wir ihn doch als einen guten Organisator und ausgezeichneten Gastgeber.

Darüber hinaus wissen wir, daß er einer der besten Kenner dieses Anaesthesieverfahrens ist.

Nur wenige Anaesthesisten können sich auf eine so ausgedehnte Erfahrung sowohl in der Forschung wie in der Klinik dieses Gebietes berufen. Forschung und klinische Erfahrung sind in der Bremer Klinik ausgezeichnet vertreten, nicht zuletzt deshalb, weil dort eine so gute Zusammenarbeit zwischen den verschiedenen Fachdisziplinen besteht.

Daß wir recht gehabt haben, nach Bremen gegangen zu sein und unser Kommen nicht zu bedauern brauchten, beweist dieses kleine Buch.

Es gibt eine Übersicht der heutigen Situation.

Es enthält viele interessante wissenschaftliche Ergebnisse und praktische Vorschläge für den, der sich mit der Neuroleptanalgesie befaßt.

Außerdem sind wir unserem Gastgeber Dr. HENSCHEL und der Stadt Bremen erkenntlich.

Wir haben in Bremen außerordentlich hart und nützlich gearbeitet. Es war aber auch sehr angenehm, in allem bis ins kleinste verwöhnt zu werden. Die freundliche Atmosphäre und das herzliche Zusammensein werden uns noch lange in Erinnerung bleiben.

Die geknüpften Bande – auch international – werden beitragen, daß wir uns immer mehr zu finden wissen.

Wissenschaft, aber auch Freundschaft kennen keine Grenzen.

Groningen, September 1965   Prof. Dr. C. R. RITSEMA VAN ECK

Inhaltsverzeichnis

III. WISSENSCHAFTLICHE SITZUNG

Verzeichnis der Referenten und Diskussionsteilnehmer:

Referenten :

BÖHMERT, F., Dr. med., Allgem. Anaesthesieabt. d. Städt. Krankenanstalten Bremen

BOGER, W. P., M. D., Montgomery Hospital, Norristown, Penna., USA

BUHR, G., Dr. med., Institut f. Herz-, Kreislauf- u. Lungenfunktionsdiagnostik d. Städt. Krankenanstalten Bremen

BUSCH, H., Dr. med., Institut f. Anaesthesiologie der Universität Nijmwegen, Niederlande

BUSHART, W., Dr. med., Neurolog. Univ.-Klinik, Hamburg-Eppendorf

CRUL, J. F., Dr. med., Institut f. Anaesthesiologie der Universität Nijmwegen, Niederlande

DOENICKE, A., Priv.-Doz. Dr. med., Anaesthesieabteilung der Chirurg. Univ.-Poliklinik, München

EUNICKE, S., Dr. med., Anaesthesieabteilung der Mediz. Akademie, Düsseldorf

GEMPERLE, M., Dr. med., Anaesthesieabteilung der Universitätskliniken, Genf, Schweiz

GRABOW, L., Dr. med., Anaesthesieabteilung der Chirurg. Univ.-Klinik, Gießen

HENATSCH, H. D., Prof. Dr. med., Physiologisches Institut der Universität Göttingen

HENSCHEL, W. F., Dr. med., Allgem. Anaesthesieabt. d. Städt. Krankenanstalten Bremen

JANSSEN, P., Doz. Dr. med., JANSSEN-Research-Laboratoria, Beerse, Belgien

KETTLER, D., Dr. med., Anaesthesieabt. d. Univ.-Kliniken, Göttingen

KREUSCHER, H., Dr. med., Institut f. Anaesthesiologie d. Universität Mainz

KUBICKI, ST., Dr. med., EEG-Institut der FU, Berlin

LANGREHR, D., Dr. med., Anaesthesieabt. d. Städt. Krankenanstalten Bremen-Nord

MÜNCHEN, I., Dr. med., Allgem. Anaesthesieabt. d. Städt. Krankenanstalten Bremen

OSTEN, H., Dr. med., Institut f. Herz-, Kreislauf- u. Lungenfunktionsdiagnostik d. Städt. Krankenanstalten Bremen

OTTE, G., Dr. med., Allgem. Anaesthesieabt. d. Städt. Krankenanstalten Bremen

PASCHER, W., Dr. med., Univ.-HNO-Klinik, Hamburg-Eppendorf

RICHTER, M., Dr. med., Allgem. Anaesthesieabt. d. Städt. Krankenanstalten Bremen

RITTMEYER, P., Dr. med., Anaesthesieabteilung der Chirurg. Univ.-Klinik, Hamburg-Eppendorf

SCHMIDT, K., Priv.-Doz. Dr. med., Neurochirurgische Klinik der Univ. Freiburg i. B.

SCHORER, R., Priv.-Doz. Dr. med., Anaesthesieabt. d. Univ.-Kliniken, Göttingen

STOFFREGEN, J., Prof. Dr. med., Anaesthesieabt. d. Univ.-Kliniken, Göttingen

STÜRZENBECHER, K., Dr. med., HNO-Univ.-Klinik, Hamburg-Eppendorf

TORNETTA, F., Ph. D., M. D., Montgomery Hospital, Norristown, Penna., USA

ZADECK, P., Dr. med., Anaesthesieabt. d. Städt. Krankenhauses Berlin-Neukölln

ZINDLER, M., Prof. Dr. med., Anaesthesieabt. d. Medizin. Akademie, Düsseldorf

Diskussionsteilnehmer:

BERGMANN, H., Doz. Dr. med., Anaesthesieabt. d. Allgem. Krankenhauses Linz, Österreich

BERKEL, H. A., Dr. med., Anaesthesieabt. d. Städt. Krankenhauses Bochum

BEYER, H. H., Dr. med., Anaesthesieabt. d. Univ.-Kliniken, Homburg/Saar

DRASCHE, H., Dr. med., Institut f. Anaesthesiologie d. Univ., Wien, Österreich

HERDEN, H., Dr. med., Anaesthesieabt. d. Allgem. Krankenhauses Hamburg-Altona

OTTO, E., Dr. med., Anaesthesieabt. d. Chirurg. Univ.-Klinik, Hamburg-Eppendorf

PRINZHORN, G., Dr. med., BW-Lazarett, Gießen

RITSEMA VAN ECK, C. R., Prof. Dr. med., Institut f. Anaesthesiologie der Reichsuniversität Groningen, Niederlande

SCHWEDER, N., Dr. med., Anaesthesieabt. d. Städt. Kinderklinik Bremen

SKHEDI, H., Dr. med., Allgem. Krankenhaus Hamburg-Bergedorf

RADAKOWIC, D., Dr. med., Anaesthesieabt. d. Chirurg. Klinik d. Med. Akademie Essen

Eröffnungsansprache

Dr. W. F. Henschel

Meine Damen und Herren!

Es ist mir eine ebenso große Freude wie Auszeichnung, Sie zum zweiten Bremer Neuroleptanalgesie-Symposium willkommen heißen zu dürfen.

Ihr so zahlreiches Kommen darf als Bestätigung dafür genommen werden, wie richtig es war, daß wir uns von verschiedener Seite anregen und ermutigen ließen, den Plan für eine derartige Zusammenkunft in die Tat umzusetzen.

Ich begrüße ganz besonders den Herrn Senator für das Gesundheitswesen der Freien Hansestadt Bremen, der sich die Zeit genommen hat, zur Eröffnung des Symposiums und zu Ihrer Begrüßung zu kommen. Mögen Sie darin die äußere Dokumentation erkennen für das Verständnis und die Förderung, die unser Fachgebiet im kleinsten Lande der Bundesrepublik durch dessen amtliche Stellen erfährt.

Mein besonderer Gruß gilt unseren Kollegen aus dem Ausland, an ihrer Spitze dem Präsidenten des Weltbundes der Anaesthesiegesellschaften, Herrn Professor Ritsema van Eck, die keinen noch so weiten Weg gescheut haben, um mit uns hier an gemeinsam interessierenden Problemen zu arbeiten. Mögen über diese Arbeit hinaus Bande der Freundschaft neu oder fester über die Grenzen geknüpft werden!

Wir leben heute in der Zeit der zahlreichen und großen Kongresse. Je größer und je zahlreicher diese werden, umso lauter wird aber der Wunsch nach kleinen Arbeitstagungen, auf denen noch das persönliche Gespräch vorherrscht und die offene Diskussion möglich ist. Nur allzu leicht bleibt ja dafür auf den prachtvollen, repräsentativen Mammut-Kongressen keine Zeit.

Als wir vor 15 Monaten schon einmal an dieser Stelle ein Symposium über die Neuroleptanalgesie abgehalten hatten, waren die Gespräche sehr fruchtbar gewesen und wir waren ein gutes Stück in unserer Arbeit weiter gekommen.

Während wir damals vorwiegend mit dringenden klinisch-methodischen Fragen beschäftigt waren, sollen diesmal pharmakologische sowie physiologische und pathophysiologische Momente der Neuroleptanalgesie zur Sprache gebracht werden.

Wir glauben, daß die Referate einen interessanten Querschnitt der besonders aktuellen Fragen der Neuroleptanalgesie – wie sie sich uns in zahlreichen Gesprächen über dieses Thema immer wieder darstellen – geben und zu einer regen Aussprache – das wesentlichste eines solchen Treffens – anregen.

Möge in diesem Sinne unser Symposium einen fruchtbaren und harmonischen Verlauf nehmen!

I. Wissenschaftliche Sitzung:

Vorsitz: Dr. J. F. CRUL, Nijmwegen

CRUL: Gestatten Sie mir, bevor ich den Sprechern des heutigen Morgens das Wort erteile, Herrn Dr. HENSCHEL meinen Dank auszusprechen für die große Ehre, daß ein ausländischer Gast, der ich bin, in dieser Eröffnungssitzung Vorsitzender sein darf.

In der jungen Geschichte der Neuroleptanalgesie, die behauptet, ein weiterer Ausbau der „balanced-anaesthesia" der vierziger Jahre zu sein, war man schon frühzeitig aus der Balance geraten. Die klinischen Erfahrungen waren von Anfang an günstig. Was fehlte, war eine genaue Messung der Veränderungen in der Physiologie des menschlichen Körpers, die die Neuroleptanalgesie hervorruft. Diese Lücke auszufüllen ist meines Erachtens das große Ziel dieses Symposiums. Aufgrund der Zusammenarbeit zwischen Anaesthesisten, Pharmakologen und Physiologen sind wir – in unserer Zeit, wo jeder vierte Wissenschaftler einen Vielfachschreiber zu seiner Verfügung hat – verpflichtet, exakte Messungen vorzunehmen. Erst wenn auch diese günstig für die Neuroleptanalgesie ausfallen, können wir mit ruhigem Gewissen diese Technik verbreiten. Und dann kann es werden, was sich Dr. JANSSEN heimlich von der Neuroleptanalgesie erträumt, nämlich die Anaesthesie der Wahl für die Patienten mit dem schlechtesten Risiko.

Darf ich darum zum erstenmal das Wort an Herrn HENSCHEL geben für seinen Vortrag und Überblick über die Entwicklung der Neuroleptanalgesie bis zu der heutigen Stellung in der Anaesthesie.

Die Entwicklung der Neuroleptanalgesie
bis zu ihrer heutigen Stellung in der Anaesthesie

Von **W. F. Henschel**

Aus der Allgemeinen Anaesthesieabteilung der Städt. Krankenanstalten Bremen
(Leitender Arzt: Dr. W. F. Henschel)

Als auf dem X. Französischen-Anaesthesie-Kongreß in Lyon – es war am 12. Juli 1959 – DE CASTRO und MUNDELEER ihren Vortrag „*La Neuroleptanalgesié, Nouvelle Technique d'Anesthésie intraveineuse non barbiturique*" hielten, bedeutete dies den Ausgangs- und Angriffspunkt für die Entwicklung einer Anaesthesiemethode, über welche die Diskussion bis heute noch nicht abgeschlossen ist.

Damals war das Echo auf diesen Vortrag verschieden: während er einmal in Frankreich, Belgien und Italien reges Interesse weckte, wurde er auf der anderen Seite kaum beachtet. Im Bericht, der über diese Tagung im Anaesthesisten erschien, wurde er z. B. nicht einmal erwähnt.

Was war geschehen?

DE CASTRO und MUNDELEER hatten einen Terminus und ein neuartiges Verfahren der Allgemeinanaesthesie inauguriert, das – wenn wir es ganz sachlich sehen – nur ein weiterer, logischer Schritt auf dem Wege war, den die moderne Anaesthesie schon seit einiger Zeit beschritt.

Man hatte nämlich schon früher erkannt, daß die Narkose ein komplexes Geschehen ist, welches sich aus mehreren Komponenten – Bewußtlosigkeit, Analgesie, vegetative Dämpfung und Muskelrelaxierung – zusammensetzt.

Es erschien auf die Dauer unbefriedigend, durch die Gabe eines einzigen Narkotikums – wie z. B. früher Äther oder Chloroform – alle diese Komponenten zu erreichen. Mehr noch: Nicht nur unbefriedigend, sondern für den Kranken nicht ungefährlich, da man zum Erreichen aller dieser Komponenten eine sehr tiefe Narkose, eine tiefe Betäubung vornehmen mußte.

Da man aber auch schnell erkannt hatte, daß alle diese Narkotika hemmend in die Zellfunktionen des gesamten Organismus eingriffen, mußte sich konsequenterweise der Schluß ableiten, daß hier ja eine gewisse allgemeine – wenn auch reversible – Intoxikation des ganzen Körpers vorlag, was – vor allem natürlich bei vorgeschädigten Patienten – nicht gleichgültig sein konnte.

Die weitere Entwicklung war daher logisch: Man mußte versuchen, die einzelnen, soeben aufgeführten Komponenten der Narkose durch die Anwendung spezifischer, selektiv wirkender Pharmaka zu erreichen. Durch den Zusatz von Muskelrelaxantien, von Analgetika und von das Vegetativum hemmenden Pharmaka konnte die Menge des eigentlichen Narkotikums erheblich vermindert werden, die Betäubung konnte viel oberflächlicher bleiben, so daß die allgemeine Toxizität wesentlich reduziert wurde.

Es vollzog sich somit der Schritt von der Betäubung mit einem Narkotikum, der früheren „Mononarkose", zur „Kombinationsnarkose" (um diesen gebräuchlichen Begriff einmal zu nennen).

Am intensivsten gingen dabei die französischen und belgischen Anaesthesisten in dieser Richtung vor. Während bei uns in der Regel eine Kombinationsnarkose auf den Zusatz von Lachgas (als Analgetikum) und einem Muskelrelaxans zu einem der herkömmlichen Narkotika, z. B. einem Barbiturat, beschränkt blieb, benutzen sie darüber hinaus in stärkerem Maße intravenöse Analgetika und vor allem am Vegetativum angreifende Substanzen – sogenannte Ganglioplegika –, um damit die Menge des eigentlichen Narkotikums noch mehr reduzieren zu können.

Während wir unter der Steuerbarkeit einer Narkose in erster Linie die möglichst rasche Anflutung und Elimination eines Narkotikums verstanden, bedeutete dieser Begriff für die französische Schule mehr die Möglichkeit, die einzelnen Komponenten bei einer Narkose völlig voneinander isoliert zu realisieren.

Es wurde so weit als möglich nach der Erfüllung der Forderung CECIL GRAYS gestrebt, der einmal gesagt hatte, daß zur Lösung anaesthesiologischer Probleme nur Stoffe mit *einer* Wirkung herangezogen werden sollten, da – ich zitiere – „nur dies logisch und wissenschaftlich ist".

Die Cocktail-lytique-Anaesthesie, die potenzierte Narkose, waren die ersten Schritte einer solchen möglichst differenzierten Allgemeinanaesthesie.

Als nun von PAUL JANSSEN dem Anaesthesisten mit dem Neuroleptikum *Haloperidol* und dem Analgetikum *Phenoperidin* Pharmaka in die Hand gegeben wurden, die von einer bisher unbekannt starken, sofort einsetzenden und schnell abklingenden Wirkung waren, drängte sich der nächste Schritt eigentlich von selbst auf: Die Kombination dieser Pharmaka, wodurch praktisch der Verzicht auf den Zusatz eines herkömmlichen Narkotikums möglich sein mußte.

Man konnte damit eine ausgezeichnete Dämpfung des Vegetativums und eine komplette Analgesie erzielen und konnte auf eine tiefe Bewußtlosigkeit verzichten, da die Patienten durchaus genügend sediert waren.

An die Stelle der tiefen Bewußtlosigkeit trat ein Zustand des Patienten, den DE CASTRO und MUNDELEER – in Anlehnung an einen Ausdruck der französischen Psychiater – als *„Mineralisation"* bezeichneten. Dieser Terminus ist nicht gerade glücklich, er hat immer wieder zu Einspruch und Widersprüchen geführt (denkt man doch zunächst einmal an den Mineralstoffwechsel), aber alle Versuche, ihn durch einen besseren zu ersetzen, blieben bis heute fruchtlos.

Gemeint ist ja damit der Zustand psychischer Indifferenz und motorischer Ruhe.

Die Diskussion um Begriffe ist ja gerade – das darf hier einmal eingefügt werden – im Zusammenhang mit der uns heute hier interessierenden Methode immer wieder aufgeflammt. Diskutierte man schon den Begriff der *Neurolepsie* an sich – den wir persönlich als in der Mitte zwischen Ataraxie und Neuro*plegie* stehend gar nicht so unglücklich empfinden –, so wurde auch der Begriff der Neuroleptanalgesie kritisiert, ich erinnere nur an die Bemerkung Greeffs auf dem Düsseldorfer Symposium.

Noch im vergangenen Jahr hatten wir selbst mit einigen sehr namhaften Anaesthesisten ein Gespräch über den Terminus *„Neuroleptanalgesie"*, was er ausdrücken wolle, wann er überhaupt verwirklicht sei, ob es immer noch eine Neuroleptanalgesie sei, wenn man beispielsweise N_2O hinzufüge, ob man ihn nicht sogar ändern solle, usw.

Unsere Ansicht hierzu ist, daß

1. der Terminus Neuroleptanalgesie inzwischen überall bekannt und verbreitet ist,

2. es in der Medizin wesentlich weniger sachliche Begriffe gibt,

3. er bedeuten soll, daß bei einer derartigen Anaesthesie das Wesentlichste, das Primäre die dominierende Verwendung eines Neuroleptikums und eines Analgetikums – so hat es Bergmann einmal formuliert – ist.

Der Zusatz von Lachgas oder Muskelrelaxantien ist ja nur sekundär.

So verschieden wie das eingangs zitierte Echo auf die Mitteilung de Castros und Mundeleers war nach dem französischen Kongreß in Lyon auch die Entwicklung der NLA. In Belgien und Frankreich begannen zahlreiche Anaesthesisten, sich mit dem neuen Anaesthesieverfahren zu befassen. In anderen Ländern waren es dagegen nur sehr wenige, die die Neuroleptanalgesie in der Klinik versuchten, wie z. B. Bergmann in Österreich, Alder in der Schweiz, Nilsson in Schweden und Brown in England.

Die Ursache hierfür mag in der dargelegten Verschiedenartigkeit der Wege, die von der französischen Schule und denen im deutschen Sprachbereich beschritten wurden, zu suchen sein.

Die Resultate der nun inzwischen ausgedehnteren klinischen Beobachtungen wurden auf mehreren Symposien – in Ostende im April 1961, in London im Mai 1961, in Düsseldorf im Juli 1961 und ein Jahr später im Rahmen des 1. Europäischen Anaesthesisten-Kongresses in Wien – mitgeteilt und zur Diskussion gestellt.

In allen Berichten kamen übereinstimmend Vorteile zum Ausdruck, die gegenüber den herkömmlichen Narkoseverfahren auffielen: Die geringe allgemeine Toxizität, sehr stabile Herz- und Kreislaufverhältnisse, keine Beeinträchtigung der Magen-, Darm- und Nierenfunktion und die unverzügliche Wiederherstellung der Patienten nach der Anaesthesie, was besonders bei Kranken in sehr schlechtem Allgemeinzustand und nach sehr ausgedehnten Operationen ins Gewicht fiel.

Umso verwunderlicher mußte nun eigentlich erscheinen, daß sich trotz dieser Momente die Neuroleptanalgesie nur sehr zögernd ausdehnte, zumal das Interesse der Anaesthesisten daran recht groß war.

Warum?

Dem kritischen Zuhörer bei diesen Symposien fiel auf, daß mit einer verwirrenden Vielzahl methodischer Variationen gearbeitet und diskutiert wurde. So sprach z. B. DE CASTRO in Düsseldorf von – wie er es nannte – „10 verschiedenen Formeln der Neuroleptanalgesie" mit Haloperidol und Phenoperidin. Er brachte die zusätzliche Verabreichung von hohen Dosen Vitamin B_1 ins Gespräch. Andere Autoren, wie SABATHIE und KAPFERER, verwendeten anstelle des Phenoperidin das schwächere D-Moramid, was alles dazu geeignet war, den Eindruck zu erwecken, als gehe man bei der Neuroleptanalgesie ziemlich polypragmatisch zu Werke, als stehe diese Methode noch immer im allerersten Versuchsstadium, wobei offenbar – da ständig neue Varianten vorgeführt wurden – der rechte Weg noch keineswegs gefunden war.

Diese Situation fand ihren Niederschlag in der ständig vorgebrachten Meinung, daß diese Neuroleptanalgesie sicherlich etwas durchaus Gutes und für die Klinik bei bestimmten Fällen Wertvolles sei, daß sie jedoch derartig kompliziert erscheine, so daß sie für eine Anwendung im operativen Routinebetrieb wohl nicht geeignet sei und somit letztlich für den Kliniker uninteressant bleibe.

Sollte nun keine Resignation und Stagnation resultieren, war eine Verschiebung des Schwerpunktes in der Beschäftigung und Betrachtung der Neuroleptanalgesie nötig.

Die Besprechung prinzipieller Überlegungen, die ja durchaus einleuchteten, mußte der Behandlung methodischer Fragen weichen. Die Neuroleptanalgesie mußte übergehen aus den Händen des Anaesthesisten mit pharmakologischer Dominanz in die Obhut des Anaesthesisten mit klinisch-praktischer Dominanz (um die von DE CASTRO einmal angewandte Einteilung der Neuroleptanalgesie abzuwandeln), ohne daß dadurch – das sei an dieser Stelle eindeutig betont – die großen Verdienste des ersteren in irgendeiner Form geschmälert werden sollen!

Es mußte aus allen bisherigen Erfahrungen eine einfache Methodik erarbeitet werden, damit eine breite klinische Anwendung möglich wurde. Nur so konnte ja die Voraussetzung gegeben werden für ausgedehnte Untersuchungen mit einer vergleichbaren methodischen Basis.

Es mußten vor allem auch die Indikationen gefunden und abgegrenzt werden, wo die Vorteile der Methode besonders ins Gewicht fielen. Man durfte sie nicht länger in Variationen verlieren, sondern mußte zum Thema – nämlich dem einer neuen, klinisch anwendbaren Anaesthesiemethode mit echten Indikationen – zurückkehren.

Die pharmakologische Forschung war indes weitergegangen, indem Janssen mit dem Dehydrobenzperidol ein Neuroleptikum und mit dem Fentanyl ein Analgetikum synthetisierte, die noch stärker, dafür aber kürzer wirkten als die bisherigen Stoffe dieser Klassen und somit noch brauchbarer und wertvoller erschienen für eine Anwendung in der Anaesthesie. Sie traten dann auch schnell an die jeweils erste Stelle bei der Neuroleptanalgesie.

Im Februar 1963 diente das I. Bremer-Neuroleptanalgesie-Symposium der Diskussion methodischer Probleme des Verfahrens. Am Ende der Gespräche schien eine Technik gefunden zu sein, die zur „Standardmethode" erklärt und empfohlen werden konnte.

Diese Technik ist hinreichend bekannt (Tab. 1). Wir haben sie im vergangenen Jahr sowohl in Amerika wie in Europa immer wieder eingehend diskutiert, wobei sie auch allgemein als „am zur Zeit wohl optimalsten" akzeptiert wurde.

Es wurde auf der anderen Seite aber auch vereinzelt der Einwand erhoben, wir hätten dadurch, daß wir den Ausbau einer Standardtechnik forcierten und publizierten, die Neuroleptanalgesie völlig schematisiert und seien damit zum Standpunkt einer „Kochbuch-Dosierung" übergegangen.

Dem soll hier unmißverständlich entgegnet werden, daß auch wir zuerst stets eine streng individuelle Dosierung für die Neuroleptanalgesie fordern. Das kommt unseres Erachtens auch in der von uns gegebenen Einführung in die Methode deutlich zum Ausdruck und dieser Einwand wird von einem aufmerksamen Leser auch nicht gemacht. Ohne eine individuelle Handhabung wird man niemals eine optimale Anaesthesie und somit auch niemals eine optimale Neuroleptanalgesie erreichen.

Immerhin – durch die Entwicklung einer Neuroleptanalgesie-Standardtechnik wurde auf alle Fälle der Anstoß für eine weitere schnelle Ausdehnung der Neuroleptanalgesie in der Klinik gegeben.

Ein Beispiel dafür sei demonstriert: Während im norddeutschen Raum (den wir sehr gut übersehen) zu Beginn des Jahres 1963 nur in 9 Kliniken die Neuroleptanalgesie routinemäßig angewandt wurde, sind es inzwischen 54 geworden, wobei Norddeutschland keineswegs eine Ausnahme macht.

Man hat sich aber auch an anderer Stelle Gedanken über eine möglichst einfache, wenn möglich noch einfachere NLA-Technik gemacht. Dabei ging man soweit, daß Neuroleptikum mit dem Analgetikum in einer fixen Mischung zu vereinigen und damit dann – zumeist in Form einer Tropfinfusion – die NLA durchzuführen. De Castro sagte, daß dies nun so

Tabelle 1

NLA-Standard-Technik

Prämedikation: $^1/_2$–$^3/_4$ Stunde vor Anaesthesiebeginn:
2,5–5 mg Dehydrobenzperidol |
+ 0,05–0,1 mg Fentanyl | = 1–2 ml Thalamonal
+ 0,25 mg Atropin
als Mischspritze intramuskulär*

Einleitung der NLA:
1. Blutdruck- und Pulskontrolle (als Ausgangswerte wichtig!)
2. Anlegen einer intravenösen Infusion (Laevulose o. ä).
3. 15–25 mg Dehydrobenzperidol i.v.
4. 0,3–0,7 mg Fentanyl i.v.
   – Diese Injektionen sollen zügig und unmittelbar nacheinander erfolgen! –
5. Nun lassen wir die Patienten ein N_2O/O_2-Gemisch im Verhältnis von 3:1 atmen, bzw. beatmen damit bei Eintreten einer deutlichen Atemdepression.
6. 50 mg Succinylcholin i.v.
7. Endotracheale Intubation

Aufrechterhaltung der NLA:
1. Kontrollierte Beatmung mit einem N_2O/O_2-Gemisch im Verhältnis von 1:1–3:1 bei mäßiger Hyperventilation (dabei ist es gleichgültig, ob man ein halboffenes oder geschlossenes System verwendet)
2. Relaxierung nach Bedarf (Curare, Alloferin oder Succinylcholin – fraktioniert oder als Dauertropf)
3. Laufende Blutdruck- und Pulskontrolle
4. Bei Puls- und Blutdruckanstieg: 0,05–0,2 mg Fentanyl i.v.
5. Andere Zeichen für ein Nachlassen der Analgesie: Schwitzen, Weiterwerden der Pupillen, Unruhe. Vorgehen wie unter 4.

Ausleiten der NLA:
1. Unmittelbar vor Operations-Ende Reduzieren der Beatmung
2. Mit dem Operations-Ende: N_2O weg
3. Spontanatmung (diese kommt in der Regel, wenn 30 Minuten vor Operations-Ende kein Fentanyl mehr gegeben wurde und eine Muskelrelaxanswirkung auszuschließen ist, auf Aufforderung in Gang!)
4. Bei ungenügender Eigenatmung 0,5–2 mg Lorfan® (Roche) i.v. (Bei richtiger Technik praktisch nicht nötig!)
5. Extubation

Postoperative Schmerzbekämpfung (in der Regel erst nach einigen Stunden erforderlich): 1–2 ml Thalamonal i.m.

---

* Bei neurochirurgischen Eingriffen an Patienten mit einem raumfordernden intracranialen Prozeß, die bekanntlich sehr stark auf atemdepressive Nebeneffekte morphinartiger Substanzen reagieren, verzichten wir auf das Fentanyl!

bequem sei, daß damit ein Anaesthesist 5 Operationstische ohne Schwierigkeiten gleichzeitig betreuen könne, wobei nun die Schraube an der Tropfinfusion den Hahn am Halothan-Verdampfer ersetze.

Auch in Amerika, wo man sich inzwischen für die Neuroleptanalgesie zu
interessieren begann, kam die fixe Mischung zur Anwendung (Dripps u.
Mitarb.). Hier lagen allerdings andere Gründe vor: Nämlich die enormen
Schwierigkeiten, ein so hochpotentes Analgetikum wie das Fentanyl isoliert
einzuführen, da die Betäubungsmittelgesetze in den USA ja eine weitaus
größere Rolle als in anderen Ländern spielen.

Wir müssen unseren Standpunkt dazu auch an dieser Stelle wiederholen:
Durch die Anwendung einer festen Mischung vereinfachen wir die Technik
einer Anaesthesie zweifellos. Es hat darum ja schon früher nicht an derartigen Versuchen gefehlt, mit Mischungen zu arbeiten, denken wir nur an
die Idee einer fixen Mischung von Barbiturat und Curare in den ersten
Jahren der Kombinationsnarkose-Ära, die jedoch sehr rasch wieder verlassen wurde.

Wir glauben auch bei der Neuroleptanalgesie nicht, daß durch die
Anwendung einer festen Mischung – Dehydrobenzperidol und Fentanyl
sind in einem Verhältnis von 50:1 gemischt – der Weg für die optimalste
Form einer NLA beschritten wird. Aufgrund unserer eigenen Beobachtungen, welche wir mit dieser technischen Variante machten, möchten
wir sagen, daß sie erhebliche Nachteile hat. Das Hervorstechende an der
Neuroleptanalgesie ist unseres Erachtens doch die Tatsache, daß wir mit
zwei Pharmaka zwei Komponenten der Narkose getrennt voneinander
steuern können. Neuroleptanalgesie und Analgesie gehen ja nicht unbedingt genau parallel. Wir wissen, daß ein labiler und erregter Patient mehr
Neuroleptikum benötigt als ein weniger labiler und ruhiger Mensch.
Ebenso variiert bekanntlich der Bedarf an Analgetikum. Wenn z. B. ein
Patient zur Vertiefung der Analgesie eine Nachinjektion von Fentanyl
benötigt, so ist damit noch nicht gesagt, daß er auch gleichzeitig das Neuroleptikum Dehydrobenzperidol braucht.

Oder umgekehrt: Läßt einmal die Neurolepsie nach, d. h. muß
Dehydrobenzperidol nachinjiziert werden – was in der Praxis extrem selten
vorkommt –, so kann die Analgesie durchaus noch völlig ausreichend sein.
Eine gleichzeitige Zufuhr beider Substanzen wäre nicht nur überflüssig,
sondern sogar unzweckmäßig. Man begibt sich bei der Verwendung von
Mischungen der Möglichkeit einer differenzierten Führung der Neuroleptanalgesie. Wir haben die Beobachtung gemacht, daß bei einer simultanen
Zufuhr der beiden Pharmaka der postoperative Zustand des Patienten nicht
so gut ist wie nach einer mit getrennten Injektionen durchgeführten Neuroleptanalgesie: Der Patient ist wesentlich stärker „mineralisiert", womit
man jedoch einen der Hauptvorteile der Neuroleptanalgesie nicht voll
ausnutzt.

Wir wollen uns aber im Rahmen dieses Überblickes nicht in methodischen Fragen verlieren, sondern zurückkehren zum Stand der Neuroleptanalgesie, wie wir sie heute sehen.

Nach unserer Erfahrung kristallisierten sich mit der Zeit folgende wesentliche Punkte für eine derzeitig also optimal anzusehende Neuroleptanalgesie heraus:

1. Die Verwendung von Dehydrobenzperidol als Neuroleptikum und Fentanyl als Analgetikum.

2. Die getrennte Anwendung dieser beiden Substanzen.

3. Die Reduzierung der initialen Dehydrobenzperidol-Dosis auf maximal 25–30 mg.

4. Die Aufrechterhaltung der Anaesthesie durch alleinige Nachinjektion von Fentanyl.

5. Der Zusatz eines Lachgas-Sauerstoffgemisches in der Relation von 3:1 für eine oberflächliche Bewußtlosigkeit und

6. eine kontrollierte Ventilation.

Im einzelnen kann dazu gesagt werden: Die Begründung dafür, daß wir eine Kombination von Dehydrobenzperidol und Fentanyl zur Zeit als die Methode der Wahl für die Neuroleptanalgesie ansehen, leitet sich leicht aus den Forderungen ab, die wir in der Anaesthesie an ein Neuroleptikum bzw. Analgetikum stellen. Diese sind für das Neuroleptikum:

1. Eine minimale Toxizität.

2. Ein großer Sicherheitsbereich, eine große therapeutische Breite.

3. Eine intensive psychische und motorische Sedierung.

4. Das Fehlen sogenannter dysleptischer Symptome.

5. Das Fehlen extrapyramidaler Erscheinungen bei Gabe klinischer Dosen.

6. Ein möglichst guter Effekt gegen den Schock.

7. Ein guter antiemetischer Effekt.

8. Eine gute Potenzierung und ein guter Synergismus mit den Analgetika und Muskelrelaxantien und schließlich

9. eine Stabilisierung und Stabilität des Neurovegetativums, des Wärme- wie des Wasser- und Elektrolythaushaltes.

Das Dehydrobenzperidol kommt diesen Forderungen zur Zeit am nächsten. Es ist von großer, schneller und relativ kurzer Wirksamkeit. Es hat einen großen therapeutischen Index – nach GARDOCKI von 1:12500. Es fehlen bei Gabe klinischer Dosen wesentliche Kreislaufwirkungen sowie extrapyramidale Zeichen. Es bietet außerdem einen Schutzeffekt gegen den traumatischen und neurogenen Schock, es hat eine ausgezeichnete antiemetische Wirkung und bewirkt schließlich einen gewissen analeptischen Effekt auf die Atmung.

Rekapitulieren wir die Forderungen an ein in der Anaesthesie verwendbares Analgetikum, so sind dies:

1. Eine minimale Toxizität,

2. eine hohe analgetische Wirkung,

3. eine psychische und motorische Sedierung,

4. ein analgetischer Soforteffekt,

5. eine kurzdauernde und intensive Wirkung,

6. keine Kumulationsgefahr,

7. eine absolut sichere Reversibilität der allen diesen Analgetika zur Zeit unabdingbar anhaftenden Nebenwirkung einer Atemdepression durch ein Antidot und

8. selbstverständlich keine Nebenwirkungen.

Das Fentanyl hat sich nun tatsächlich als das Analgetikum mit der z. Z. stärksten, schnellsten und flüchtigsten Wirkung gezeigt. Seine Toxizität ist am geringsten, seine therapeutische Breite am größten (der therapeutische Index ist nach Gardocki 1:777) und es zeigt – das ist für die klinische Anwendung wertvoll – bei subtiler Dosierung einen durchaus guten analgetischen Effekt bei einem Minimum an Atemdepression.

Zur Frage der Anwendung in einer festen Mischung hatten wir bereits oben Stellung genommen.

Wir glauben, daß anfänglich mit der Einführung des Dehydrobenzperidols viel zu große Mengen dieser Substanz verabreicht wurden. Wir haben Demonstrationen von de Castro erlebt, wo er 250–300 mg Dehydrobenzperidol injizierte. Die Folge davon waren:

1. Kreislaufveränderungen im Sinne eines teilweise erheblichen Blutdruckabfalls,

2. postoperative Beeinträchtigungen des Zustandes der Patienten, indem diese einmal erheblich gedämpft waren und sich keineswegs von einem mit herkömmlichen Methoden narkotisierten Patienten positiv unterschied (im Gegenteil), zum zweiten aber ab und an extrapyramidale Zeichen auftraten, sogar noch nach ein bis zwei Tagen.

Es muß weiterhin festgestellt werden, daß wir die Wirkungsdauer des Dehydrobenzperidol wahrscheinlich anfänglich unterschätzt haben. Wir glauben heute, daß das Dehydrobenzperidol durchaus 6–12 Stunden wirksam ist. Wenn wir auf der anderen Seite wissen, daß das Fentanyl dagegen wesentlich kürzer wirkt – man nimmt eine Wirkungsdauer von 2–3 Stunden maximal an – so ist darin eine weitere Begründung für unsere ablehnende Haltung gegenüber einer Simultanzufuhr beider Substanzen zu sehen.

Aus dem eben Gesagten resultiert auch die Tatsache, daß eine Nachinjektion von Dehydrobenzperidol während des Verlaufes einer Neuroleptanalgesie kaum mehr erforderlich ist.

Um den Patienten ganz sicher in eine leichte Bewußtlosigkeit zu bekommen und in dieser zu halten, um dadurch sicher der Möglichkeit zu begegnen, daß ein Patient doch einmal irgend etwas von der Operation wahrnimmt, geben wir heute in der Regel ein Lachgas/Sauerstoffgemisch im Verhältnis 3:1.

Wir beginnen mit der Zufuhr dieses Gemisches nach der Fentanyl-Injektion und halten sie bis zur Hautnaht aufrecht. Nur in besonderen Fällen, z. B. wenn eine aktive Mitarbeit des Patienten in bestimmten Phasen spezieller Operationen erwünscht ist, verzichten wir primär oder intermittierend intra operationem auf das Lachgas, wobei dies jedoch keine unangenehme Sensationen bei den Patienten hervorruft.

Entgegen der bei der Einführung des Dehydrobenzperidol und Fentanyl zunächst – vor allem von DE CASTRO – immer wieder vertretenen Ansicht, daß nun die Neuroleptanalgesie leicht mit Spontanatmung durchzuführen sei, glauben wir, daß eine kontrollierte Beatmung während der Neuroleptanalgesie weit überlegen ist.

Die Indikation für eine künstliche Beatmung der Anaesthesie wird ja heute immer weiter gestellt, insbesondere bei allen langdauernden und großen Operationen, besonders bei Risikofällen und in der Alterschirurgie, d. h. bei den Fällen, die unseres Erachtens das Hauptindikationsgebiet für die Neuroleptanalgesie darstellen.

Wir glauben, daß bei jeder Narkose, so auch bei der Neuroleptanalgesie – vielleicht sogar besonders – auf eine jederzeit genügende Ventilation zu achten ist. Das ungenügende Abrauchen von CO_2 und eine Hyperkapnie ist ja, wie man weiß, die Quelle einer Hyperreflexibilität. Diese kommt bei einer herkömmlichen Narkose manchmal nur larviert zum Ausdruck, während sie bei der Neuroleptanalgesie – da hier eben keine starke generelle Dämpfung des zentralen Nervensystems vorliegt – sich deutlich bemerkbar machen kann. Wir haben an anderer Stelle schon darauf hingewiesen, daß wir einen Großteil von Schwierigkeiten, die von mancher Seite bei Einleitung und Verlauf der Neuroleptanalgesie gesehen wurden, auf eine Kohlensäureanreicherung infolge mangel- oder fehlerhafter Ventilation zurückführen.

Wir sprachen vorhin schon kurz von den Indikationen, welche für die Neuroleptanalgesie gefunden werden mußten.

Nach dem derzeitigen Stand der klinischen Erfahrungen und Untersuchungen sehen wir folgende Indikationsgebiete als Domäne der Neuroleptanalgesie an: Alle ausgedehnten, schweren und langdauernden Eingriffe, Eingriffe an Patienten in schlechtem Allgemeinzustand und Eingriffe, da wir zu intraoperativen diagnostischen Hinweisen eine aktive Mitarbeit des Patienten benötigen, wie das bei manchen neurochirurgischen und otologischen Operationen erwünscht ist. Anders gesagt: Unseres Erachtens liegt die Domäne für eine Anwendung der Neuroleptanalgesie auf dem neurochirurgischen Gebiet, auf dem Sektor der sogenannten „großen Chirurgie" (Herzchirurgie, Lungenchirurgie, Abdominalchirurgie, Urologie und große Unfallchirurgie) und beim Risikopatienten, also z. B. im Greisenalter oder bei vorgeschädigten Patienten.

Aus Amerika kommen gerade in den letzten Wochen sehr positive Berichte über ein weiteres Anwendungsgebiet, auf dem sich die Neuroleptanalgesie sehr bewähren soll: Eingriffe am und im Herzen unter Verwendung des extracorporalen Kreislaufs. Corssen in Ann Abor verfügt z. Z. wohl über die meisten äußerst positiven Resultate auf diesem Gebiet und wird darüber demnächst berichten.

Wir möchten abschließend somit zusammenfassen:

Die Neuroleptanalgesie ist zu einem Verfahren der Allgemeinanaesthesie geworden, welches bei bestimmten Indikationen heute bereits einen festen Platz in der Skala der uns zur Verfügung stehenden Möglichkeiten unseres Fachgebietes einnimmt und Vorteile bietet, die nicht zu übersehen sind.

Die Entwicklung ist dabei keineswegs abgeschlossen. Viele Dinge bedürfen noch weiterer Bearbeitung und Diskussion, Dinge, die weniger methodischer Natur sind, als vielmehr andere Gesichtspunkte betreffen, wie vor allem:

1. Die Anwendung bei bestimmten Indikationsgebieten wie z. B. in der Kinder- und Säuglingschirurgie oder Geburtshilfe.

2. Die Frage des genauen Wirkungsmechanismus und der Angriffspunkte der benutzten Pharmaka.

3. Die Frage des Abbaus und der Ausscheidung dieser Substanzen.

4. Pathophysiologische Probleme von Wirkungen und Nebenwirkungen unter der Neuroleptanalgesie, wie die Beeinflussung der Funktionen der verschiedenen Organsysteme.

5. Die Möglichkeit, noch kürzer wirkende Neuroleptika und stärker wirkende Analgetika mit noch größerer therapeutischer Breite und noch geringeren Nebenwirkungen wie z. B. extrapyramidalen Effekten und Atemdepression zu finden.

Es bleibt zu hoffen, daß uns diese zwei Tage hier Licht in die eine oder andere dieser Fragen bringen. Wir werden somit noch einiges einige Zeit lang über die Neuroleptanalgesie zu diskutieren haben, wegzudiskutieren – das ist unsere feste Meinung – ist sie jedoch heute schon nicht mehr.

Und wenn wir uns bei diesen Diskussionen immer vor Augen halten, daß wir bis heute noch kein ideales Anaesthesieverfahren kennen, und daß es ungewiß, sicherlich unwahrscheinlich ist, daß wir jemals über ein solches verfügen können, so wird diese Diskussion immer in sachlichen Bahnen bleiben.

Literatur

a) *R 4263 – Fentanyl*

Pharmakologie:

Janssen, P. A. J.: A review of the chemical features associated with strong morphine-like activity. Brit. J. Anaesthesia 34, 260 (1962).

Gardocki, J. F. and J. Yelnosky: A study of some of the pharmacologic actions of fentanyl citrate. Toxicol. Appl. Pharmacol. 6, 48 (1964).

Janssen, P. A. J., C. J. E. Niemegeers and J. G. H. Dony: The inhibitory effect of phentanyl (R 4263) and other morphine-like analgesics on the warm water induced tail withdrawal reflex in rats. Arzneimittel-Forsch. 13, 502 (1963).

Klinik:

DE CASTRO, G. et P. MUNDELEER: Phentanyl ou R 4263, le plus puissant analgésique du type morphinique. Premières observations cliniques. Persönliche Mitteilung, Februar 1962.

REUSE, J.: Développements récents dans le domaine des analgésiques. Revue Médicale **18**, 487 (1962).

MARSBOOM, R., A. VERSTRAETE, D. THIENPONT and D. MATTHEEUWS: The use of haloanisone and phentanyl for neuroleptanalgesia in dogs. Brit. Vet. J. **120**, 466 (1964).

b) *R 4749 – Dehydrobenzperidol*

Pharmakologie:

JANSSEN, P. A. J., C. J. E. NIEMEGEERS, K. H. L. SCHELLEKENS, F. J. VERBRUGGEN and J. M. VAN NUETEN: The pharmacology of dehydrobenzperidol (R 4749), a new potent and short acting neuroleptic agent chemically related to haloperidol. Arzneimittel-Forsch. **13**, 205 (1963).

SCHAPER, W. K. A., A. H. M. JAGENEAU and J. M. BOGAARD: Hemodynamic and respiratory responses to dehydrobenzperidol (R 4749), a potent neuroleptic compound in intact anaesthetized dogs. Arzneimittel-Forsch. **13**, 316 (1963).

YELNOWSKY, J., R. KATZ and E. DIETRICH: A study of some of the pharmacologic actions of droperidol. Toxicol. Appl. Pharmacol. **6**, 37 (1964).

Klinik:

DE CASTRO, G. et P. MUNDELEER: Déhydrobenzpéridol ou R 4749, un nouveau neuroleptique de la série des butyrophénones. Persönl. Mitteilung, Febr. 1962.

MORTELMANS, J., R. MARSBOOM et J. VERCRUYSSE: L'emploi du déhydrobenzperidol (R 4749) comme neuroleptique puissant dans la clinique des singes anthropoïdes. Bull. Soc. Roy. Zool. Anvers, n⁰ 23 (1962).

BROWN, A. S.: Neuroleptanalgesia for the surgical treatment of parkinsonism. Anaesthesia **19**, 70 (1964).

BIANCHI, J.: Contribution à l'étude d'un appoint narcotique à la neuroleptanalgésie. Imprimerie E. Drouillard, Bordeaux 1963.

c) *R 4263 + R 4749*

Fentanyl + Dehydrobenzperidol

Pharmakologie:

YELNOSKY, J. and J. F. GARDOCKI: A study of some of the pharmacologic actions of fentanyl citrate and droperidol. Toxicol. Appl. Pharmacol. **6**, 63 (1964).

DOBKIN, A. B., P. KWANG YI LEE, P. BYLES and J. S. ISRAEL: Neuroleptanalgesics: a comparison of the cardiovascular, respiratory and metabolic effects of innovan and thiopentone plus methotrimeprazine. Brit. J. Anaesthesia **35**, 694 (1963).

GARDOCKI, J. F., J. YELNOSKY, W. F. KUEHN and J. C. GUNSTER: A study of the interaction of nalorphine with fentanyl and innovan. Toxicology Appl. Pharmacology **6**, 593 (1964).

Klinik:

Communications presented at the Symposium on Neuroleptanalgesia in relation to the first European Congress of Anaesthesiology, Vienna, September 5, 1962.

LARSON, A. G.: A new technique for inducing controlled hypotension. Lancet **1963** i, p. 128.

Soergel, W.: Über das Anästhesieverfahren der Neurolept-Analgesie in der operativen Gynäkologie und bei der Sektio. Geburtsh. Frauenheilk. 23, 453 (1963).

Holderness, M. C., P. E. Chase and R. D. Dripps: Use of a narcotic analgesic and a butyrophenone with nitrous oxide for general anesthesia in adults. Anesthesiology 24, 336 (1963).

Keéri-Szanto, M., Fr. Telmosse and D. Trop: Anesthetic time/dose curves v. data on neuroleptic drugs with remarks about their action. Can. Anaesth. Soc. J. 10, 484 (1963).

Gemperle, M. und B. Grüninger: Blutgasanalysen nach Neuroleptanalgesie Typ II. Anaesthesist 13, 6 (1964).

Analyse des gaz du sang après neuroleptanalgésie Type II. Anesthésie Analgésie 21, 101 (1964).

Ruggerini, R.: La neuroleptanalgesia con il dehydrobenzperidol (R 4749) ed il phentanyl (R 4263) in chirurgia generale. Ateneo Parmense 33, suppl. 1 (1962).

Nilsson, E.: Origin and Rationale of Neurolept-Analgesia. Editorial Views. Anesthesiology 24, 267 (1963).

Henschel, W. F.: Principes et technique de la Neuroleptanalgésie. XIIIième Congrès Français d'Anesthésiologie. Bordeaux, 31 mai–3 juin, 1963.

Manni, C., R. Trifogli and P. Mazzoni: Esperienze cliniche con una nuova tecnica di anesthesia generale: la „Neuroleptanalgesia". Policlinico 70, 961 (1963).

Marsboom, R.: Neuroleptanalgesie bij dieren: algemene anesthesie zonder barbituraten. Tijdschr. Vl. Diergeneesk. 88, 482 (1963).

—, J. Mortelmans, J. Vercruysse and D. Thienpont: Effective sedation and anaesthesia in gorillas and chimpanzees. Nord. Vet. Med. 14, 95 (1962).

— — —: Neuroleptanalgesia in monkeys. Veterin. Record 75, 132 (1963).

— —: Some pharmacological aspects of analgesics and neuroleptics and their use for neuroleptanalgesia in primates and lower monkeys. Symposium on „Small Animal Anaesthesia", London, July 23–24, 1963. Pergamon Press, p. 31 (1964).

Ferrari, H. and O. Ceraso: Advantages of the association of nitrous oxide to neuroleptanalgesia with R 4749 and R 4263. Actas del IX Congreso Argentino de Anestesiologia, Buenos Aires, October 5–11, 1963, p. 291–299.

Ceraso Oreste, Roberto Elder and Heriberto Ferrari: Neuroleptanalgesia, experience in 200 cases. The minutes of the XXXIVth Argentine Congress of Surgery. October 7 to 11, 1963 (in press).

Cetrullo, C. and J. Zattoni: Richerche fisiopatologische farmacologiche e cliniche in rapporto a particolari modalità di condotta della narcosi. Minerva Anestesiologica 29, (1963).

Ciocatto, E., G. Moricca and E. Fava: Nuevas tecnicas en anestesiologia. La Neuroleptoanalgesia. Minutes of the IX Argentine Congress of Anesthesiology, Buenos Aires. October 5–11, 1963, p. 415–430.

Jaquenoud, P., D. Grolleau et J. du Cailar: Essais cliniques en anesthésie du phentanyl (R 4263) et du déhydrobenzpéridol (R 4749). Agressologie 4, 533 (1963).

Brown, A.: Neuroleptanalgesia. The present position for neurosurgery. Ir. J. Med. Sc., November 1963, p. 535–540.

Dobkin, A. B., J. S. Israel and P. H. Byles: Innovan-N_2O anesthesia in normal men: effect on respiration circulatory dynamics, liver function, metabolic functions, acid-base balance, and psychic responses. Can. Anaesth. Soc. J. 11, 41 (1964).

Soma, L. R. and D. R. Shields: Neuroleptanalgesia produced by fentanyl and droperidol. J. Amer. Vet. Med. Ass. **145**, 897 (1964).

Yelnosky, J. and W. E. Field: A preliminary report on the use of a combination of droperidol and fentanyl citrate in veterinary medicine. American Journal of Veterinary Research **25**, 1751 (1964).

Dobkin, A. B.: Sedatives, analgesics, antidotes, and their interaction: a review. Can. Anaesth. Soc. J. **11**, 252 (1964).

Corssen, G.: Neurolept-Analgesia. A chapter to be included in the second edition of „Anesthesiology“, a textbook edited by Dr. Vincent Collins, Chief of Anesthesia, Cook County Hospital, Chicago, U.S.A.

Henschel, W. F.: Erfahrungen mit der Neuroleptanalgesie. Bremer Ärzteblatt **17**, 10 (1964).

Prinzhorn, G.: Die Neuroleptanalgesie, ein neues Verfahren der Allgemeinbetäubung. Wehrmedizinische Mitteilungen, nr. 6, 81 (1964).

Cremonesi, Eugesse: Contribuiçao para o estudo da neuroleptanalgesia tipo II. Tese de doutoramento apresentada a faculdade de medicina de Sao Paulo da Universidade de Sao Paulo (cadeira de Farmacologia) 1964. Rev. Brasil. Anestesiol., Suplem. 1964.

Gürtner, Th., A. Doenicke und W. Spiess: Neuroleptanalgesie. Erfahrungen über Typ I, II und deren Kombination. Anaesthesist **13**, 183 (1964).

Corssen, G., F. Domino and B. Sweet: Neuroleptanalgesia and anesthesia: pharmacologic and clinical considerations. Anesthesia Analgesia **43**, 748 (1964).

—, P. Chodoff and E. F. Domino: Neurolept-analgesia and anesthesia for open heart surgery. Anesthesiology, in Druck.

Zur Frage des Abbaus und der Ausscheidung der bei der Neuroleptanalgesie zur Anwendung kommenden Pharmaka

Von **P. Janssen**

Aus den Janssen Pharmaceutica-Research Laboratoria Beerse-Belgien

Bis vor einigen Jahren wurde über den Stoffwechsel von Arzneimitteln wenig gesprochen und in Lehrbüchern der Pharmakologie, die älter als 10 bis 20 Jahre sind, findet man darüber beinahe gar nichts. Seit einigen Jahren allerdings ist es eine Gewohnheit geworden, und ich wage zu sagen, eine Mode, der Frage des Abbaus und der Ausscheidung von Arzneimitteln im Organismus mehr und mehr Aufmerksamkeit zu schenken. Nun ist es so, daß man als Wissenschaftler jeden Versuch, das menschliche Wissen zu bereichern, nur freudig begrüßen kann. Andererseits kann man sich nüchtern fragen, warum früher diesem Aspekt der Pharmakologie so wenig Aufmerksamkeit zugewandt wurde und warum sich das plötzlich änderte. Die Antwort auf diese Frage ist meiner Meinung nach im Psychologischen zu suchen. Das wissenschaftliche Interesse vieler Menschen wird tatsächlich nicht durch die klassische, wenn auch sehr genaue Beschreibung dessen, was die Stoffe tun, befriedigt. Man möchte darüber hinaus auch noch kennenlernen, wie und warum sie es tun. Daher stammt wahrscheinlich die ziemlich allgemeine Neigung, der man in der heutigen Pharmakologie häufig begegnet, ein Experiment nur sehr oberflächlich zu beschreiben, während andererseits versucht wird, das Experiment mehr und mehr zu erklären. So entstehen nicht nur sehr brauchbare Arbeitshypothesen, sondern leider auch eine stets zunehmende Zahl von sehr gewagten Theorien über den Wirkungsmechanismus von Pharmaka. Diese Theorien findet man dann bald in der wissenschaftlichen Literatur und später in den Lehrbüchern. Die Grenzen zwischen Feststehendem und Theoretischem wird auf diese Weise mehr und mehr verwischt, vor allem für diejenigen, die sich oberflächlicher mit diesen Fragen beschäftigen. Man kann sich wirklich vorstellen, wie anziehend es in psychologischer Hinsicht für einen Studenten sein muß, in einem Lehrbuch für Pharmakologie für jedes beliebige Medikament nicht nur die klassische Beschreibung seiner Eigenschaften, sondern sogar eine sehr plausible Erklärung für diese Tatsachen zu finden. Beim Schließen des Buches glaubt der Student, nicht nur zu wissen, was geschieht, wenn man ein Medikament einem Menschen gibt, sondern auch warum das so geschieht. Er kennt nun den Wirkungsmechanismus, weiß wo und wie die Stoffe angreifen, hat in vielen Fällen die Schwierigkeiten sogar auf biochemisches oder biophysisches Gebiet verschoben, und weiß natürlich, wie die Stoffe abgebaut und ausgeschieden werden. Es genügt jedoch völlig, täglich der Wirklichkeit im Laboratorium gegenüberzustehen und dabei seinen gesunden Verstand zu gebrauchen, um zu wissen, wie groß der Unterschied zwischen der Wirklichkeit und dem Traum ist. In diesem Sinne möchte ich mir erlauben, mit Ihnen einige Probleme zu besprechen, die in Verbindung stehen mit den angekündigten Fragen, nämlich dem Abbau und der Ausscheidung von Stoffen, die in der Neuroleptanalgesie eine wichtige Rolle spielen; einerseits morphinartige Analgetika im Allgemeinen und Fentanyl im Besonderen und andererseits Neuroleptika im Allgemeinen und ausführlicher Dehydrobenzperidol oder Droperidol. Schema 1 betrifft Fentanyl. Dieses stark wirksame Analgetikum ist ein in 1,4-Stellung doppelt substituiertes Piperidinderivat, ein tertiäres Amin also, das eine Phenäthylgruppe auf dem Stickstoff trägt und in 4-Stellung mit Anilin substituiert ist, wobei der Stickstoff von diesem Anilin mit Propionsäure acyliert ist, wodurch ein aliphathisches, aromatisches tertiäres Amid entsteht. Die Beobachtung des Metabolismus dieses Stoffes stößt beim Tier und mehr noch beim Menschen auf enorme technische

Schwierigkeiten. Die therapeutisch und pharmakologisch interessanten Dosen liegen in der Größenordnung von einigen gamma/Kilogramm Körpergewicht, und es ist äußerst schwierig, sogar mit Hilfe von radioaktivem Material, diese kleinen Mengen in vivo wiederzufinden, die eventuellen Abbauprodukte zu isolieren und danach ihre Struktur zu bestimmen. Man kann annehmen, daß, wie das für alle anderen tertiären Amine mit Morphinwirkung der Fall ist, Fentanyl hauptsächlich zu Norfentanyl abgebaut wird. Diese oxydative Dealkylierung, bei der die

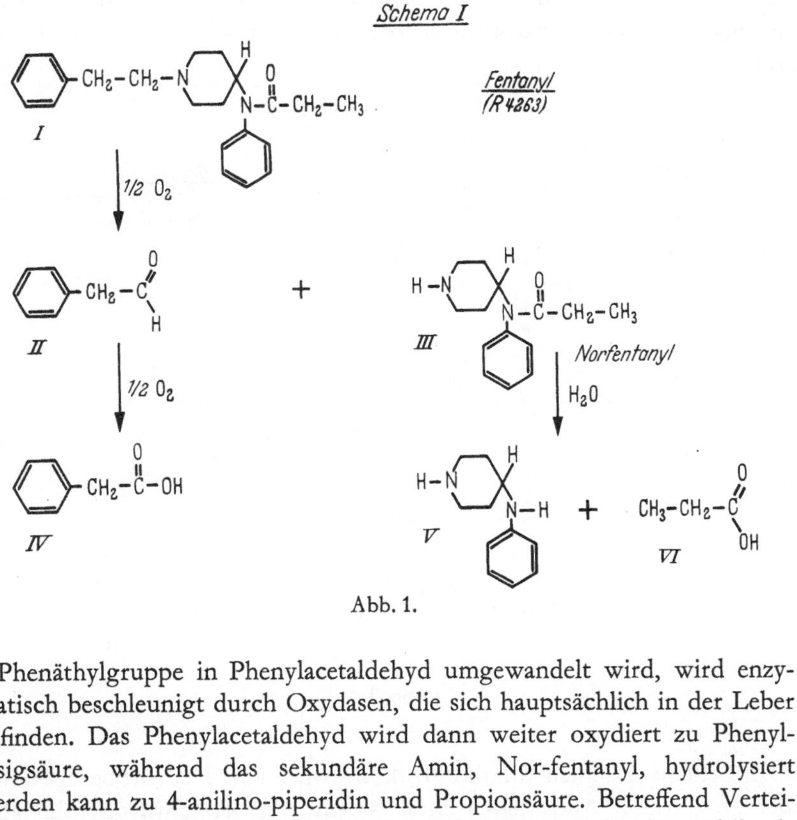

Abb. 1.

n-Phenäthylgruppe in Phenylacetaldehyd umgewandelt wird, wird enzymatisch beschleunigt durch Oxydasen, die sich hauptsächlich in der Leber befinden. Das Phenylacetaldehyd wird dann weiter oxydiert zu Phenylessigsäure, während das sekundäre Amin, Nor-fentanyl, hydrolysiert werden kann zu 4-anilino-piperidin und Propionsäure. Betreffend Verteilung und Ausscheidung von Fentanyl muß an erster Stelle die auffallende Tatsache erwähnt werden, daß sowohl bei parenteraler als auch bei oraler Verabreichung der Stoff sehr schnell resorbiert wird. Nach intravenöser Verabreichung tritt der maximale Effekt beinahe sofort auf, während das Auftreten des Maximaleffektes nach intramuskulärer oder subkutaner Verabreichung eine Sache von ein paar Minuten ist. Desgleichen ist Fentanyl per os gegeben bei verschiedenen Versuchstieren nach einigen Minuten maximal wirksam. Der Maximaleffekt dauert, wie bekannt, bei klinisch und pharmakologisch interessanten Dosen kaum einige Minuten, um dann langsam zu verschwinden. Obwohl also feststeht, daß verabreichte Dosen Fentanyl sich mit großer Geschwindigkeit im Organismus verteilen, ist hierüber in Detail wenig bekannt, ebensowenig übrigens wie für andere morphinartige Analgetika. Man kann nur sagen, daß die Fentanylmoleküle auf irgendeine Art und Weise schnell in die Kerne des zentralen Nervensystems eindringen, wo sie wirksam werden. Das sind der Thalamus, bestimmte subkortikale Zentren und auch das Rückenmark. Inwieweit die Oxydasen der Leber die Wirkungsdauer von morphinartigen Analgetika im allgemeinen beeinflussen, ist nicht mit Sicherheit bekannt. Man kann jedoch annehmen, daß dieser Faktor für die bekannten Tatsachen keine genügende Erklärung bietet.

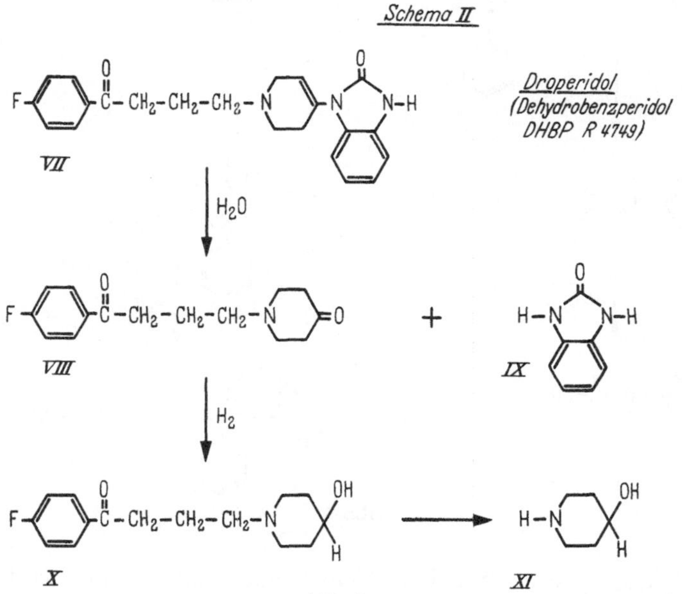

Abb. 2.

In Schema 2 finden Sie die Strukturformel von Dehydrobenzperidol oder Droperidol. Auch dieser Stoff ist ein vom Tetrahydropyridin abgeleitetes tertiäres Amin. An den Stickstoff dieses Heterocyclus ist die charakteristische Parafluorobutyrophenongruppe gebunden, während sich in der 4-Stellung eine Benzimidazolongruppe befindet. Es steht fest, daß die Doppelbindung im Piperidinkern von Droperidol für den Stoffwechsel eine große Rolle spielt. Wenn diese Doppelbindung selektiv hydrogeniert wird, entsteht ein Droperidolanalog, nämlich Benperidol oder R 4584, das Droperidol pharmakologisch sehr ähnlich, jedoch erheblich länger wirksam ist. Von allen stark wirksamen Neuroleptika hat Droperidol die kürzeste Wirkungsdauer. Diese Eigenschaft ist höchstwahrscheinlich der Tatsache zuzuschreiben, daß Droperidol in vivo durch Hydrolyse in das Parafluorobutyrophenonderivat von 4-Piperidon (Nr. 8 in Schema 2) und Imidazolon gespalten wird. Hierbei handelt es sich wahrscheinlich um eine nicht enzymatische Spaltungsreaktion, deren Geschwindigkeit hauptsächlich durch Faktoren wie Temperatur und pH bestimmt wird. Dieses Fluorobutyrophenon Nr. 8 ist zwar ein schwach wirksames Neuroleptikum, aber es ist länger wirksam. Es kann in der 4-Stellung zu einem tertiären Alkohol reduziert werden, der wiederum oxydativ zum einfachen 4-Piperidinol dealkyliert werden kann. Es ist wenig über die relative Wichtigkeit dieser zwei letzten metabolischen Reaktionen bekannt, vermutlich sind sie wenig wichtig. Auch Droperidol verteilt sich sehr schnell im Organismus. Der pharmakologische Effekt wird nach einigen Minuten erreicht, um dann wieder ziemlich schnell zu verschwinden. Von der Verteilung von Droperidol im Organismus weiß man erst wenig. Auf irgendeine, noch näher zu klärende Art und Weise kann Droperidol sehr schnell das zentrale Nervensystem erreichen, und vor allem in Zentren, die subthalamisch und supraspinal gelegen sind, unter anderen die area cineria auf dem Boden des vierten Ventrikels, zu wirken beginnen. Die Exkretion von Fentanyl wie auch von Droperidol mit dem Urin ist gering, wahrscheinlich nicht mehr als 10% der Gesamtdosis. So wie es jedoch bei allen bekannten Aminen der Fall zu sein scheint, ist es möglich, durch starkes Ansäuern des Organismus die Exkretion mit dem Urin erheblich zu erhöhen. Das ist nicht erstaunlich, da Amine im allgemeinen viel löslicher in saurem als in neutralem Milieu sind.

Nach dieser kurzen Skizze der bisherigen Kenntnisse des Abbaus und der Ausscheidung von Fentanyl und Droperidol, möchte ich Ihnen vorschlagen, unsere Aufmerksamkeit den technischen Schwierigkeiten zu widmen, die beim näheren Untersuchen des besprochenen Problems überwunden werden müssen. Um zum Ziel zu kommen, ist schließlich die Anwendung von radioaktiv markierten Molekülen nicht zu umgehen. Die technisch einfachste Lösung für Fentanyl würde darin bestehen, bei der Synthese von C_{14}-Propionsäure auszugehen. Daß dieses jedoch keine völlig befriedigende Lösung ergeben kann, ist sofort klar, wenn man bedenkt, daß man die Spur des basischen Teiles des Moleküles verlieren würde, sowie die bereits besprochene hydrolytische Spaltung von zum Beispiel Nor-fentanyl in Anilinpiperidin und Propionsäure auftreten würde. Derselbe Einwand besteht gegen die Anwendung von C_{14}-phenyläthanol als Ausgangsstoff bei der Synthese. Dabei muß man die wahrscheinlich schnell auftretende oxydative Dealkylierung von Fentanyl in Nor-fentanyl und Phenylacetaldehyd beachten, wobei der zuletzt genannte Stoff alle Radioaktivität enthalten würde und man so wiederum die Spur von Nor-fentanyl selbst und von seinen Abbauprodukten verlieren würde. Geht man von radioaktivem Anilin aus, dann fallen zwar die früher genannten Einwände weg, aber dann würden die nichtbasischen Abbauprodukte einer weiteren Untersuchung entgehen. Dasselbe gilt für radioaktiv markiertes Fentanyl im Piperidinkern, wobei außerdem bemerkt werden muß, daß es von der Synthese her gesehen viel schwieriger ist, ein radioaktives Kohlenstoffatom in den Kern einzuführen als die erstgenannten Möglichkeiten. Sind die Schwierigkeiten beim Synthetisieren von radioaktivem Fentanyl zwar groß, aber nicht unüberwindlich, so kann man doch sagen, daß die Synthese von C_{14}-dehydrobenzperidol, vorsichtig ausgedrückt, eine sehr mühsame Aufgabe ist. Hier kann man von radioaktivem Benzol ausgehen, woraus in drei Schritten Fluorobenzol synthetisiert und daraufhin in zwei weiteren Schritten radioaktives Droperidol gemacht werden kann, jedoch wäre dieses dann an einer nicht besonders interessanten Stelle radioaktiv. Beim Auftreten der oxydativen Dealkylierung fände man alle Radioaktivität im nichtbasischen Teil des Moleküls, während man die weiteren Abbauprodukte des sekundären Amins aus den Augen verlöre. Die Synthese mit radioaktivem Butyrolakton als Ausgangsprodukt, wobei man im Endprodukt ein C_{14}-atom in der Propylenseitenkette erhielte, wäre nicht nur mühsamer, sondern stieße auch wieder auf dieselben Einwände. Es bleiben zwei andere Möglichkeiten: Einerseits C_{14} in den Benzolkern des Benzimidazolonteiles des Moleküles einzuführen, das wäre theoretisch die wünschenswerteste Lösung, da Benzimidazolon wie bereits erwähnt, durch Hydrolyse ziemlich schnell entsteht. Theoretisch muß man danach trachten, eins der fünf Kohlenstoffatome des Piperidinringes radioaktiv zu machen, wobei von der Synthese her es sehr schwierig ist, ein radioaktives 3-carbethoxy-4-piperidonderivat zu gebrauchen. Um dieses Problem zu lösen, müßte man in der Synthese einen neuen Weg zu 3-carbethoxy-4-piperidon finden, da der normale Syntheseweg dieses Stoffes ein Alkylacrylat benutzt, das leider dazu neigt, sehr schnell zu polymerisieren, wenn eines seiner Kohlenstoffatome durch ein radioaktives Kohlenstoffatom ersetzt wird. Angenommen, es gelänge, die vier verschiedenen radioaktiven Fentanyl-Moleküle und die vier verschiedenen radioaktiven Droperidol-Moleküle, über die wir sprachen, zu synthetisieren, auch dann wäre man immer noch sehr weit entfernt von der Beseitigung aller Schwierigkeiten. Man könnte mit derartigem radioaktiven Material aus den Ihnen bekannten Gründen kaum beim Menschen experimentieren und müßte sich daher auf Stoffwechseluntersuchungen bei Laboratoriumstieren beschränken. Für die, die gerne wissen möchten, was stoffwechselmäßig beim Menschen mit Medikamenten passiert, muß das wohl eine entmutigende Feststellung sein, wenn man bedenkt, wie grundsätzlich verschieden der Stoffwechsel eines Stoffes bei den verschiedenen Tierarten sein kann. Eine detaillierte Kenntnis des Stoffwechsels eines Arzneimittels bei Ratten oder Hunden gestattet uns leider nicht, daraus Schlüsse für die Klinik zu ziehen. Tatsächlich sind einige Untersuchungen bekannt, die diese Behauptung auf elegante Weise illustrieren. Es ist gelungen, bei einer kleinen Zahl von Arzneimitteln, für die technischen Schwierigkeiten weniger groß sind als für Fentanyl und Droperidol, eine Einsicht in Abbau und Eliminierung zu gewinnen. Zwei gute Beispiele dafür sind Äthylalkohol und Isoniazid. Es handelt sich dabei um Stoffe, die in großer Menge und chronisch an Mensch und Tier verabreicht werden können, deren Chemie ziemlich einfach ist und die ziemlich schnell und vollständig durch Urin, Fäces oder CO_2 der Ausatmungsluft ausgeschieden werden. Für Isoniazid wurde festgestellt, daß bestimmte Tierarten diesen Stoff sehr schnell und beinahe völlig acetylieren, wie das übrigens auch bei den Sulfonamiden der Fall ist, während bei anderen Tierarten diese Acetylierung überhaupt nicht auftritt. Die Fähigkeit, Isoniazid zu n-acetylieren, hängt beim Menschen anscheinend von angeborenen genetischen Faktoren ab. Man weiß, daß bestimmte Menschen dazu neigen, diesen Stoff zu acetylieren, während andere wegen angeborener genetischer Eigenschaften das dazu nötige Enzym anscheinend völlig entbehren. Auffallend ist, daß die analytisch-chemischen Verhältnisse für derartige Stoffe meistens relativ einfach sind, da viele Experimente auch ohne radioaktives Material selbst beim Menschen ausgeführt werden können, mit anderen Worten, man kann weder Schlüsse über den Metabolismus von Stoffen von Tier zu Mensch noch von Mensch zu Mensch ziehen. Sogar wenn man genau wüßte, was bei 10 Menschen mit diesem oder jenem Stoff stoffwechselmäßig geschieht, könnte man nicht mit Sicherheit sagen, wie der Organismus des elften Menschen reagieren würde.

Zusammenfassend möchte ich mit dem Hinweis schließen, daß wir ganz allgemein über Abbau und Ausscheidung von organischen Verbindungen wenig wissen. Vor allem in bezug auf den Menschen ist unsere Ungewißheit sehr groß. Je aktiver ein Stoff ist und je schwieriger seine Chemie, umso größer wird das Problem, weil diese zwei Faktoren, kleine Dosis und komplizierte Chemie, schnell zu Hindernissen führen, die man beim heutigen Stand der Wissenschaft nicht überwinden kann.

Vom wissenschaftlichen Standpunkt aus kann diese eher pessimistisch klingende Ansicht nur zu weiteren Untersuchungen führen in dem Bemühen, unsere wissenschaftlichen Erkenntnisse zu vermehren. Vom praktischen Standpunkt aus, z. B. aus der Sicht des Klinikers, sehe ich beim besten Willen nicht ein, wie eine mögliche tiefgehende Kenntnis der Chemie, des Abbaus und der Ausscheidung der von ihm gebrauchten Stoffe ihm beim Lösen seiner Probleme helfen könnte. Es scheint mir, praktisch gesehen, viel wichtiger, genau zu wissen, was die Stoffe tun, als auf die Frage antworten zu wollen, wie oder warum sie es tun.

Wirkungen von Psychopharmarka
auf den spinalen Eigenreflexapparat und seine Antriebe
(Unter besonderer Berücksichtigung
von Dehydrobenzperidol)* **

Von **D. Langrehr** und **H. D. Henatsch**

Aus der Allgemeinen Anästhesieabteilung am Zentralkrankenhaus Bremen-Nord
und dem Physiologischen Institut der Universität Göttingen

Die breite klinische Anwendung einer immer noch wachsenden Zahl
von chemisch heterogenen sogenannten Psychopharmaka hat vor allem in
der Hand des Neurologen und Psychiaters in den vergangenen Jahren zu
überaus eindrucksvollen Therapieerfolgen geführt. Der zunächst vorwiegend empirischen Sammlung von Wirkungsbildern sind inzwischen
systematische tierexperimentelle Analysen der am Zentralnervensystem
angreifenden Substanzen gefolgt. Hierdurch hat sich ein Wandel in der
Beurteilung der ausgeprägt „entspannenden" und „motorisch dämpfenden"
Effekte vollzogen, welche die meisten Vertreter dieser Stoffgruppe aus-
zeichnen. Ursprünglich standen die cephalo- und psychotropen Wirkungen
ganz im Vordergrund, so daß die Änderungen im motorischen Verhalten
lediglich als Neben- und Folgewirkungen der psychischen Relaxierung
imponierten; heute dagegen läßt sich umgekehrt ein beachtlicher Teil der
Gesamtwirkung auf die Beeinflussung spinaler und supraspinaler Substrate
zurückführen.

Diese Feststellung gründet sich auf den experimentellen Nachweis
objektiv meßbarer und reproduzierbarer Reaktionsveränderungen der
spinalmotorischen Systeme und ihrer Antriebe (KAADA 1950; HENATSCH
u. INGVAR 1956; KILLAM 1956; WILSON 1958; WERNER 1958, 1959; KLUPP
u. STRELLER 1959; BUSCH, HENATSCH u. SCHULTE 1960; HENATSCH, LANG-
REHR u. KAESE 1960; STERN u. WARD 1962; STEG 1964; u. a.). Ein großer
Teil dieser Befunde wurde an voll narkotisierten, decerebrierten oder gar
spinalisierten Tierpräparaten erhoben, an denen echte psychische Einflüsse
keine oder kaum noch eine Rolle spielen konnten. Aus solchen Untersuchungen haben sich erweiterte klinische Anwendungsmöglichkeiten der
„Psycho"-Pharmaka zur Beeinflussung motorischer Krankheitssyndrome
ergeben, vor allem von Spastizitäts-, Rigor- und Dyskinese-Zuständen. –
Nachdem in jüngster Zeit eine Gruppe dieser Stoffe im Rahmen der
Neuroleptanalgesie (DE CASTRO u. MUNDELEER 1962) besondere Bedeutung
für die Anaesthesiologie gewonnen hat, erschien eine Analyse der spinal-

---

* Mit Unterstützung der Deutschen Forschungsgemeinschaft.
** Auszugzweise vorgetragen auf dem XV. Congrès Français d'Anesthésie-
Réanimation, Toulouse, 1965.

motorischen Wirkungen eines typischen Vertreters derselben, nämlich Dehydrobenzperidol oder Droperidol (DHBP), angezeigt. Da wir uns bei diesen Untersuchungen weitgehend den früheren Studien unseres Arbeitskreises über Phenothiazine, Meprobamat und Benzodioxan anschlossen, sollen die bisher gewonnenen Resultate mit DHBP im Vergleich mit den schon bei jenen anderen Drogen erhobenen Befunden dargestellt werden.

Bei den Abbildungsbeispielen beschränken wir uns jedoch auf Befunde über DHBP, welches an dieser Stelle besonders interessiert. Da die Versuche noch nicht vollständig abgeschlossen sind, können die folgenden Angaben noch nicht in allen Punkten als endgültig betrachtet werden.

Die Tab. 1 gibt eine kurze Übersicht über die wichtigsten Gruppen der Psychopharmaka. Sie erhebt jedoch keinen Anspruch auf Vollständigkeit. Die von uns untersuchten Vertreter aus den verschiedenen Gruppen sind gekennzeichnet.

Tabelle 1

Übersicht über die verschiedenen Gruppen von Psychopharmaka mit Kennzeichnung der untersuchten 4 Vertreter

Psychisch dämpfende —				Aktivierende Drogen	
Neuroleptika		Tranquilizer		Antidepressiva Thymoleptika	Stimulantien Psychotonika
Pheno-thiazin	*Thiaxan-thene*	*Mepro-bamat*	*Bizyklische Verb.*		
Largactil	Truxal	Cyrpon	Atarax	Tofranil	Weckamin
Megaphen	Ciatyl	Miltaun	Masmoran		Ritalin
Verophen	Taractan	Aneural	Covatix	Saroten	Preludin
Neurocil			Suavitil	Laroxyl	Eventin
Atosil	*Rauwolfia*	Librium	Mephen-amin		Regenon
Pacatal	Serpasil			Marsilid	Mirapont
Melleril	Sedaraupin		Quiloflex	Marplan	Avicol
Nipodal	Rivasin			Nardil	Pesomin
Raudolectil				Niamid	
Decentan	Insidon				
Psyquil					
	Haloperidol				
Dominal	Dehydro-benz-peridol				

Untersuchte Substrate und methodische Angaben
(siehe dazu Abb. 1)

Die verschiedenen Einzeluntersuchungen, die dieser Übersichtsdarstellung zugrunde liegen, konzentrierten sich auf die am Eigenreflexapparat beteiligten spinalmotorischen Systeme und ihre Hilfseinrichtungen.

Das klassische Konzept des einfachen Eigenreflexbogens (Hoffmann 1934), dessen aufsteigender Schenkel von den Muskelspindelafferenzen und dessen efferenter Schenkel von den motorischen Neuriten der zugehörigen Motoneurone gebildet wird, hat in den letzten beiden Jahrzehnten erhebliche Erweiterungen erfahren (vgl. Henatsch 1964). Die verfeinerten Kenntnisse über Struktur- und Funktionsdifferenzierungen sämtlicher betroffener

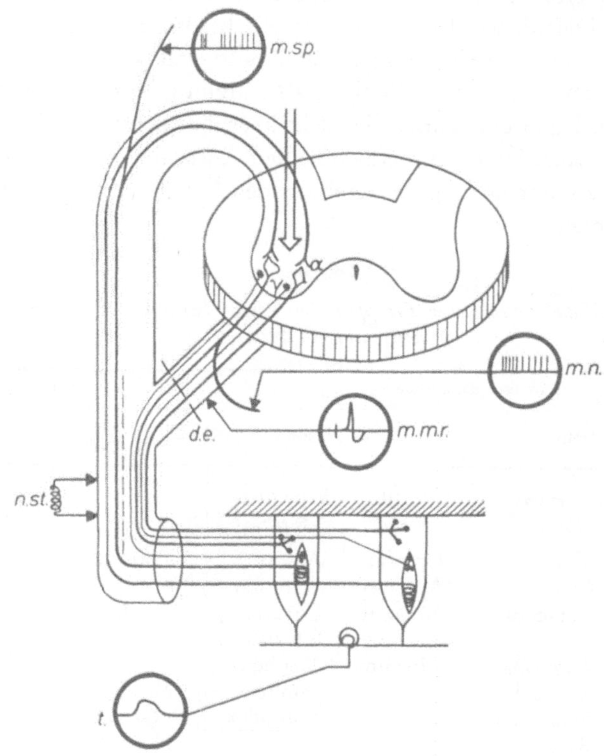

Abb. 1: Schematische Darstellung der Versuchsanordnung (siehe methodische Angaben). Abkürzungen: m.sp. = afferente Muskelspindelimpulsregistrierung aus H.W.-Filamenten; m.n. = α- und γ-Motoneuronimpulsableitungen aus V.W.-Filamenten; m.m.r. = monosynaptischer Massenreflex vom V.W.-Stumpf; d.e. = Deefferentierung der extra- und intrafusalen Skelettmuskelfasern, Durchschneidung der V.W.; n.st. = elektrische Reizung des peripheren gemischten Nerven (N. gastrocn.) orthodrom zur Auslösung des m.m.r., antidrom zur Testung der Renshaw-Hemmung; t = Muskelspannungsregistrierung.

Substrate haben zwar das Gesamtbild sehr kompliziert, aber auch das Repertoire verfügbarer Untersuchungsmethoden außerordentlich bereichert. Wir beschränken uns hier auf die wichtigsten Begriffsbestimmungen und methodisch-technische Kurzangaben, die sich – soweit nicht anders gesagt – auf die Unterschenkel-Extensoren der Katze beziehen; Einzelheiten sind den früheren Arbeiten, insbesondere Busch, Henatsch u. Schulte (1960) sowie Henatsch, Langrehr u. Kaese (1960) zu entnehmen.

Monosynaptischer Massenreflex (MMR):

er ist die synchrone Summenantwort eines ganzen α-Motoneuronenverbandes (s. u.) auf einmalige elektrische Reizung der raschest leitenden Muskelafferenzen, entspricht demnach am ehesten dem momentanen Eigenreflex Hoffmannscher Prägung. Auslösung entweder an den Gastrocnemius-Nervenästen oder an einem Teil der entsprechenden Hinterwurzel (meist L_7-Segment). Ableitung vom ganzen oder abgeteilten Vorderwurzelstumpf L_7 oder S_1. Häufig gefolgt von mehreren Nachentladungswellen, die polysynaptischen Ursprungs sind.

Posttetanische Potenzierung (PTP) des MMR:

eine vorübergehende Steigerung der MMR-Amplituden nach zwischengeschobener mittelfrequenter afferenter Reizserie (100–400/sec, 5–10 sec lang), bei gleichbleibenden Parametern der Reflex-Einzelreize. Beruht auf verstärkter präsynaptischer Transmitterpotenz der afferenten Endknöpfe. Ableitung wie oben.

Tonische und phasische α-Motoneurone (α-MN):

innervieren mit dicken, rasch leitenden Neuriten der Aα-Gruppe die gewöhnliche Arbeits-Skelettmuskulatur. *Tonische* α-MN beantworten hinreichende Antriebe mit anhaltenden, rhythmischen Entladungsserien von meist kleinerer Amplitude, versorgen vorwiegend die „rote" Haltungsmuskulatur; *phasische* α-MN antworten mit nur wenigen initialen Einzelentladungen von meist größerer Amplitude, versorgen vorwiegend „blasse" Bewegungsmuskulatur. Der Reaktionstyp ist jedoch in Grenzen wandelbar; ob das einzelne MN tonisch oder phasisch entlädt, hängt maßgebend von der augenblicklichen Summe der afferenten Zuströme aus der Peripherie und aus supraspinalen Quellen ab (Henatsch, Schulte u. Busch 1959). Spontanentladungen von Extensor-α-MN treten an decerebrierten und narkotisierten Präparaten bei üblicher Fixierung der Extremitäten selten, an spinalisierten Präparaten fast nie auf.

Dehnungsreflex einzelner α-MN:

Antwort der α-MN auf abrupt einsetzende, aber mehrere Sekunden anhaltende Dehnung des entsprechenden Muskels; übliche Identifizierungs- und Testmethode für ihre phasisch-tonische Reaktionsfähigkeit. Meist Dehnung des Wadenmuskels (Triceps surae oder nur Gastrocnemius) um 5–12 mm in regelmäßigen Abständen, entweder manuell oder maschinell mittels pneumatisch getriebener Apparatur (Takano u. Henatsch 1964).

Dabei Registrierung der Muskelspannung in Ruhe und bei Streckung mit Dehnungsmeßstreifen und Meßbrücke. Ableitung der α-MN-Entladungen bipolar von dünnen Vorderwurzelfilamenten (L_7 oder S_1).

γ-oder Fusimotoneurone (γ-MN):

innervieren mit dünnen, langsam leitenden Neuriten der Aγ-Gruppe die intrafusale Eigenmuskulatur der Muskelspindeln (s. u.); unterscheidbar von den α-MN durch viel kleinere Entladungsamplituden und meist – besonders am decerebrierten Präparat – vorhandene tonische Spontanaktivität, die durch segmentale und vor allem supraspinale Antriebe aufrechterhalten und moduliert wird. Sie kontrollieren die Empfindlichkeit der Muskelspindeln und können durch intrafusale Kontraktion afferente Spindelentladungen auch ohne Dehnungsreize auslösen. Das γ-System stellt seinerseits über die Muskelspindelafferenzen einen der bedeutendsten tonischen Antriebe für die α-MN-Verbände dar (γ-Muskelspindelschleife). Durch Dehnung des eigenen Muskels werden die γ-MN nicht aktiviert. Ableitung von γ-Aktivitäten entweder direkt, ebenfalls von dünnen Vorderwurzelfilamenten; oder Registrierung der afferenten Muskelspindelentladungen, deren Änderungen als Indikator der γ-Effekte dienen (Voraussetzung: intakte efferente Innervation und Vermeidung von Muskellängen-Änderungen).

Zentrale fusimotorische Antriebe:

Hauptquelle sind die motorischen Zonen der bulbomesencephalen Reticulärformation, auf welche Zuströme aus zahlreichen anderen Quellen konvergieren; daneben im gleichen Gebiet auch Hemmungssubstrate für die Fusimotoneurone. Experimentelle zentrale γ-Aktivierungen über die Reticularis entweder physiologisch mittels manueller Pinna- (Ohrmuschel-) Reizung oder elektrischer Reizung des N. auricularis magnus (Henatsch u. Schomburg 1964), oder durch Direktreizung (Mittelhirn-Tegmentum) mit stereotaktisch eingeführten Elektroden (Henatsch u. Ingvar 1956). Segmentale γ-Aktivierungen durch Kopf- oder Schwanzheben oder Hautreizung an Rücken und Becken.

Muskelspindeln – motorischer und sensibler Apparat:

sind wichtigste, kompliziert gebaute Proprioceptoren des Muskels, signalisieren Größe und Geschwindigkeit von Längenänderungen; besitzen eigenen motorischen Apparat (Bündel von quergestreifter *Intrafusal*-Muskulatur, mit efferenter γ-Innervation, s. o.) und eigenen sensiblen Apparat (*primäre* und *sekundäre* sensible Endigungen, mit afferenten Fasern der Gruppe Ia bzw. II). Primäre Endigungen liefern fördernde Antriebe für die eigenen α-MN und hemmen zugleich die antagonistischen α-MN. Sekundäre Endigungen (auf die im folgenden nicht näher eingegangen wird) liefern

Afferenzen mit Hemmwirkung auf Extensor- und Förderwirkung auf Flexor-MN. Ableitung afferenter Entladungen aus Extensor-Muskelspindeln von dünnen Hinterwurzelfilamenten (L_7 oder S_1).

Recurrente Renshaw-Hemmung (RRH):

ist die gegenseitige Rückkopplungshemmung der α-MN, über recurrente Axon-Collateralen und spezielle im Vorderhorn gelegene Zwischenneurone (Renshaw-Zellen), welche an benachbarten synergistischen α-MN hemmende Synapsen bilden. Übliche Testung an der Amplitudenminderung des MMR, welche eintritt, wenn dem Reflexreiz im Abstand von einigen msec ein antidromer Reiz an einem Teil der gleichen oder benachbarten Vorderwurzel vorausgeschickt wird. Die Renshaw-Zellen stehen unter supraspinaler Kontrolle, wodurch der Effekt der RRH moduliert werden kann.

Präparate:

Als *Präparate* dienten Katzen, die teils nach Sherrington decerebriert und dann unnarkotisiert waren, teils in protrahierter, flacher Presuren-Narkose oder mitteltiefer Nembutal-Narkose gehalten wurden und teils im Versuchsablauf oberhalb der Lumbalsegmente spinalisiert wurden. Übliche Denervierung der Hinterextremität der Versuchsseite außer den Nervenästen des untersuchten Muskels, lumbale Laminektomie, Fixierung des Rumpfes und der Extremitäten; wahlweise Deefferentierung (Durchtrennung der Vorderwurzeln L_6–S_2) zur Unterbrechung der γ-Muskelspindelschleife.

Pharmaka:

Alle Injektionen langsam intravenös (V.fem.). Meprobamat als Lösung des Präparates Miltaun (Cyanamid GmbH., Lederle). Übliche Dosen 20–40 mg/kg. Als Phenothiazin entweder Megaphen (Bayer, Leverkusen), Hibernal (Leo A.B., Helsingborg) oder Acetopromazin (Versuchspräparat Nr. 338 der Fa. Knoll, Ludwigshafen), in Dosen von 0,5 bis 2,5 mg/kg.

2-γ-Methoxy-propylaminomethyl-1,4-benzodioxan-hydrochlorid (Quiloflex der Fa. Thomae, Biberach/Riss) in Dosen von 0,25–2,0 mg/kg; Dehydrobenzperidol = DHBP (Fa. Jansen, Düsseldorf) meist in Dosen von 2 mg/kg.

Ergebnisse

Es war aufgrund des allgemeinen Wirkungscharakters von DHBP als Neuroleptikum mit spinalmotorischen Effekten zu rechnen, die denjenigen der übrigen drei Stoffe qualitativ vergleichbar sein sollten. Tatsächlich fand sich für alle vier untersuchten Stoffe bei fast nur quantitativen Wirkungsunterschieden (Dauer, Dosis, Angriffsschwerpunkt) eine gewisse Uniformität im Verhalten der untersuchten spinalmotorischen Systeme. Hiernach

Tabelle 2

Synopsis der spinalmotorischen Wirkung von vier Neuroleptika (Einzelheiten siehe Text; nach Untersuchungen unserer Arbeitsgruppe)

Wirkung Droge →	Phenothiazin	Meprobamat (Miltaun)	Benzodioxanderivat (Quiloflex)	DHBP
Depression α-MMR	selten*	keine (40mg/kg)**	deutlich, lange (0,5–2,0 mg/kg)***	deutlich (2,0–7,0 mg/kg)
Initiale Steigerung des MMR	Ø	Ø	deutlich	
PTP des MMR	unverändert (0,5 mg/kg)		gesteigert	
Depression des MMR nach Spinalisierung			sehr deutlich (2 mg/kg)	
Interneuronenhemmung		Hemmung polysynaptischer Reflexe	Hemmung polysynaptischer Nachentladungen	deutliche Verminderung der Renshaw-Hemmung
Hemmung α-MN tonisch-phasisch-Schweigen	deutlich (> 1 mg/kg), für Stunden, phasischer Antwort-Rest	deutlich (30 mg/kg) 15–30 min	deutlich (< 1 mg/kg), phasischer Antwortrest	
Hemmung α-MN nach Spinalisierung	deutlich (1 mg/kg) auch phasisch erlischt			
Initiale Steigerung α-MN	gelegentlich	häufig	gelegentlich, deutlich nach Strychnin u. DHE	
Kompensierbarkeit der α-MN-Hemmung	durch PTP, durch SCh-Spindeln****	durch SCh-Spindeln****	durch Pinna	
Hemmung γ-MN	deutlich (0,5–1,0 mg/kg)	deutlich (30–40 mg/kg)	deutlich (0,5 mg/kg)	deutlich (2 mg/kg)
Initiale Steigerung γ-MN	manchmal	häufig	manchmal	
Kompensierbarkeit der γ-MN-Hemmung	Hautreiz Ø Pinna Ø Reticularis-Reiz Ø	Pinna Ø		Pinna Ø elektrisch Ø
Spindelhemmung, intakte γ-Efferenz (γ-Indikator)	deutlich		deutlich	deutlich (2 mg/kg)
Direktwirkung auf deefferentierte Spindeln	keine	keine	keine	keine

* Vergleiche dagegen STERN u. WARD (1962): MMR-Steigerung bei wachem, vollständig curaresiertem Tier.
** Vergleiche WILSON (1958): MMR-Depression bei Dosen ab 100 mg/kg.
*** Vergleiche KLUPP u. STRELLER (1959): Mäßige Hemmung des Patellarsehnenreflexes erst ab 10 mg/kg an narkotisierten Katzen, keine Hemmung an spinalisierten oder decerebrierten Tieren.
**** d. h. chemische Erregung der Muskelspindeln durch SCh.

scheint es gerechtfertigt, die Einflüsse der vier Substanzen der Übersicht-
lichkeit halber gemeinsam zu besprechen. Eine summarische Zusammen-
stellung gibt die Tab. 2. Sie enthält die Resultate aus den eingangs genannten Arbeiten unserer Gruppe. Nicht ausgefüllte Felder der Tabelle
zeigen an, daß diese besondere Untersuchung für die entsprechende Substanz von uns noch nicht durchgeführt wurde. Soweit unsere Angaben
denjenigen anderer Autoren gleichen oder ähneln, werden diese nicht
gesondert aufgeführt. Lediglich auf abweichende Techniken oder Befunde
wird in Fußnoten hingewiesen.

Monosynaptischer Massenreflex (MMR)

Der MMR ist eine typische phasische Reflexantwort eines α-MN-
Verbandes, an der jedoch tonische wie auch phasische Zelltypen teil-
nehmen. Er fand sich nach Megaphen selten (Fußnote 1), nach Miltaun

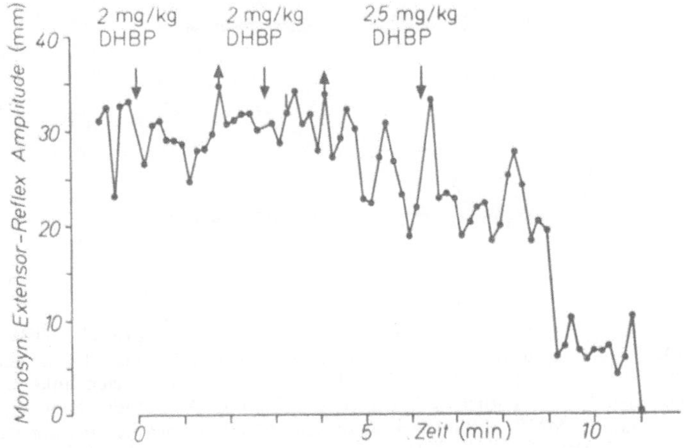

Abb. 2: Depression des MMR durch DHBP.
Katze, flache Presuren-Narkose, 15 min vor der Registrierung bereits 1 mg/kg DHBP
i.v. ohne Effekt. MMR von N. gastrocn. Einzelschocks H.W.-Stumpf L_7. Depression erst
bei relativ hohen Dosen.

nicht (Fußnote 2), nach Quiloflex deutlich und langdauernd (Fußnote 3),
nach DHBP bei flacher Basisnarkose erst nach wiederholten Gaben von
2 mg/kg, dann aber deutlich und anhaltend, vermindert. So zeigt die Abb. 2
im Diagramm die Reflexamplitude des MMR bei einer Katze in flacher
Presuren-Narkose, die erst nach insgesamt 7,5 mg/kg DHBP (innerhalb
von 20 min) deutlich vermindert wurde.
Nach einer zwischengeschalteten Serie afferenter tetanischer Reize am
gleichen Muskelnerven kommt es zu einer posttetanischen Potenzierung
(PTP) des MMR nur dann, wenn die Membranerregbarkeit der MN gut

erhalten ist. Diese PTP wurde durch Phenothiazin nicht verändert, und war nach Quiloflex sogar länger anhaltend.

Nach vorausgegangener Spinalisierung war die MMR-Depression besonders nach Quiloflex sehr deutlich, z. T. bis zum völligen Verlust der monosynaptischen Reflexerregbarkeit. Auch die am spinalisierten Präparat nach Muskeldehnung verbliebene phasische Restantwort wurde z. B. nach Megaphen oft vollständig unterdrückt. Diese Befunde nach Ausschaltung supraspinaler Einflüsse durch die Spinalisierung belegen Wirkungen der Substanzen auf spinaler Ebene. Die oft gleichzeitig mit dem MMR aus-

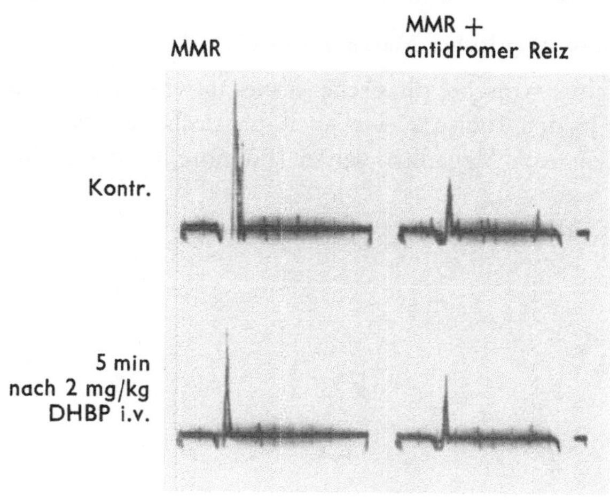

Abb. 3: Depression des MMR und der Renshaw-Hemmung durch DHBP.
Katze, H.W. L₇ gereizt, MMR von N. gastrocn. lat., antidromer Reiz (AR) N. gastrocn. med. Je 10 Einzelkipps des KO übereinander. Bilder von rechts nach links zu lesen. Reizartefakt des AR re. seitlich = Lücke in der 0-Linie. Amplitudendifferenz jeweils zwischen re. und li. MMR = Renshaw-Hemmung. Oben: Kontrolle vor, unten: 5 min nach 2 mg/kg DHBP. Sowohl MMR-Amplitude wie Renshaw-Hemmung haben abgenommen. 1 Kästchen = 2 msec.

gelösten polysynaptischen Nachentladungen, bzw. unabhängig ausgelösten polysynaptischen Reflexe, verschwinden ebenfalls z. B. nach Miltaun oder Quiloflex, was ebenso auf spinale Wirkungen hindeutet.

Die Abb. 3 zeigt zunächst eine mäßige Verminderung der Reflexamplitude des MMR 5 min nach 2 mg/kg DHBP. In den rechten Teilbildern ist außerdem die Hemmung des MMR durch einen voraufgegangenen antidromen Konditionsreiz gezeigt (Renshaw-Hemmung (RRH); vgl. Wilson u. Talbot 1960; Brooks u. Wilson 1959).

Nach DHBP ist die Differenz der beiden Reflexamplituden rechts und links vermindert, d. h. aber, die RRH hat abgenommen. Eine solche Verminderung der Renshaw-Hemmung kann sowohl ein intraspinaler Effekt sein, wie auch auf einer Beeinflussung der zentralen Kontrolle der Renshaw-

Zell-Entladungen beruhen (HAASE u. VAN DER MEULEN 1961); dieses Präparat war nicht spinalisiert. Da die Renshaw-Zellen spezialisierte Zwischenneurone im Vorderhorn des Rückenmarkes darstellen, haben wir den von uns beobachteten Effekt unter der Rubrik „Interneuronenhemmung" tabelliert.

Tonisch-phasische α-Motoneuronenentladungen

Eine Steigerung der peripheren und/oder zentralen Antriebe führt regelmäßig zu vermehrt tonischer Antwortbereitschaft, d. h. das einzelne Motoneuron kann z. B. auf den gleichen Muskeldehnungsreiz mit einer Salve längerer Dauer entladen. Unter der Einwirkung der Neuroleptika kommt es ganz allgemein zu einer Drosselung der α-MN-Entladungen in der Reihenfolge tonisch – phasisch – Schweigen, je nach der Ausgangssituation. Dieser Befund war für alle daraufhin untersuchten Pharmaka nachweisbar und war z. B. für Phenothiazin auch nach Spinalisierung zu erheben, wobei der sonst häufig erhaltene phasische Antwort-Rest der MN auch noch erlosch. Neben der Drosselung bulbomesencephaler tonischer Antriebe spielen hier offenbar auch intraspinale Hemmeffekte eine Rolle. Eine stärkere Beeinflussung der tonischen gegenüber der phasischen Komponente in der Dehnungsreflexspannung eines ganzen Muskels haben auch CHIN u. SMITH (1962) unter der Wirkung verschiedener zentralnervös depremierender Substanzen gefunden.

Eine kurzdauernde initiale Steigerung der tonischen Dehnungsreflexe wurde selten nach Miltaun und Quiloflex allein, jedoch deutlich nach Quiloflex beobachtet, wenn vorher durch Dihydrobetaerythroidin (DHE, Blockade der Renshaw-Hemmung) oder Strychnin intraspinale Hemmungsmechanismen ausgeschaltet waren. Dies entspricht der oft beobachteten initialen MMR-Steigerung nach Quiloflex. Ein derartiger Effekt war immer vorübergehend und verhinderte die darauffolgende Depression nicht. Die initiale Steigerung nicht nur der α- sondern auch der γ-MN-Aktivitäten innerhalb der ersten 1–2 min nach der Injektion der Pharmaka war oft begleitet von einer flüchtigen Blutdrucksenkung, die jedoch zu gering war, um bereits hypoxische Effekte am Rückenmark zu erzeugen. Nach den Untersuchungen von SCHULTE, HENATSCH u. BUSCH (1959) ist eher daran zu denken, daß eine Verminderung der Pressoreceptorimpulse infolge der Blutdrucksenkung zu kurzfristigen Steigerungen der α- und γ-Antriebe aus der Reticulärzone führt.

Entsprechend dem oben Gesagten (Bedeutung der Summe der afferenten Zuströme) ist die α-MN-Antriebshemmung durch Neuroleptika teilweise oder ganz kompensierbar, wenn die Antriebe aus anderen Quellen vermehrt werden: sei es auf intraspinaler Ebene (PTP), sei es aus der Muskelperipherie (chemische Muskelspindelerregung durch Succinylcholin) oder von

zentral her (Reticularis-Aktivierung). Die Tatsache, daß z. B. ausgefallene
zentrale Antriebe (Pharmakon-Wirkung) durch gesteigerte Antriebe aus
den Muskelspindeln ersetzt werden können, spricht gegen eine nennenswerte direkte Depression der Motoneuronzellen bei den angewandten
Dosierungen dieser Substanzen.

γ-Motoneuronenentladungen und Muskelspindeln

Sowohl die direkten efferenten Entladungen einzelner γ-MN wie auch
die afferenten Entladungen efferent innervierter Muskelspindeln als Indikator der γ-Aktivität werden von allen vier untersuchten Stoffen markant

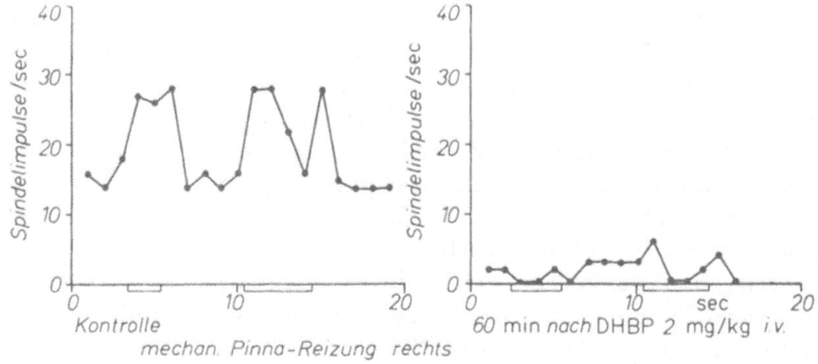

Abb. 4: Verminderung der Muskelspindelentladungen durch DHBP, Aufhebung der
Förderwirkung von Pinna-Reizung.
Katze, decerebriert, efferent innervierte M.gastrocn.-Spindel als γ-Indikator, primäre
Endigung. Muskel ohne Vorspannung. Links: Kontrolle vor DHBP, guter Effekt der
mechanischen, contralateralen Pinna-Reizung auf die Spindelgrundaktivität. Rechts:
60 min nach 2 mg/kg DHBP i.v., starke Verminderung der Spindelgrundaktivität, Um-
schlag der Pinna-Förderung in leichte Hemmung.

deprimiert, ein Effekt, der wohl vornehmlich auf eine Drosselung der
zentralen Antriebe durch diese Stoffe zurückgeht. Diese Drosselung der
Aktivität der γ-Muskelspindelschleife ist auch durch eine entsprechende
Vermehrung der fördernden afferenten Zuströme zur Reticulärformation
nicht kompensierbar. Hautreiz, elektrische Reticularis-Reizung, Pinna-
oder elektrische N.auricularis-Reizung können die ausgeprägte pharmakologische Depression nicht durchbrechen.

So zeigt die Abb. 4 links die Entladungen einer primären Muskel-
spindelafferenz als γ-Indikator und ihre Aktivierbarkeit über die Reticulärformation durch contralaterale Ohrmuschelreizung (Pinna). 60 min nach
2 mg/kg DHBP (rechts) ist die Spontanfrequenz der Spindel stark verringert, Pinna-Reizung führt jetzt sogar zu einer leichten weiteren Hemmung, ein ähnlicher Umkehreffekt, wie ihn kürzlich Henatsch u. Schom-

BURG (1964) für Narkotikum-Wirkungen auf zentrale fusimotorische Reiz-
erfolge beschrieben haben.

Abb. 5 zeigt die Originalregistrierung einer primären Muskelspindel-
afferenz bei intakter efferenter Innervation, und zwar (oben) ihre Ent-
ladungsantwort auf linear ansteigende maschinelle Muskeldehnung. 5 min
nach 2 mg/kg DHBP (unten) ist sowohl in der dynamischen Anstiegsphase
wie in der statischen Plateauphase der Dehnung die Spindelentladung
deutlich vermindert als Ausdruck der Drosselung der retikulären Zuströme
zu den zugehörigen γ-MN. Auf die Zweiteilung der Spindelinnervation in
γ_1- und γ_2-Komponenten, welche die dynamischen und statischen Spindel-
eigenschaften verschieden beeinflussen (JANSEN u. MATTHEWS 1962), soll

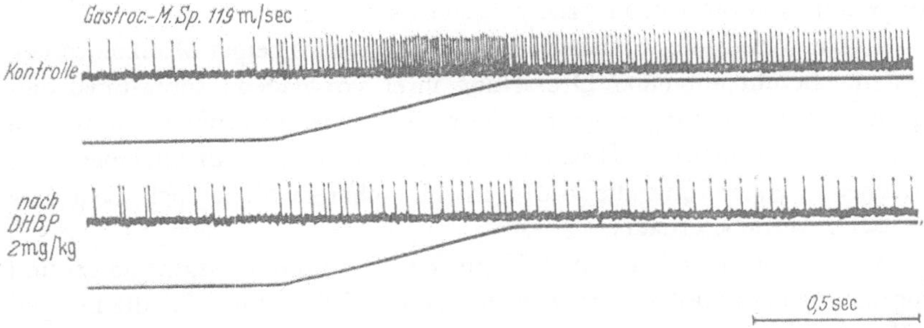

Abb. 5: Verminderung der statischen und dynamischen Spindelentladungen nach DHBP.
Katze decerebriert. Afferente primäre Muskelspindelendigung M.gastrocn. Linear ansteigende Dehnung des M.gastrocn. (14,9 mm/sec, 10 mm gedehnt). γ-Efferenz intakt.
Oben: vor, unten: 5 min nach 2 mg/kg DHBP i.v. Verminderte Spindelantwort sowohl
in der dynamischen Anstiegs- wie in der statischen Plateauphase der Dehnung.

hier nicht näher eingegangen werden. Es sei nur angedeutet, daß im gezeigten Beispiel beide γ-Systeme von der DHBP-Wirkung betroffen wurden.

Wie durch die fehlende Beeinflussung der Spindelentladungen nach Deefferentierung nachgewiesen werden konnte, sind direkte Angriffe der in
Frage stehenden Pharmaka, einschließlich des DHBP, an den Muskel-
spindelendorganen auszuschließen.

Diskussion

Wenngleich die Untersuchungen von DHBP in bezug auf alle Detail-
wirkungen noch nicht abgeschlossen sind, lassen sich doch bei der grundsätzlichen qualitativen Wirkungsgleichheit für alle 4 Neuroleptika die
folgenden Hauptangriffspunkte im Bereich der spinalmotorischen Systeme
herausstellen.

1. Die Spontanaktivität und die Reflexantworten der die Muskelspindeln efferent innervierenden γ- oder Fusimotoneurone werden rasch

und mehr oder weniger vollständig gehemmt. Die Muskelspindelendorgane selbst werden nicht beeinflußt.

2. Tonische Dehnungsreflexantworten von α-Motoneuronen werden durch die Substanzen reversibel in phasische Reaktionstypen umgewandelt. Durch Steigerung der peripheren Antriebe aus den Muskelspindeln kann eine vorübergehende Wiederkehr der tonischen Antwort trotz weiterbestehender Pharmakonwirkung erreicht werden.

3. Phasische Dehnungsreflexantworten sowie der phasische, durch elektrischen Reiz ausgelöste monosynaptische Massenreflex eines α-Motoneuronenverbandes (MMR) werden durch Phenothiazin und Meprobamat in den angewandten Dosierungen kaum, durch Quiloflex und DHBP schon deutlicher deprimiert. Für eine nennenswerte direkte Pharmakonwirkung auf α- und γ-Motoneuronenzellen besteht kein Anhalt.

4. Der Verlust des tonischen Aktionsvermögens beider Motoneuronensysteme beruht auf einer Drosselung ihrer vorwiegend supraspinal entspringenden Erregungszuströme. Der Wirkungsschwerpunkt ist in den motorischen Zonen der Hirnstamm-Reticulärformation anzunehmen, von welcher in erster Linie die γ-MN, in schwächerem Maße auch die α-MN tonische Antriebe erhalten.

5. Zusätzliche spinale Angriffspunkte (Dämpfung segmentaler und suprasegmentaler polysynaptischer Reflexantriebe) konnten für die Drogen wahrscheinlich gemacht werden.

Die betonte Gemeinsamkeit der Grundwirkungen dieser Substanzen gilt natürlich nur für die hier besprochenen spinalmotorischen Effekte. Diese Resultate berühren nicht die von anderen Autoren vielfältig nachgewiesenen Unterschiede der Gesamtwirkungsbilder, insbesondere der psychotropen Wirkungen (Werner 1959; Mayer 1964; Hoff u. Hoffmann 1964).

Yelnowsky, Katz u. Dietrich (1962) berichteten auch für Hunde in Übereinstimmung mit unseren Befunden über eine erhebliche spinalmotorische Depression durch DHBP. Die Übertragung der tierexperimentellen Befunde auf den Menschen erscheint in diesem Zusammenhang umso eher erlaubt, als einmal die ausgedehnten anästhesiologischen Erfahrungen die Befunde bestätigen (de Castro u. Mundeleer 1962) und zum anderen für eine Reihe von neurophysiologischen Detailvorgängen auch in anderen Bereichen des ZNS und des peripheren Nervensystems weitgehende Übereinstimmungen zwischen Experimentaltier und Mensch in neuerer Zeit erwiesen werden konnten (Langrehr 1964).

Für das ebenfalls in die Untersuchungen neuerdings mit einbezogene Analgetikum Fentanyl konnten bis jetzt in unserer Versuchsanordnung keine Änderungen der spontanen spinalmotorischen Aktivitäten sowie keine direkten Proprioceptorenwirkungen im Sinne lokalanästhetischer Effekte (Langrehr 1963, 1964), selbst bei 50facher Normdosis, beobachtet werden. Weitere Prüfungen stehen noch aus.

Kapferer (1961) hat angegeben, daß DHBP und Fentanyl die Wirkung von neuromuskulären Relaxantien nicht verstärkt. Soweit hiermit die unmittelbare neuromuskuläre Endplattenblockade gemeint ist, besteht diese Angabe für alle von uns untersuchten Substanzen zu Recht. Im Gesamteffekt jedoch kann man – vor allem in der Abklingphase einer neuromuskulären Blockade – von allen Stoffen, die in entsprechender Dosierung

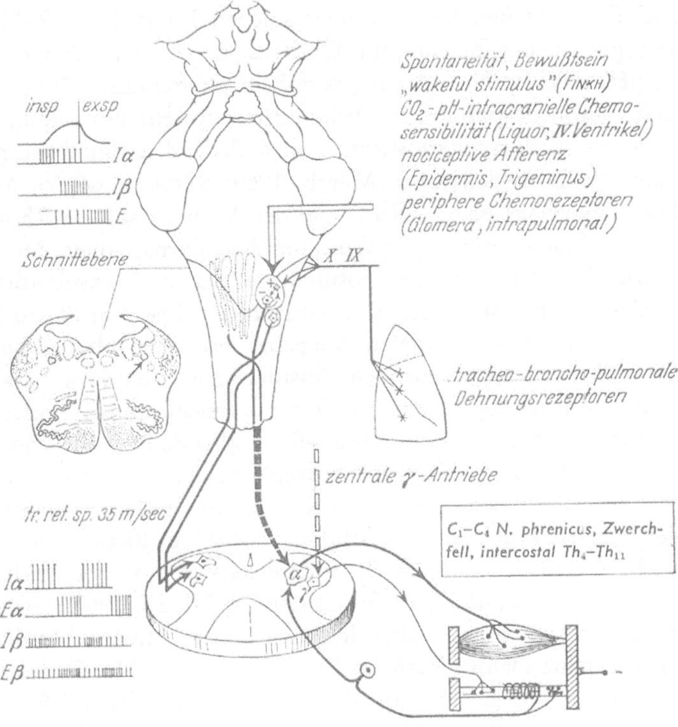

Abb. 6: Schematische Darstellung der respiratorischen Motorik.
→ = konvergierende Zuflüsse. Nach den Angaben folgender Autoren: Eklund u. Mitarb.; Critchlow u. Mitarb.; Eccles u. Sears; Gill u. Kuno; Sumi; v. Baumgarten u. Mitarb.; Salmoiraghi u. Mitarb.; Cunningham u. Lloyd; Loeschcke; Nahas.

eine zusätzliche Aktivitätsminderung der α- und γ-motoneuronalen Verbände bewirken (Narkotika, Neuroleptika), zumindest eine additive Wirkung, wenn nicht eine Potenzierung der Relaxation im weiteren Sinne erwarten.

de Castro u. Mundeleer (1962) berichteten über eine Potenzierung der durch das Analgetikum (Phenoperidin, Fentanyl) bekanntermaßen induzierten Atemdepression durch DHBP. Diese neuroleptische Komponente der Atemdepression ist durch Nalorphin erwartungsgemäß nicht aufzuheben. Nicht nur für diesen speziellen Fall der Neuroleptanalgesie, sondern auch aus Gründen der allgemeinen Bedeutung wäre daher eine neurophysiologische Untersuchung der atemmotorischen Systeme von besonderer Wichtigkeit. Unsere eigenen Beiträge in dieser Hinsicht befinden sich im Vorbereitungsstadium. Es erscheint aber angebracht, bereits hier die Richtung dieser Untersuchungen an einem Schema der respiratorischen Motorik zu erläutern.

Die Abb. 6 zeigt den Versuch einer solchen Darstellung. Zahlreiche Einflüsse (Spontaneität, Bewußtsein, Wachzustand, zentrale Chemosensivität (CO_2, pH), nociceptive Afferenz, periphere Chemosensivität (O_2, CO_2, pH), tracheo-broncho-pulmonale Dehnungsreceptoren) konvergieren auf die inspirations- und exspirationssynchron entladenden rhombencephalen Kerngebiete (v. Baumgarten u. Mitarb. 1960; Salmoiraghi u. Mitarb. 1961). Die Lage dieser Kerngebiete zeigt der Aufblick auf das Rhombencephalon von hinten nach Wegnahme des Kleinhirns, sowie der Querschnitt. Die Impulsmuster der inspiratorischen und exspiratorischen Neurone sind schematisch links oben eingetragen. Die von diesen Kerngebieten repräsentierten „zentralen Antriebe" erreichen ohne Zwischenschaltung von weiteren Neuronen (inspiratorisch teilweise gekreuzt, exspiratorisch vollständig gekreuzt im Tractus reticulospinalis verlaufend: v. Baumgarten u. Mitarb. 1964) die α-MN-Verbände in Höhe von C_1–C_4 (Phrenicus) und Th_4-Th_{11} (Intercostalnerven), welche die motorische Endstrecke für die Atmungsmuskulatur darstellen. Durch die jüngsten Untersuchungen einerseits der Eccles-Gruppe (Eccles u. Sears 1962, 1963; Gill u. Kuno 1963; Sumi 1963) andererseits des v. Euler-Kreises (Critchlow u. Mitarb. 1962, 1963; Eklund u. Mitarb. 1963, 1964) sind Belege dafür erbracht worden, daß sich auch für die Atmungsmotorik auf spinaler Ebene ganz analoge Verhältnisse zu den übrigen MN-Systemen der Skelettmuskulatur finden: α- und γ-MN, γ-Muskelspindelschleife, besonders ausgeprägte interneurale Hemmsysteme. Der untere Teil der Abb. 6 zeigt links unten schematisch die Impulsmuster der respiratorischen spinalen α- und γ-MN.

Damit ergibt sich für die Frage nach den Angriffspunkten atmungsbeeinflussender Pharmaka eine Dreiteilung: Afferenz, rhombencephale atmungszentrale Substrate und spinalmotorische Endstrecke. Die Afferenz ist am besten untersucht, direkte rhombencephale Einflüsse sind häufig postuliert, aber wegen methodischer Schwierigkeiten nur selten unmittelbar nachgewiesen worden; die spinale Ebene ist unter neuropharmakologischen Gesichtspunkten noch kaum diskutiert worden. Wir halten es daher für unbedingt erforderlich, bei der Untersuchung der Wirkung von Substanzen, die letzten Endes zu einer Atemdepression führen, auch die thorakospinale respirationsmotorische Endstrecke und ihre proprioceptiven Kontrollen mit in Betracht zu ziehen.

Wir danken der Deutschen Forschungsgemeinschaft für wirkungsvolle Unterstützung, den Firmen für die zur Verfügung gestellten Pharmaka, und den Herren E. D. Schomburg und H. Bossmann für ihre freundliche Mitarbeit bei den DHBP-Versuchen.

Literatur

v. Baumgarten, R., K. Balthasar u. H. P. Koepchen: Pflügers Arch. ges. Physiol. **270**, 504 (1960).
— u. S. Nakayama: Pflügers Arch. ges. Physiol. **281**, 245 (1964).
Brooks, V. B. and V. J. Wilson: J. Physiol. (Lond.) **146**, 380 (1959).
Busch, G., H. D. Henatsch u. F. J. Schulte: Arzneimittelforsch. **10**, 217 (1960).
de Castro, G. u. P. Mundeleer: Symp. Neuroleptanalgesie, I. Congr. Europ. d'Anesthesiologie, Vienne 1962.
Chin, J. H. and C. M. Smith: J. Pharmakol. exp. Therap. **136**, 276 (1962).
Critchlow, V. und C. von Euler: J. Physiol. (Lond.) **168**, 820 (1963); Experientia (Basel) **18**, 426 (1962).
Cunningham, D. J. C. and B. B. Lloyd: The regulation of human respiration. Blackwell 1963.
Eklund, G., C. von Euler and S. Rutkowski: Acta physiol. scand. **57**, 481 (1963); J. Physiol. (Lond.) **171**, 139 (1964).
Gill, P. K. and M. Kuno: J. Physiol. (Lond.) **168**, 239 (1963).
Haase, J. and J. P. v. d. Meulen: J. Neurophysiol. **24**, 510 (1961).
Henatsch, H. D.: Nova Acta Leopoldina (Halle/Saale), N. F. **169**, 77 (1964).
— u. D. H. Ingvar: Arch. Psychiatrie u. Zschr. Neurol. **195**, 77 (1956).
—, D. Langrehr u. H. J. Kaese: Arzneimittelforsch. **10**, 876 (1960).
—, —, F. J. Schulte u. H. J. Kaese: Pflügers Arch. ges. Physiol. **274**, 511 (1962).
— u. E. D. Schomburg: Pflügers Arch. ges. Physiol. **281**, 43 (1964).
—, F. J. Schulte u. G. Busch: Pflügers Arch. ges. Physiol. **270**, 161 (1959).
Hoff, H. u. G. Hoffmann: De Medicina tuenda **1**, 9 (1964).
Hoffmann, P.: Ergebn. Physiol. **36**, 15 (1934).
Jansen, J. K. S. and P. B. C. Mattews: J. Physiol. (Lond.) **161**, 357 (1962).
Kaada, B. R.: J. Neurophysiol. **13**, 89 (1950).
Kapferer, J. M.: Colloque international Neuroleptanalgesie, Ostende 1961 (Agressologie).
Killam, E. K. u. K. F. Killam: J. Pharmakol. exp. Therap. **116**, 35 (1956).
Klupp, H. u. I. Streller: Arzneimittelforsch. **9**, 604 (1959).
Langrehr, D.: Arch. exp. Path. Pharmakol. **245**, 427 (1963). Klin. Wschr. **42**, 239 (1964).
— u. H. L'Allemand: Anästhesist **12**, 325 (1963).
Loeschcke, H. H.: Pflügers Arch. ges. Physiol. **281**, 7 (1964).
Mayer, K.: Med. Welt, p. 1213 (1964).
Nahas, G. G., Editor: Regulation of respiration. Ann. New York Academy of Sciences **109**, p. 411–948 (1963).
Salmoiraghi, G. C. and R. v. Baumgarten: J. Neurophysiol. **24**, 203 (1961).
Schulte, F. J., H. D. Henatsch u. G. Busch: Pflügers Arch. ges. Physiol. **269**, 248 (1959).
Sears, T. A.: Nature **197**, 1013 (1963).
Steg, G.: Acta physiol. scand., Vol. **61**, Suppl. 225 (1964).
Stern, J. u. A. A. Ward jr.: A. M. A. Arch. Neurol. **6**, 404 (1962).
Sumi, T.: Pflügers Arch. ges. Physiol. **278**, 172 (1963).

TAKANO, K. u. H. D. HENATSCH: Pflügers Arch. ges. Physiol. **281**, 105 (1964).
WERNER, G.: Klin. Wschr. **39**, 404 (1958); Amer. J. Med. Sci. **237**, 123 (1959).
WILSON, V. I.: J. gen. Physiol. **42**, 29 (1958).
— and W. H. TALBOT: J. gen. Physiol. **43**, 495 (1960).
YELNOWSKY, J., R. KATZ and E. DIETRICH: Colloquium NLA, Univ. of Pennsylvania, Philadelphia 1962.

EEG-Kontrollen vor,
während und nach Neuroleptanalgesie

Von **W. Bushart** und **P. Rittmeyer**

Aus der Anaesthesieabteilung (Leiter: Prof. Dr. K. HORATZ)
der Chirurgischen Klinik (Direktor: Prof. Dr. L. ZUKSCHWERDT) und
der Neurologischen Klinik (Direktor: Prof. Dr. Dr. R. JANZEN)
der Universität Hamburg

Unseres Wissens sind bislang nur vereinzelt EEG-Untersuchungen bei Neuroleptanalgesie mitgeteilt worden, so von DE CASTRO und MUNDELEER und von NISSEN. Wir selbst haben 15 Patienten im Rahmen des regulären Operationsprogramms untersucht. Angesichts der Kürze der zur Verfügung stehenden Zeit können wir nur einen groben Überblick über die von uns festgestellten EEG-Veränderungen geben.

Unter Dehydrobenzperidol konnten wir lediglich Aktivierungen der Alpha-Tätigkeit, wohl als Folge einer eingetretenen Entspannung, einmal vermehrt kleine Lückenbildungen und bei einem 14jährigen Jungen über der hinteren Schädelhälfte auftretende Zwischenwellenaktivität beobachten. Die Befunde sind zu gering, um sie als sicheren pharmakologischen Effekt zu verzeichnen.

Teilweise beträchtliche Abänderungen der hirnelektrischen Aktivität sehen wir aber unter der Einwirkung von Fentanyl. Einen der EEG-Verläufe mögen die folgenden Abbildungen veranschaulichen.

Es handelt sich um einen 50jährigen Mann im guten Allgemeinzustand, bei dem wegen eines Prostatacarcinoms eine Elektroresektion unternommen werden sollte.

Die Ableitepunkte liegen frontal, präzentral, temporal Mitte, parietal und occipital.

Abb. 1 zeigt das EEG vor der Neuroleptanalgesie mit einer occipital betonten, gut ausgebildeten, normalen Alpha-Tätigkeit.

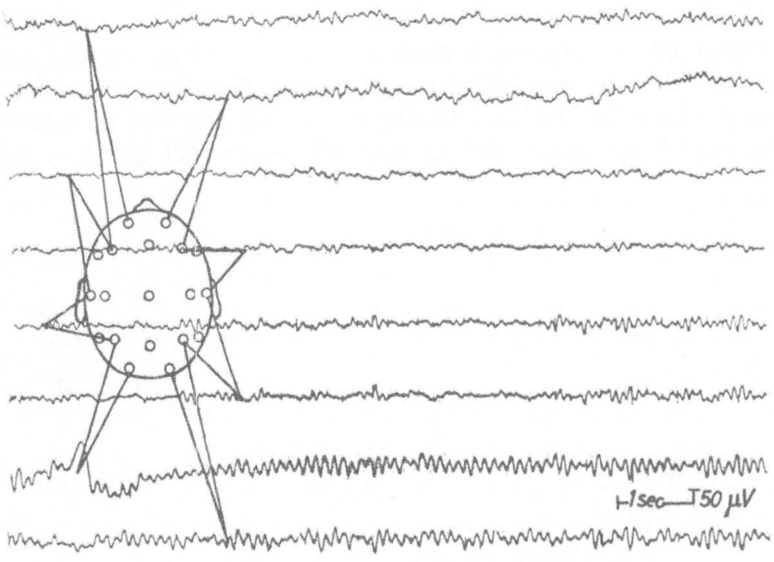

Abb. 1: EEG vor Neuroleptanalgesie.

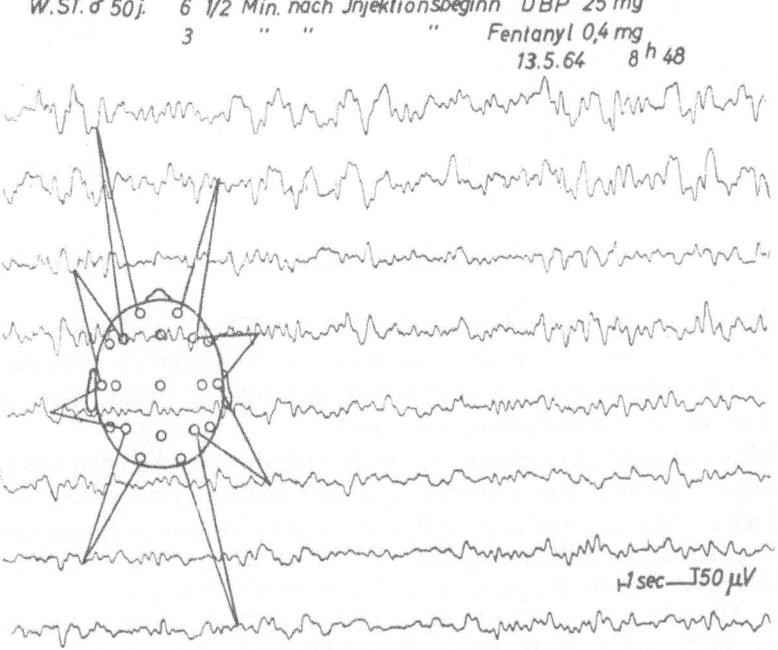

Abb. 2: Amplitudenbetonte träge Schwankungen unter NLA.

Die nächste EEG-Kurve (Abb. 2), abgeleitet 6¹/₂ min nach Injektionsbeginn mit Dehydrobenzperidol 25 mg und 3 min nach Injektionsbeginn mit Fentanyl 0,4 mg, ist schon erheblich verändert. Besonders über vorderen Abschnitten werden amplitudenbetonte träge Schwankungen deutlich.

Weitere Bilder, registriert in ähnlichen Stadien der Neuroleptanalgesie (Abb. 3), geben in noch stärkerem Ausmaße die träge generalisierte Aktivität wieder, hier bei einer 44jährigen Frau mit einer Rippenresektion wegen einer Cyste, in der nächsten Abb. 4 bei einer 68jährigen Frau mit

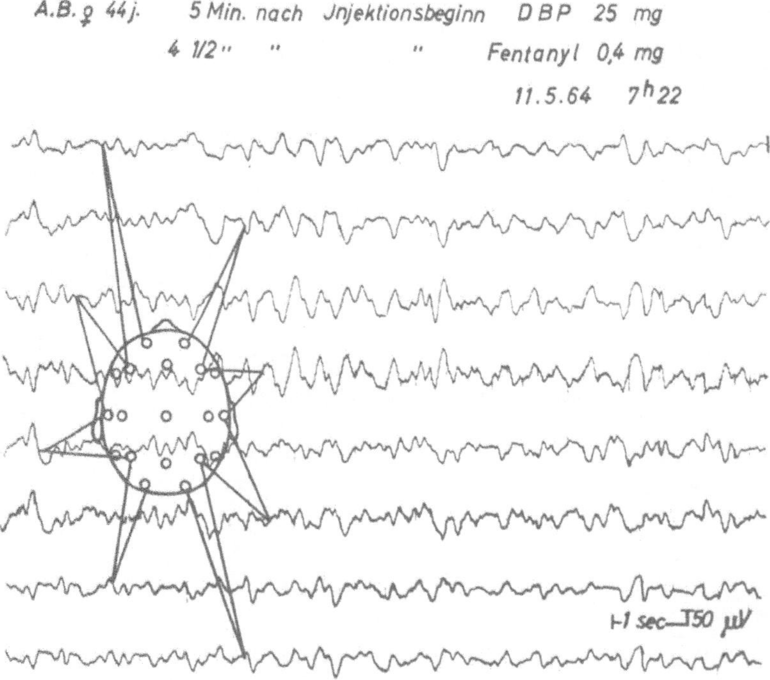

Abb. 3: Träge generalisierte Aktivität unter NLA.

einer Tibiakopffraktur. Zu beachten ist, daß die EEG-Kurven nicht etwa Stadien des natürlichen Schlafs entsprechen. Die physiologische Aktivität ist erheblich abgeändert, was aber keinen verbindlichen Schluß auf den Grad der Bewußtseinsbeeinträchtigung zuläßt.

Wir haben auch EEG gesehen, in welchen die abnorme Aktivität unterschwellig bleibt und andere Kurven mit einer deutlichen Steigerung der cerebralen Erregung. Ein Initialstadium der sich ändernden Erregung gibt die folgende Kurve wieder, abgeleitet bei einer 53jährigen Frau (Abb. 5).

Hier sehen wir als Symptom einer sich steigernden Erregung Gruppen steiler Alpha-Wellen über den temporoparietalen Ableitepunkten, auf der Kurve die 5. und 6. Zeile. Wir wollen nicht entscheiden, ob die steilen

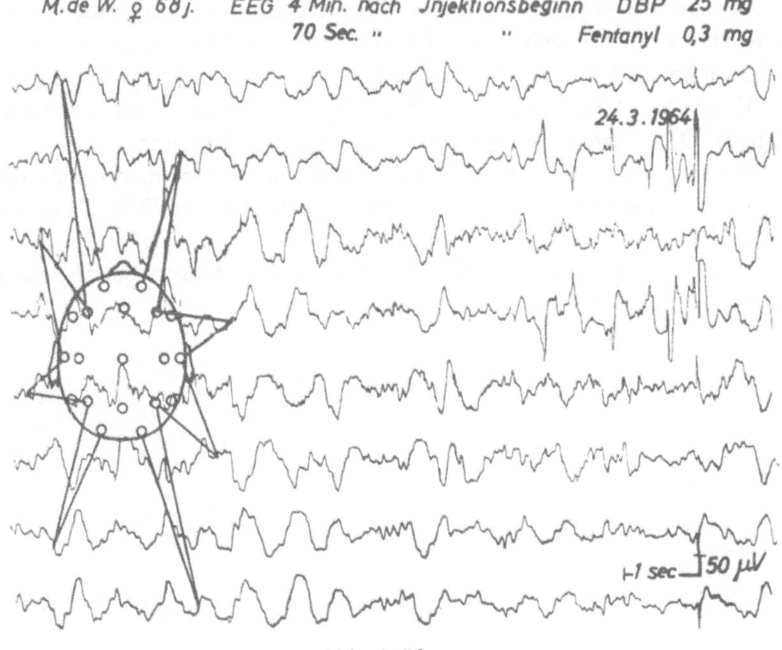

Abb. 4: Idem.

Abb. 5: Gruppen steiler Alphawellen.

Wellen durch Dehydrobenzperidol oder Fentanyl hervorgerufen sind. Vielleicht handelt es sich um einen Potenzierungseffekt. Derartige steile Wellen, wohl als Folge der Neuroleptanalgesie, konnten wir auch während der Kontrollen $2^{1}/_{2}$–9 Std nach Neuroleptapplikation noch feststellen (Abb. 6). Diese stammt wieder von unserem ersten Patienten.

Hier sind zwar steile Abläufe nicht zahlreich vertreten, doch ist das EEG noch deutlich verändert wie in zwei Drittel unserer Fälle bei diesen Kontrollen.

Erstaunt waren wir über die Auswirkung des Morphinantagonisten Nalorphin zu dieser Zeit (Abb. 7).

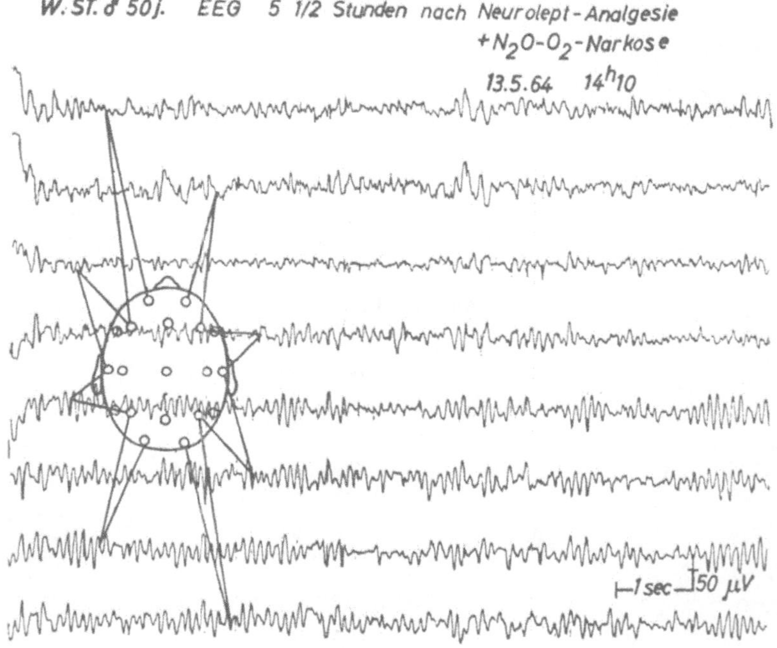

Abb. 6: Steile Abläufe bei abklingender NLA.

Die eben gezeigte Kurve hat sich erheblich verändert, stärker als unter der Neuroleptanalgesie beim selben Patienten. Auch bei anderen haben wir diese Wirkung gesehen, wenn auch nicht immer.

Unsere letzte Kurve schließlich beim selben Patienten (Abb. 8), abgeleitet 24 Std nach der Neurolept-Lachgas-Analgesie und 18 Std nach der Gabe von Nalorphin, bietet wieder eine normale Alpha-Aktivität.

Bei allen 15 Patienten hat die Neuroleptanalgesie zu mehr oder weniger starken EEG-Veränderungen geführt, wenn auch einmal die Veränderung nur auf dem Weg über die Kontrollableitung nachzuweisen war. Ein auf-

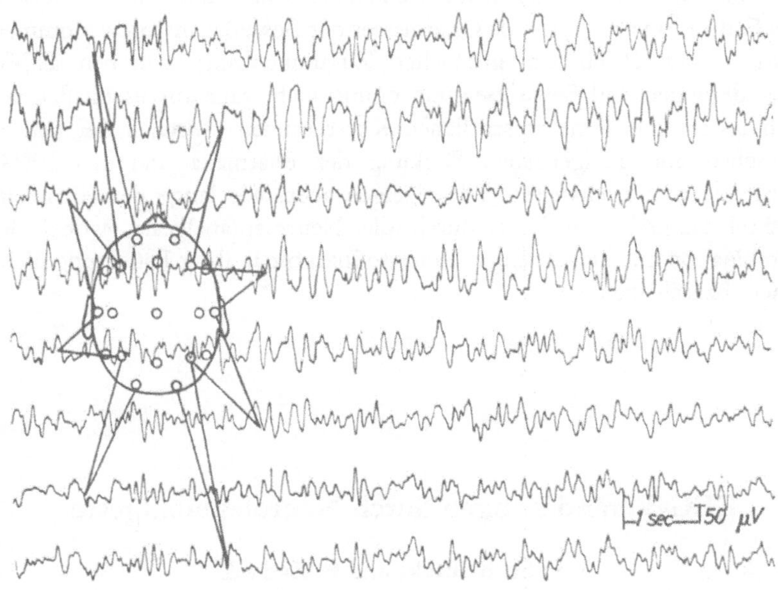

Abb. 7: EEG nach Gabe von Nalorphin
(beim selben Patienten zum gleichen Zeitpunkt Abb. 6).

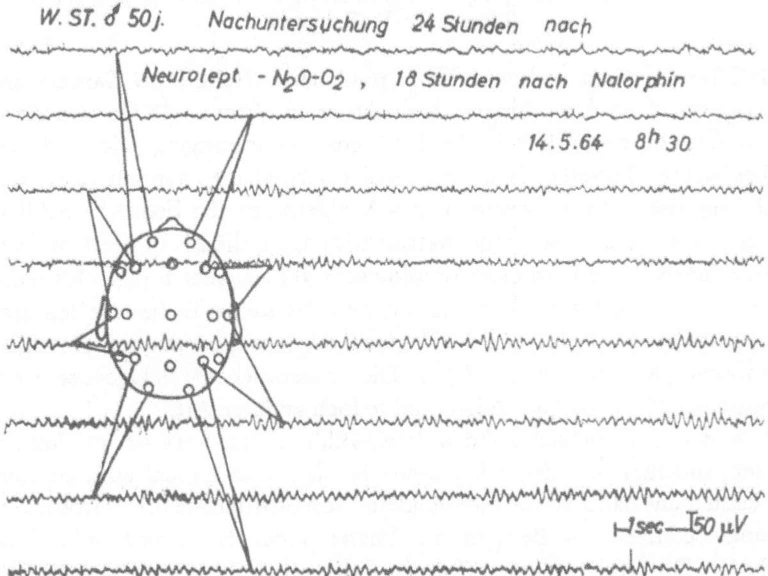

Abb. 8: EEG 24 Stunden nach NLA.

fallend großer Teil der Untersuchten bot noch viele Stunden später z. T. nicht unerhebliche EEG-Veränderungen, in vereinzelten Fällen konnten wir selbst tags darauf noch Abänderungen der Rindenaktivität nachweisen. Das EEG kann aber nicht als Gradmesser der Bewußtseinslage genommen werden, wenngleich ein gradueller Zusammenhang zwischen EEG-Veränderungen und Bewußtseinseinengung nicht ganz auszuschließen ist, auch lassen sich keine wesentlichen Korrelationen zwischen der neuroleptischen und analgetischen Wirkung der Pharmaka und den EEG-Veränderungen nachweisen. Diese zeigen aber, wie lange der Hirnstoffwechsel tangiert sein kann durch die Neuroleptanalgesie, wobei die Kombination mit einer Lachgas-Sauerstoffnarkose in ihrer Bedeutung nicht sicher abzuschätzen ist.

EEG-Veränderungen durch Neuroleptanalgesie

Von **St. Kubicki** und **P. Zadeck**

Aus der Abteilung für klinische Elektroencephalographie (Leiter: Prof. Dr. Götze)
der Neurochirurgisch-Neurologischen Klinik der Freien Universität Berlin
(Direktor: Prof. Dr. A. Stender)
und der Anaesthesieabteilung des Städt. Krankenhauses Berlin-Neukölln
(Leiter: Dr. P. Zadeck)

EEG-Kontrollen während NLA publizierten schon DE Castro und Mundeleer. Ihre Abbildungen demonstrierten ebenso wie die von Rittmeyer jetzt gezeigten erhebliche Frequenzerniedrigungen, wie auch wir sie beobachten konnten. Was uns dabei verwunderte, war vor allem ihre Auslösung durch ein ausgesprochenes Analgetikum, das Fentanyl. Schließlich erinnerten uns diese Frequenzerniedrigungen, die bis in den δ-Wellenbereich hineinreichen, an elektrobiologische Bilder einer fortgeschrittenen Narkose, etwas, was wir bei der NLA nicht vermuteten. Es besteht demnach der begründete Verdacht, daß das Fentanyl eine – wenn auch nur flüchtige – narkotische Komponente besitzt. Die wesentlichen elektroencephalographischen Merkmale der NLA sind jedoch anderer Art.

Um den Unterschied zu den EEG-Bildern der Narkose zu demonstrieren, möchten wir deren klassische Stadien noch einmal kurz zitieren. Wir lehnen uns dabei an die Nomenklatur von Schneider und Thomalske an und benutzen als Beispiel die Phasen einer Hydroxydion-Narkose (Abb. 1). Die Ableitungen erfolgten bilateral fronto-occipital von der Kopfschwarte. Unter A finden wir das Wach-EEG vor der Narkose-

Einleitung. Es ist ein gemischtes α-β-Wellenbild, das durch die Prämedikation mit Phenothiazinderivaten praktisch nicht alteriert wurde.
B zeigt nun ein etwas spannungsaktiveres und dysrhythmischeres Bild, in
dem vorwiegend noch schnellere Frequenzen auftreten, aber auch schon
einzelne ϑ-Wellen einstreuen. Diese Phase entspricht der klinischen
Exzitation und wurde von SCHNEIDER als Stadium der „Aktivation" bezeichnet. Bei Vertiefung der Narkose folgt dann das „chirurgische Schlafstadium" (C), in dem die Schmerzreaktionen weitestgehend entfallen. Es
ist gekennzeichnet durch einen relativ regelmäßigen δ-Wellenrhythmus,

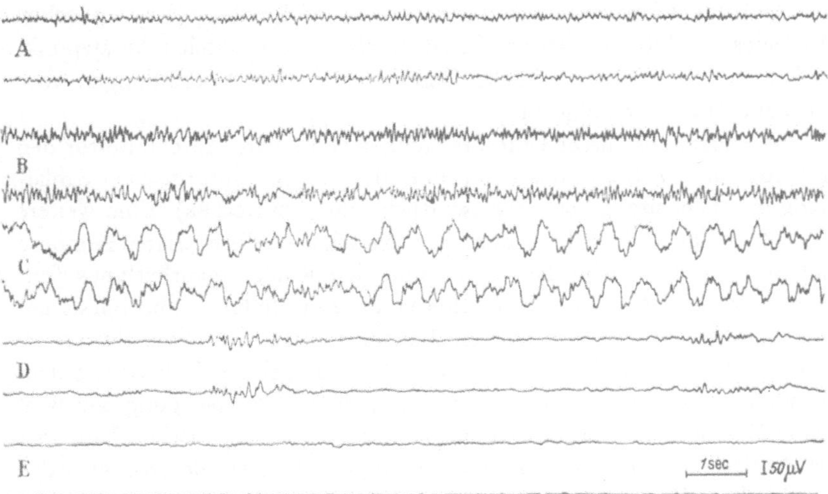

Abb. 1: Die klassischen EEG-Stadien an Hand einer Hydroxydion-Narkose. *Kursiv* die
Bezeichnungen nach J. SCHNEIDER. A: Normalbild vor Narkosebeginn, B: *Stadium der
Aktivation* während der „klinischen Exzitation", C: *Chirurgisches Schlafstadium* mit
striärem δ-Rhythmus, D: *Narkotisches Tiefschlafstadium*, dem Rindeneigenrhythmus entsprechend, E: von uns als „komplettes" narkotisches Tiefschlafstadium benanntes Bild
mit Erlöschen des Rindeneigenrhythmus.

dem noch einige schnellere Frequenzen überlagert sind. Dem folgt dann
das Stadium des „narkotischen Tiefschlafes" (D), das klinisch unter
anderem durch das Fehlen der Muskeleigenreflexe und des Corneal-
reflexes gekennzeichnet ist. Elektrobiologisch finden sich alternierend Null-
linien (silent areas) und Gruppenbildungen (bursts). Bei besonders tole-
ranten Narkotika kann als letztes ein Stadium durchlaufen werden, dem
auch die bursts fehlen, das also praktisch keine corticalen Entladungen
mehr zeigt, und das wir als „komplettes" narkotisches Tiefschlafstadium
von der Einteilung SCHNEIDERS abgrenzten.

Seit BREMER wissen wir nun, daß im Augenblick der Durchschneidung
des Mesencephalon etwa in Höhe der vorderen Vierhügel – bezeichnet als

cerveau isolée – schlagartig Schlaf eintritt, mit einem gleichzeitigen Wechsel vom höher-frequenten Wach-EEG zu δ-Rhythmen, wie wir sie auch im Schlafstadium der Narkose finden. Die Untersuchungen von Moruzzi und Magoun bewiesen weiterhin, daß dieser Wechsel vom Wach- in den Schlafzustand Folge der Trennung des größten Anteils des „aufsteigenden reticulären Systems" (ARS) von der Hirnrinde ist. Reizt man übrigens die proximale Schnittfläche und damit die dort noch verbliebenen Anteile des ARS elektrisch, so kann man die Versuchstiere erwecken. Sie schlafen aber sofort wieder ein, wenn der Reiz unterbrochen wird.

Man nimmt heute an, daß die Narkotika infolge des polysynaptischen Aufbaues des ARS an dieser Stelle einen sehr wirkungsvollen Ansatzpunkt finden, der eine relativ schnelle Unterbrechung der Verbindungen vom ARS zur Rinde zur Folge hat.

Im Augenblick dieser Unterbrechung sollen striäre Abschnitte für den nun folgenden δ-Rhythmus der Rinde, den wir im chirurgischen Schlafstadium sehen, ursächlich verantwortlich sein (Schneider). Eine weitere Vertiefung der Narkose kann nun offensichtlich auch diese striären Konnexe mit der Rinde unterbrechen und damit den Rindeneigenrhythmus freisetzen, der in der Tat aus dem Alternieren von Nullinien und bursts besteht. Das wissen wir von Untersuchungen von Henry sowie Echlin u. Mitarb., die frontale Rindenareale von ihrer Umgebung isolierten, indem sie sie um- und unterschnitten, ihnen aber die Gefäßversorgung beließen. Diese Operationen wurden beiderseits frontal bei psychotischen Patienten als Variationen der Leukotomie durchgeführt. Die elektroencephalographischen Kontrollen zeigten ganz deutlich, wie mit zunehmender Isolierung sukzessive das Bild der „Nullinien und bursts" zu Tage trat. Dabei hatten – wie zu erwarten – beide isolierten Rindenareale eine andere Periodik der bursts-Entladungen. Analog fanden wir auch bei sehr tiefen Hydroxydion-Narkosen über beiden Hemisphären asynchrone Gruppen.

Wir müssen also die Narkose als zunehmende, medikamentös bewirkte Desintegrierung der Kerngebiete des ARS, des Striatum und des Cortex ansehen, die mit Schlaf und einer zunehmenden Unterdrückung der Reflexabläufe einhergehen.

Von diesem Schema ganz erheblich unterscheidet sich die elektroencephalographische Entwicklung während der NLA. Erwartungsgemäß sollten die narkotisch bedingten EEG-Veränderungen fehlen, da es sich bei der NLA vornehmlich um eine Analgesie handelt. So blieb auch das Rinden-EEG unter der üblichen Dosierung von Dehydrobenzperidol unverändert (Abb. 2 B). Überraschenderweise traten aber nach der Applikation des Analgetikums Fentanyl Frequenzerniedrigungen bis in den δ-Wellenbereich auf (Abb. 2 C), die einen gewissen Vergleich mit den Veränderungen des chirurgischen Schlafstadiums zuließen. Diese δ-Abläufe stellen sich etwa

25 sec nach der Injektion des Mittels in die vena cubitalis ein. Das entspricht annähernd der Zeit, die beispielsweise auch das Hexobarbital benötigt, um die ersten EEG-Veränderungen zu bewirken. Damit wird es sehr wahrscheinlich, daß das Fentanyl eine narkotische Komponente besitzt, zumal entsprechende EEG-Veränderungen über einen O_2-Mangel in so kurzer Zeit als ausgeschlossen gelten dürfen. Es ist zwar bekannt, daß das Fentanyl atemdepressorisch wirkt, aber die Spanne von knapp $^1/_2$ min bis zum Auftreten der δ-Wellen reicht – wie gesagt – gerade aus, um das Mittel am Stammhirn zur Wirkung zu bringen.

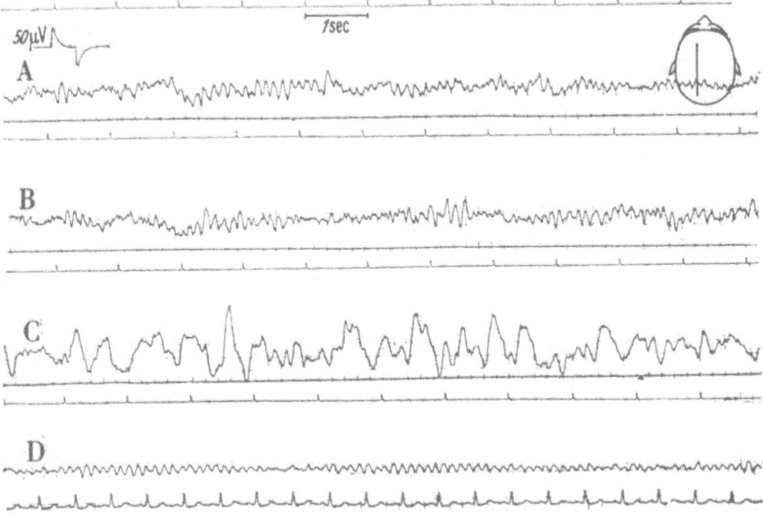

Abb. 2: Demonstration der EEG-Veränderungen unter Einleitung der NLA. Auguste H., 87 Jahre, Schenkelhalsnagelung. Registrierung links fronto-occipital. A: Kontrolle vor Anaesthesie-Beginn, B: 5 min nach Injektion von 20 mg Dehydrobenzperidol i.v. Unverändertes Rinden-EEG. C: 27 sec nach Injektion von 0,3 mg Fentanyl i.v. Amplitudenzunahme und Frequenzerniedrigung (δ-Rhythmus). Narkotische Komponente? D: Unter Fentanyl-Einfluß aktivierter, stabilisierter α-Rhythmus.

Die narkotische Komponente des Fentanyls hält übrigens kaum länger als etwa 15 min an. Sie ist also keinesfalls ein wesentlicher Bestandteil der Fentanylwirkung, sondern offensichtlich ein Nebeneffekt. Während der Hauptzeit der Analgesie entwickelt sich vielmehr ein α-Rhythmus, der sich durch eine bemerkenswerte Spannungsaktivierung und Frequenzstabilität deutlich von normalen α-Wellenbildern abhebt (Abb. 2 D und 3 A). Durch weitere Fentanylgaben sind erneut niedere Frequenzen zu provozieren, doch kehrt das EEG stets nach einigen Minuten zu diesem Bild zurück. Ähnlich stabilen, aktivierten α-Rhythmen begegnete man bisher lediglich bei Hypnosen (BAROLIN) und bei Meditationen japanischer Zen-Priester (HIRAI).

Vergleichen wir diesen Befund mit dem Schema unserer klassischen Narkosestadien und den Beobachtungen von Bremer, sowie Moruzzi und Magoun, so kommen wir zu dem Schluß, daß während der Phase des stabilen α-Rhythmus unter Fentanyl keine Unterbrechung der Beziehungen ARS-Cortex vorliegen kann. Die gleichsinnigen elektroencephalographischen Bilder unter den ähnlichen Bedingungen einer mehr oder weniger intensiven Abschirmung des ZNS von peripheren Reizen unter Fentanyl, Hypnose und Zen-Meditationen lassen vermuten, daß gerade das Fehlen der Afferenzen Anlaß dieses stabilen α-Rhythmus ist. Infolge der blockierenden

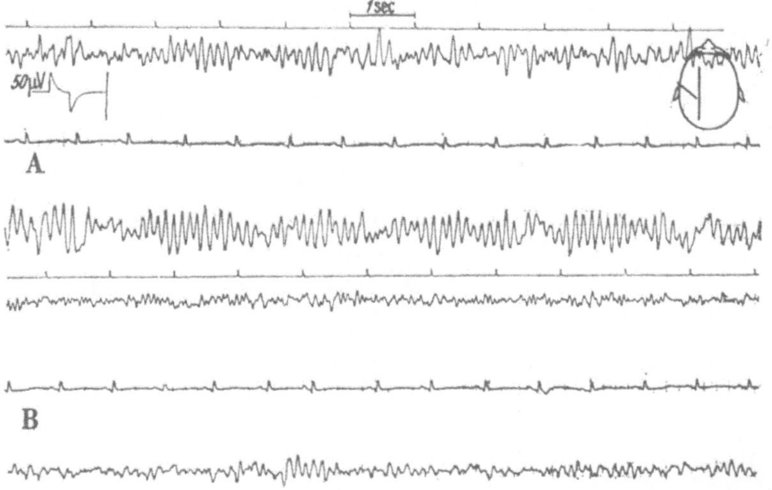

Abb. 3: Elektrobiologische Entwicklung gegen Ende der NLA. Mathilde M., 45 Jahre, Op. einer Bandscheibenhernie. Registrierung links fronto-occipital und central-temporal. A: Klassischer, durch Fentanyl aktivierter und stabilisierter α-Rhythmus. B: Hautnaht. Mit Abflauen der Fentanyl-Wirkung Übergang zum spannungsgeringeren, höherfrequenten, wieder durch periphere Reize modulierbaren Wach-EEG.

Wirkung des Fentanyls, die sich ja nicht auf die Schmerzbahnen beschränkt, bleibt die Modulation des Rinden-EEG durch afferente Impulse aus. Es findet keine weitere Aktivierung der Rindentätigkeit zur „Wachbereitschaft" statt, wie periphere Reize sie auszulösen pflegen. Erst mit dem Abflauen der Fentanylwirkung gegen Ende der NLA treten diese Verbindungen wieder in Funktion, wie es das frequentere und dysrhythmischere Bild (Abb. 3 B) zeigt.

Zusammenfassend wollen wir also noch einmal feststellen, daß die NLA selbstverständlich auch elektroencephalographisch grundsätzlich von den bisherigen Verfahren in der Anaesthesie abweicht, daß zwar das Fentanyl eine flüchtige narkotische Komponente zu entwickeln scheint, daß aber der entscheidende Effekt in der Deafferenzierung, der Abschirmung vor peripheren Reizen zu suchen ist. Es kommt also weniger zu einer

Unterbrechung der Beziehung von ARS und Rinde, als zu einer Isolierung dieses Systems von den peripheren Reizen, so daß die Modulation des elektroencephalographischen Verhaltens durch Afferenzen unmöglich wird. Die Folge ist die außerordentliche Stabilisierung des offensichtlich vom ARS bedingten spannungsaktiven, auffallend rhythmischen α-Wellenablaufes.

Literatur

BAROLIN, G.: Persönliche Mitteilung.

BREMER, F.: L'activité cérébrale au cours du sommeil et de la narcose. Contribution à l'étude du mécanisme du sommeil. Bull. Acad. méd., Belgique 2, VI, 68–87 (1937).

DE CASTRO, J. u. P. MUNDELEER: Symposium über Neuroleptanalgesie. Wien, 5. 9. 1962, Seite 31.

ECHLIN, F. A., V. ARNETT, and J. ZOLL: Paroxysmal high voltage discharges from isolated and partially isolated human and animal cerebral cortex. EEG Clin. Neurophysiol. 4, 147–164 (1952).

HENRY, CH. E. and W. B. SCOVILLE: Suppression-burst activity from isolated cerebral cortex in man. EEG Clin. Neurophysiol. 4, 1–22 (1952).

HIRAI, T.: An electroencephalographic study of Zen meditation (Zazen). EEG changes during concentrated relaxation. Psychiat. Neurol. jap. 62, 76–105 (1960).

KUBICKI, ST., O. JUST u. W. GÖTZE: Die Steroid-Narkose und ihr elektroencephalographisches Bild. Anaesthesist 7, 39–44 (1958).

MORUZZI, G. and H. W. MAGOUN: Brain stem reticular formation and activation on the EEG. EEG Clin. Neurophysiol. 1, 455–473 (1949).

SCHNEIDER, J. u. G. THOMALSKE: Betrachtungen über den Narkosemechanismus unter besonderer Berücksichtingug des Hirnstammes. Zbl. Neurochir. 16, 185–202 (1956).

Zur Vestibular- und Hörfunktion während der Neuroleptanalgesie

Von **K. Sturzenbecher** und **W. Pascher**

Aus der Hals-Nasen-Ohrenklinik des Universitäts-Krankenhauses Hamburg-Eppendorf (Direktor: Prof. Dr. R. LINK) und der Anaesthesieabteilung (Leiter: Prof. Dr. K. HORATZ) der Chirurgischen Universitätsklinik (Direktor: Prof. Dr. L. ZUKSCHWERDT) Hamburg-Eppendorf

An der Hamburger Univ.-Hals-Nasen-Ohrenklinik werden seit einem Jahr Neuroleptanalgesien mit gutem Erfolg durchgeführt, worüber später noch gesondert berichtet wird. Als *Analgetikum* verwenden wir das *Fentanyl* der Fa. *Janssen*, als *Neuroleptikum* das *Dehydrobenzperidol*.

Zur Beurteilung der vestibulären Erregbarkeit führten wir die kalorische Prüfung bei Lagerung des Kopfes in Optimumstellung nach Brünings mit 10 ccm Eiswasserspülungen des Gehörganges durch. Die Nystagmusbeobachtung erfolgte nach Fixationsausschaltung durch die Frenzelsche Leuchtbrille. Da die Patienten ansprechbar waren und auf Aufforderung die Augen öffneten, war die optische Registrierung der kalorischen Reaktionen gewährleistet. In einigen Fällen erfolgte eine zusätzliche Ableitung elektrischer Nystagmogramme in üblicher Weise.

Zu unseren Untersuchungen wurden selbstverständlich nur Patienten mit dementsprechend normalen Befunden herangezogen.

Die Untersuchungen sind in der folgenden Tabelle kurz zusammengefaßt.

Das *Analgetikum* hatte in einer narkoseüblichen Dosierung von 0,2 bis 0,3 mg keinen deutlich nachweisbaren Einfluß auf den Vestibularapparat.

Das *Neuroleptikum* zeigte dagegen in ebensolcher Dosierung von 20 bis 25 mg eine sehr starke vorübergehende Vestibularis-Dämpfung bzw. -Ausschaltung mit nachfolgender längerer Herabsetzung der vestibulären Erregbarkeit.

Nach *Neuroleptanalgesie*, also bei kombinierter Anwendung von Analgetikum und Neuroleptikum, fanden wir in *allen* Fällen eine kalorische Areflexie, die etwa 3–4 Std. anhielt. In der Folgezeit trat die Vestibulariserregbarkeit nur sehr langsam wieder auf. In einigen Fällen war bis zu 12 Std. selbst bei Eiswasserspülungen noch eine deutliche Minderung der vestibulären Erregbarkeit nachweisbar. Wiederholte spätere Kontrolluntersuchungen zeigten, daß diese Dämpfung der vestibulären Funktion völlig reversibel war.

Der nystagmushemmende Effekt des Neuroleptikums bzw. der Neuroleptanalgesie dürfte auf die Depression der Formatio reticularis zurückzuführen sein, wo gerade dieses Medikament u. a. anzugreifen scheint (de Castro u. Mundeleer, E. Nilsson, W. Henschel u. a.). Die von zahlreichen Autoren beobachtete Herabsetzung der vestibulären Funktion durch andere Pharmaka, z. B. *Chlorpromazin* und *Dolantin* (Bergström u. Koch, Waldecker, Bodo u. a.) wird ebenfalls dieser Dämpfung der Formatio reticularis zugeschrieben. Die Bedeutung des retikulären Systems als „Vermittlungszentrum" zwischen den vestibulären Kernen und dem kortikalen Projektionsfeld der Labyrinthe konnte u. a. durch die encephalographischen Untersuchungen von Molnar nachgewiesen werden.

Das *Hörvermögen* schien selbst zur Zeit der völligen Ausschaltung des Vestibularorgans durch die Neuroleptanalgesie unbeeinflußt zu bleiben. Die Umgangssprache wurde in dieser Phase mehr als 7 m gehört, ebenso erfolgten die Angaben der Seite des Höreindrucks stets prompt und sehr genau. Auch Deichel konnte bei Stapeseingriffen in Neuroleptanalgesie die einwandfreie Reaktion auf akustische Reize beobachten. Es gelang uns, bei bereits wieder gut reagierenden Patienten unmittelbar nach Abschluß der Operation in der Zeit der vestibulären Areflexie einige Schwellenaudiogramme aufzuzeichnen, die einen etwa normalen Kurvenverlauf zeigten. Allerdings sind Hörprüfungen in dieser Narkosephase selbstverständlich nur mit großer Vorsicht zu bewerten. Sie zeigen eigentlich nur, daß bei völligem Ausfall der Vestibularfunktion durch die vorangegangene Neuroleptanalgesie das Hörvermögen noch vorhanden ist und grob orientierend sogar fast normal zu sein scheint.

Für das Hals-Nasen-Ohren-Fachgebiet hat möglicherweise das besondere Verhalten des Vestibularorgans nach Gaben des Neuroleptikums therapeutische Konsequenzen.

Zur Frage der Verkehrstüchtigkeit nach Neuroleptanalgesie bzw. nach Gaben des Neuroleptikums ist u. a. zu erwähnen, daß bei *beid*seitigem Ausfall bzw. hochgradiger Dämpfung der vestibulären Funktion zwar keine subjektiven oder objektiven Schwindelbeschwerden auftreten müssen, die Patienten aber nach Fortfall der „optischen Sicherung" die Orientierung verlieren können und dann auch Gleichgewichtsstörungen aufweisen.

Zusammenfassung:

Das *Analgetikum* hatte in narkoseüblicher Dosierung keinen deutlich nachweisbaren Einfluß auf den Vestibularapparat. – Das *Neuroleptikum* zeigte dagegen in ebensolcher Dosierung eine starke, vorübergehende Vestibularisdämpfung bzw. -ausschaltung. – Nach *Neuroleptanalgesie* fand sich jedoch in *allen* Fällen eine langanhaltende kalorische Areflexie. – Das *Hörvermögen* schien dabei selbst zur Zeit der völligen Vestibularisausschaltung unbeeinflußt zu bleiben.

	Vestibularisprüfung		Hörprüfung
	präop.	postop.	
NLA		Zahl: 15 Vest. Ausfall: 15 Dauer: 3–4 Std	Zahl: 15 Umg. Spr. > 7 m Audiogr.: 5
Dehydro- benzperidol	Zahl: 10 Vest. Dämpfg.: 5 Vest. Ausfall: 5 Beginn: 30–35 min		Zahl: 10 Umg. Spr. > 7 m
Fentanyl	Zahl: 4 Vest.Dämpfg.: ⌀ Vest. Ausfall: ⌀		Zahl: 4 Umg. Spr. > 7 m

Literatur

BERGSTRÖM, O. u. H. KOCH: Acta oto-laryng. (Stockh.) **46**, 484 (1956).
BODO, G.: Acta oto-laryng. (Stockh.) **53**, 328 (1961).
BROWN, A.: Anaesthesist **1**, 22 (1962).
DE CASTRO, J. u. P. MUNDELEER: Anaesthesist **1**, 10 (1962). Europ. Kongreß
    über Narkose und Anaesthesie, Wien 1962.
DEICHL, I.: Z. Laryng. Rhinol. **4**, 267 (1963).
HAASE, H. J.: Dtsch. med. Wschr. **11**, 505 (1963).
HENSCHEL, W.: Bremer Symp. NLA, Febr. 1963. Intern. Anaesthesie Symp.,
    Budapest, Sept. 1963.
JANSSEN, P.: Anaesthesist **1**, 1 (1962).
KAPFERER, J.: Anaesthesist **1**, 25 (1962).
MOLNAR, L.: Arch. Psychiat. Nervenkr. **198**, 554 (1959).
NILSSON, E.: Anaesthesiology **24**, 267 (1963). Anaesthesist **1**, 17 (1962).
WALDECKER, G.: Arch. Ohr-, Nas.- u. Kehlk.-Heilk. **174**, 486 (1960).

II. Wissenschaftliche Sitzung:

Vorsitz: Prof. Dr. K. HORATZ, Hamburg

HORATZ: Meine sehr verehrten Damen und Herren!

Bevor ich die wissenschaftliche Sitzung des heutigen Nachmittags eröffne, möchte ich nicht versäumen – ich glaube, ich spreche in Ihrer aller Namen –, Herrn Dr. HENSCHEL für die ausgezeichnete Organisation dieses Symposiums zu danken. Wir haben doch in den letzten Jahren gesehen, daß gerade bei uns in der Anaesthesiologie so viel Neues anläuft, daß es – wie er schon sagte – sinnlos ist, auf Mammutkongressen zu versuchen, sich ein klares Bild über neue Dinge zu verschaffen. Um so mehr begrüße ich es, daß er den Mut gehabt hat, nach einer relativ kurzen Zeit seit dem letzten NLA-Symposium schon wieder ein so erfreuliches Gremium von Vortragenden zu versammeln, die uns heute Aufschluß geben können über das, was uns zum Teil noch bei den letzten Symposien unklar war. Ich glaube, daß wir dann genügend Zündstoff haben, um morgen uns bei der Aussprache gegenseitig zu verständigen und auch die letzten Dinge klarzustellen. Ich darf Ihnen nochmals herzlich im Namen aller für dieses Symposium danken.

Unser Programm ist heute nachmittag lang. Ich weiß, daß ich als etwas hart bekannt bin, was ein striktes Einhalten der Zeit angeht. Ich bitte das aber zu verstehen, denn ich bin schon von unserem Präsidenten unter einen Zeitdruck gesetzt worden.

Kreislaufuntersuchungen während der Neuroleptanalgesie

Von **G. Buhr** und **W. F. Henschel**

Aus der Allgemeinen Anaesthesieabteilung (Leitender Arzt: Dr. W. F. HENSCHEL)
und dem Institut für Herz- und Lungenfunktionsdiagnostik (Leitender Arzt: Dr.
G. BUHR) der Städt. Krankenanstalten Bremen

Die Neuroleptanalgesie (NLA) gewinnt in zunehmendem Maße an
klinischem Interesse. Die grundsätzlichen pharmakologischen und klinischen Untersuchungen dürfen als abgeschlossen gelten, die Hauptindikationsgebiete für dieses Anaesthesieverfahren sind umrissen und nicht
zuletzt wurde nun auch eine Methodik mit *Dehydrobenzperidol* als Neuroleptikum und *Fentanyl* als Analgetikum erarbeitet, die eine Anwendung im
klinischen Routinebetrieb ermöglicht.

Zu den Charakteristika und wesentlichsten Vorteilen der NLA gehört,
wie von den bisherigen Untersuchern immer wieder hervorgehoben wurde,
eine bemerkenswerte Stabilität des Kreislaufs während der Anaesthesie.

Unsere eigenen Beobachtungen an nahezu 5000 Patienten konnten dies
in eindrucksvoller Weise bestätigen, wie es das *Beispiel eines typischen
Anaesthesieprotokolls* (Abb. 1) zeigt.

Nun ist natürlich auch das sorgfältigst geführte Narkoseprotokoll nicht
ohne Einschränkung für eine absolut exakte Beurteilung der Kreislaufsituation während der Anaesthesie verwertbar, werden doch insbesondere
vorübergehende und minutiöse Veränderungen, wie sie z. B. bei der
wichtigen Phase der Einleitung einer Allgemeinanaesthesie sehr oft auftreten, nur ungenügend erfaßt.

Wir wollten daher durch zusätzliche Untersuchungen an einer größeren
Anzahl von Patienten einen tieferen Einblick in die Kreislaufverhältnisse
während der NLA erhalten.

Dies geschah (die Möglichkeiten innerhalb eines praktisch-klinischen
Betriebes sind ja beschränkt) durch:

1. die fortlaufende Messung und Registrierung von Puls und Blutdruck
   auf unblutigem Wege,
2. blutige Messung und Aufzeichnung des Blutdrucks,
3. plethysmographische Untersuchungen sowie synchrone Registrierung mehrerer Kreislaufgrößen auf photoelektrischer Basis und
4. physikalische Kreislaufanalysen.

Da die Kürze der zur Verfügung stehenden Zeit keine detaillierte Beschreibung des so gewonnenen, interessanten Materials erlaubt — das
geschieht ausführlich an anderer Stelle — müssen wir uns im Rahmen dieser
Ausführungen auf die Darstellung nur einiger, dafür aber typischer Befunde
beschränken.

So zeigt die Abb. 2 die mit dem „*Custocor*" nach v. Uexkuell – also einem auf der Basis der Blutdruckmessung nach Riva Rocci und Korotkoff arbeitenden Gerät, das sich uns für die intra- und postoperative Kreislaufüberwachung durchaus bewährt hat – aufgezeichnete Puls- und Blutdruckkurve während einer bei einem 43jährigen Patienten in NLA durchgeführten Magenresektion, wobei die Messung minütlich erfolgte.

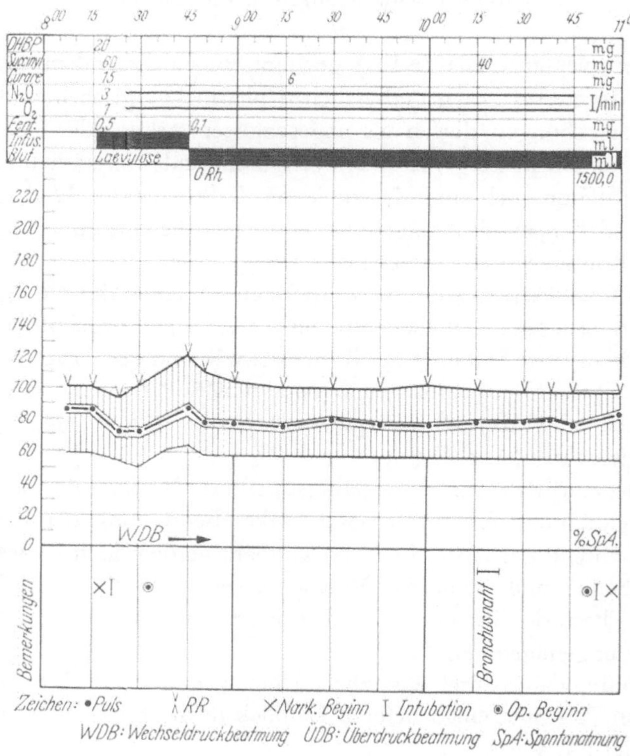

Abb. 1: Anaesthesieprotokoll einer Neuroleptanalgesie

Die bald nach Einleitung der NLA recht konstant werdende Kreislaufsituation kommt deutlich zum Ausdruck.

Bei mehreren Patienten, bei denen aus diagnostischen Gründen ein Seldinger-Katheter in die Aorta eingeführt werden mußte, benutzten wir die Gelegenheit zu fortlaufenden Blutdruckmessungen in der Aorta während der NLA. Unter Verwendung eines Stathem-Elementes und des Druckverstärkers der *Atlas*-Werke registrierten wir mit einem Filmvorschub von 0,5 mm/sec über einen Zeitraum von 40–60 min kontinuierlich den Aortendruck. Gleichzeitig erfolgte eine Schreibung des Finger-

Plethysmogramms, um neben den zentralen Blutdruckverhältnissen auch Einblick in die Gefäßperipherie zu gewinnen.

In der in Abb. 3 dargestellten Original-Registrierung dieser beiden Meßgrößen während der NLA bei einem 47jährigen Patienten erkennt man bei einem Ausgangsdruck in der Aorta von 120/90 mm Hg nach der Injektion von 20 mg *Dehydrobenzperidol* keine Änderung. Nach Applikation von 0,5 mg *Fentanyl* resultiert eine mäßige Descendenz des Blutdrucks bei nur wenig reduzierter Amplitude (105/80 mm Hg). Das Verhalten des Blutdrucks nach Gabe von *Succinylcholin*, apnoischer Phase, Überdruck-

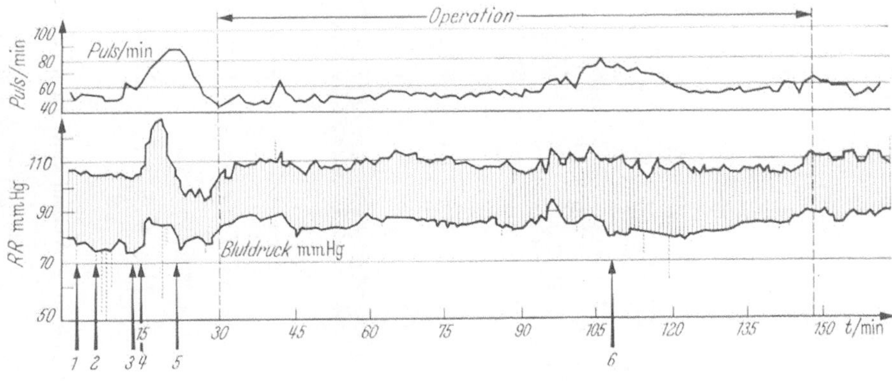

Abb. 2: Fortlaufende unblutige Blutdruck- und Pulsfrequenzregistrierung während einer Neuroleptanalgesie

beatmung und endotrachealer Intubation ist in bekannter Weise durch eine Verschmälerung der Amplitude bzw. einen Anstieg der Druckwerte (in unserem Falle systolisch bis auf 138 mm Hg) charakterisiert. Danach regelt sich der Aortendruck schnell fast genau auf den Ausgangswert ein bzw. unterschreitet diesen geringfügig.

Von wesentlicher Bedeutung erscheint das Verhalten des *Finger-Plethysmogramms*. Dieses läßt während der NLA eine anhaltende Amplitudenverbreiterung als Ausdruck einer relativen Weitstellung der Gefäßperipherie erkennen, ein Befund, der sich mit dem klinischen Eindruck einer sehr guten peripheren Durchblutung unter der NLA deckt. Im weiteren Verlauf der in der Aorta dieses Patienten gemessenen Blutdruckkurve – Abb. 4 – finden sich, auch nach der Reinjektion von 0,1 mg *Fenta-nyl*, nur sehr minimale Amplituden- und Frequenzschwankungen, so daß

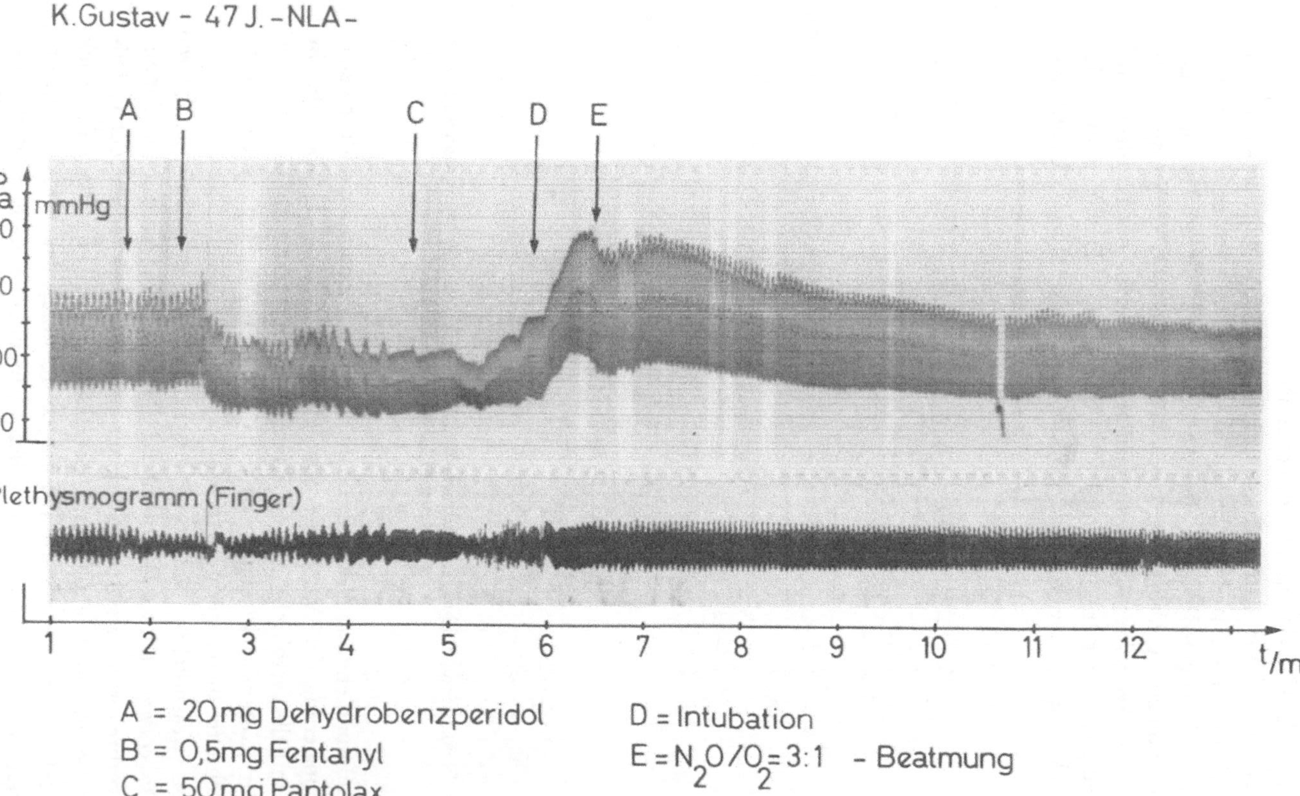

Abb. 3: Aortendruckregistrierung und Fingerplethysmogramm im Verlauf einer Neuroleptanalgesie (Einleitungsphase).

man wohl von einer ausgesprochen stabilen Kreislaufsituation sprechen darf.

Einen umfassenden Einblick in die Kreislaufperipherie und deren Regulation sowie die Änderung der O_2-Sättigungsverhältnisse während der NLA gewährte uns die synchrone fortlaufende Registrierung folgender Meßgrößen:

Photoelektrischer Volumenpuls vom hyperaemisierten Ohr,

O_2-Sättigungskurve vom hyperaemisierten Ohr,

photoelektrische bzw. pneumatische Volumenpulse sowie Infrarot- und Kompensationskurven von den Daumen und Zehen.

Die folgende Abb. 5 zeigt einen Ausschnitt aus einer derartigen *Registrierung von 6 verschiedenen Meßgrößen* während einer NLA bei einem 59jährigen Patienten. Die Filmgeschwindigkeit wurde mit 0,2 mm/sec sehr langsam gewählt.

In der Ausgangssituation erkennt man stärkere Amplitudenschwankungen in den Volumenpulsbändern, welche Gefäßspasmen bzw. extrasystolischen Phasen entsprechen. Unter der Praemedikation mit *Thalamonal* (A) vermindert sich die Spontanrhythmik der Infrarotkurve bei gleichzeitiger Ascendenz im Zusammenhang mit einer Verbreiterung der Volumenpulsbänder. Die Unruhe in der O_2-Sättigungskurve vom hyperaemisierten Ohr bleibt noch bestehen. Nach Injektion von *Dehydrobenzperidol* und *Fentanyl* (B) descendieren die O_2-Sättigungskurven. Zum Zeitpunkt der Marke „D" wird intubiert, was in einem signifikanten Anstieg der

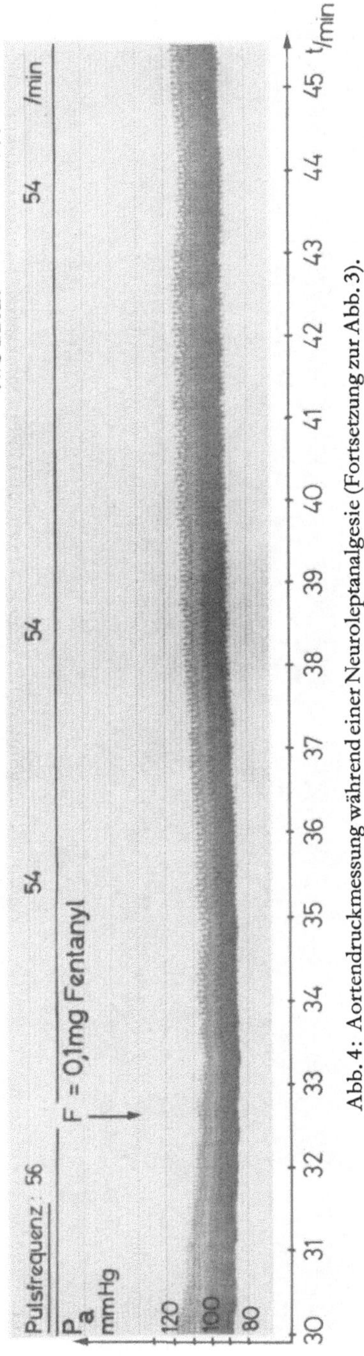

Abb. 4: Aortendruckmessung während einer Neuroleptanalgesie (Fortsetzung zur Abb. 3).

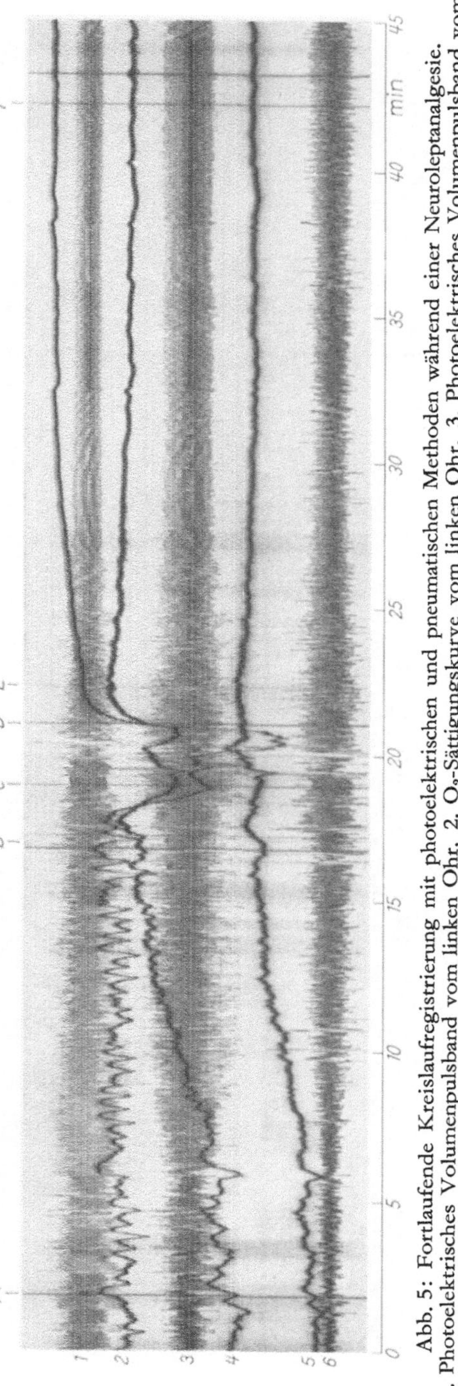

Abb. 5: Fortlaufende Kreislaufregistrierung mit photoelektrischen und pneumatischen Methoden während einer Neuroleptanalgesie. 1. Photoelektrisches Volumenpulsband vom linken Ohr. 2. O₂-Sättigungskurve vom linken Ohr. 3. Photoelektrisches Volumenpulsband vom linken Daumen. 4. O₂-Sättigungskurve vom linken Daumen. 5. Mittlere Blutfülle (Infrarotkurve) vom linken Daumen. 6. Pneumatisches Volumenpulsband vom rechten Daumen.

Kompensationskurven zum Ausdruck kommt. Sodann ist eine auffällige Konstanz im Verhalten der einzelnen Meßgrößen bemerkenswert. Sowohl die O₂-Sättigungs- als auch die Füllungskurven in der Peripherie zeigen das Bild einer Ausgeglichenheit und Stabilität. Ein starker Kältereiz „F" löst keine Reaktion aus.

An einem *weiteren Beispiel* dieser Untersuchungsserie mit photoelektrischen Meßverfahren kommt besonders deutlich zum Ausdruck, daß unter der NLA *keine* kontinuierliche *Tonusabnahme* in der Gefäßperipherie resultiert, sondern bei anhaltender relativer Weitstellung der Gefäße bisweilen sogar eine deutliche Tonus-Steigerung zur Beobachtung gelangt. Im Interesse einer übersichtlichen Darstellung sind in der nächsten Abb. 6 nur *4 Kurven aus der Gesamtregistrierung* herausgeschnitten worden, und zwar die photoelektrischen Volumenpulsbänder von einem Daumen und einer Großzehe mit den zugehörigen Infrarotkurven. Nach *Dehydrobenzperidol-* und *Fentanyl-*Injektionen (A), *Succinyl-*Verabreichung (C) und Intubation (D) gehen die ursprünglich unruhigen Kurvenbilder in eine weitgehend stabile Phase über. Das Kurvenverhalten ist einerseits durch eine deutliche Weitstellung der Gefäßperipherie charakterisiert, die aber keineswegs einem Tonusverlust gleichzusetzen ist. Man erkennt im Gegenteil – besonders in dem Volumenpulsband von der Großzehe – ein langsames Höhertreten der Dikrotie als Ausdruck einer gewissen Tonussteigerung und ein allmähliches Einpegeln der dikroten Welle auf ein praktisch konstantes Niveau. Die Marken „E" und „F" entsprechen starken Kälte- bzw. Schmerzreizen, die ohne Effekt bleiben.

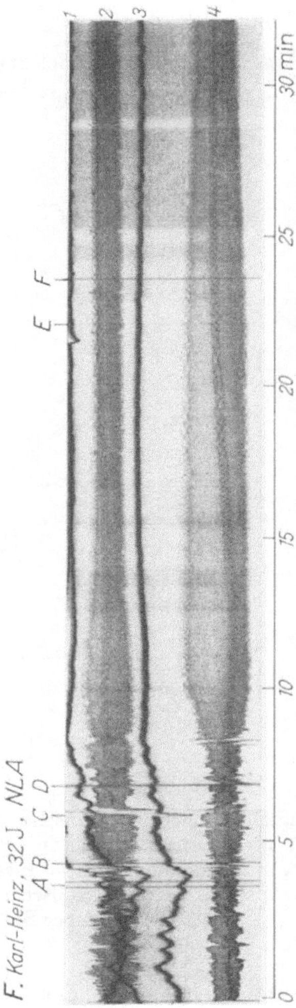

Zur Erfassung zusätzlicher kreislaufdynamischer Größen führten wir *physikalische Kreislaufanalysen* nach dem sphygmographischen Verfahren der FRANKschen Schule unter der Anwendung der Formeln von BROEMSER und RANKE durch. Damit bestimmten wir folgende Größen: Pulsperiodendauer, Systolendauer, Diastolendauer, zentrale Pulswellengeschwindigkeit, Blutdruckwerte, elastischen Widerstand, peripheren Gesamtströmungswiderstand, Herzschlagvolumen, Minutenvolumen, mechanische Herzarbeit, Herzleistung sowie den Dämpfungsfaktor des arteriellen Systems.

Das sich grundsätzlich wiederholende Verhalten der wichtigsten Kreislaufgrößen ist am Beispiel des *Diagramms einer Kreislaufanalyse* während einer NLA bei einem 27jährigen Patienten – Abb. 7 – erkennbar.

Nach der Injektion von 20 mg *Dehydrobenzperidol* und 0,5 mg *Fentanyl* vergrößern sich die Fördervolumina des Herzens geringgradig bei leichter Ascendenz des Elastizitätskoeffizienten. Nach der unter *Succinylcholin* vorgenommenen endotrachealen Intubation steigen Blutdruck und Pulsfrequenz vorübergehend bei gleichzeitiger Zunahme des Herzminutenvolumens an. Die Injektion von 18 mg *Curare* bewirkt eine kurzfristige mäßige Verkleinerung der Fördervolumina und der Blutdruckamplitude. Danach ist für den weiteren Verlauf der NLA ein sehr stabiles Verhalten der Kreislaufgrößen erkennbar.

Abb. 6: Fortlaufende Kreislaufregistrierung mit photoelektrischen Verfahren während einer Neuroleptanalgesie. 1. Mittlere Blutfülle (Infrarotkurve) vom rechten Daumen. 2. Photoelektrisches Volumenpulsband vom rechten Daumen. 3. Mittlere Blutfülle (Infrarotkurve) von der rechten Großzehe. 4. Photoelektrisches Volumenpulsband von rechten Großzehe.

Fassen wir die Ergebnisse unserer bisherigen Untersuchungen, von denen wir Ihnen hier nun diese Beispiele zeigen konnten, *zusammen*, so glauben wir sagen zu können, daß für die Kreislaufverhältnisse während der NLA zwei Phasen typisch sind:

1. eine Phase der *Stabilisierung* und
2. eine Phase der *Stabilität*.

Die *Phase der Stabilisierung* bei der *Einleitung der NLA* ist charakterisiert durch eine – auf die Wirkung des *Dehydrobenzperidol* zurückführende –

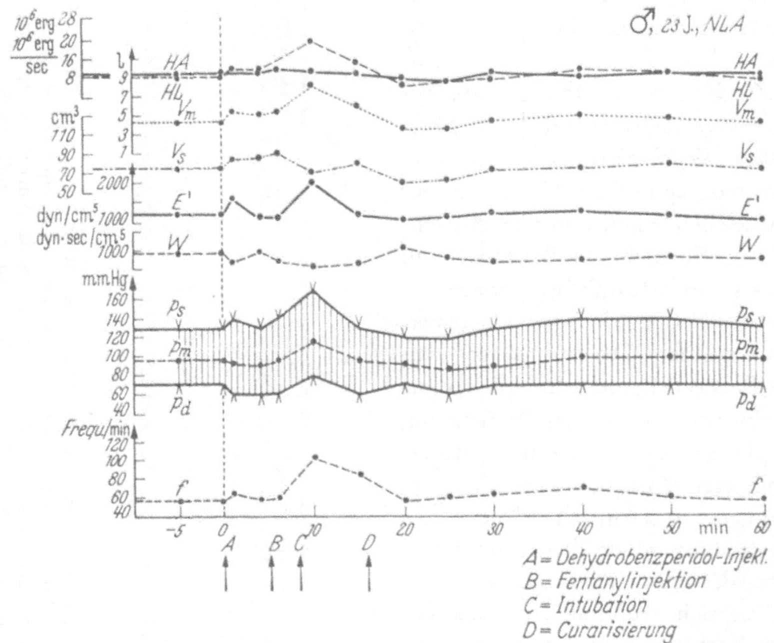

Abb. 7: Diagramm einer physikalischen Kreislaufanalyse während einer Neuroleptanalgesie. HA = Mechanische Herzarbeit. HL = Herzleistung. V_m = Herzminutenvolumen. V_s = Schlagvolumen. E' = Elastischer Widerstand. W = Peripherer Gesamtströmungswiderstand. p_s = Systolischer Blutdruck. p_m = Arterieller Mitteldruck. p_d = Diastolischer Blutdruck. f = Herzfrequenz.

mäßiggradige Weitstellung der Gefäßperipherie, jedoch ohne Tonusverlust, so daß – bei richtiger Dosierung natürlich – kein nennenswerter Blutdruckabfall resultiert. Intubation, Muskelrelaxans-Anwendung, Änderungen der Spontanatmung, künstliche Beatmung oder extreme Lagerung des Patienten sind Faktoren, die in der Stabilisierungsphase vorübergehende Kreislaufveränderungen bewirken können, und zwar vorwiegend in Form von kurzfristigen Blutdruck- und Pulsanstiegen, vor allem, wenn eine noch nicht ausreichende Analgesie vorliegt. Nach kurzer – dosisabhängiger – Zeit wird dann die *zweite Phase*, die einer *auffallenden Stabilität*, erreicht, die für die

Gesamtdauer der NLA – auch bei erforderlich werdenden Nachinjektionen, z. B. des Analgetikums – anhält. Wir glauben, daß die Ursache hierfür *einmal* in der geringen Toxizität der angewandten Pharmaca und dem daraus abzuleitenden Fehlen einer cardiovaskulären Depression – was SCHAPER und JANSSEN im Tierversuch bewiesen haben – zu suchen ist, *zum anderen* aber auch in der absoluten Analgesie während der Operation, so daß keine den Kreislauf beeinflussenden schmerzbedingten Reflexe bei bestimmten Operationsphasen ablaufen.

Die als bemerkenswert günstig zu bezeichnende Kreislauflage während der NLA steht im Gegensatz sowohl zur Barbiturat- als auch zur Halothannarkose. Die Barbituratnarkose ist, wie einer von uns (BUHR) schon früher nachweisen konnte, durch einen starken Anstieg des peripheren Gesamtströmungswiderstandes und eine wesentliche Verminderung des Schlag- und Minutenvolumens sowie der Herzarbeit und -leistung charakterisiert. Durch die Untersuchungen von WEIS u. Mitarb. wissen wir um eine deutliche cardiovaskuläre Depression bei der Halothannarkose.

Abschließend möchten wir meinen, daß die Ihnen skizzierten Untersuchungen den günstigen klinischen Eindruck, den wir von der NLA gewinnen konnten, unterstreichen. Diese Anaesthesieform stellt unseres Erachtens in der Tat – eine sinnvolle Anwendung und sachgemäße Technik vorausgesetzt – eine Bereicherung unserer anaesthesiologischen Möglichkeiten zum Nutzen der uns anvertrauten Kranken dar.

Erfahrungen mit der Neuroleptanalgesie bei 60 Operationen von Mitralstenosen

Von **S. Eunike** und **M. Zindler**

Aus der Abteilung für Anaesthesiologie der Medizinischen Akademie Düsseldorf
(Direktor: Prof. Dr. M. ZINDLER)

Das Hauptproblem für Narkosen bei Mitralstenosenoperationen liegt in der Gefahr des Versagens des Herzens, dessen Leistungsreserven stark eingeschränkt sind. Jedes auf Herz und Kreislauf depressiv wirkende Narkosemittel oder Medikament erhöht diese Gefahr. Zusätzlich wird die Gefahr durch die Operation selbst vergrößert: durch Manipulationen am Herzen, bei akuten Blutungen und bei Verschluß des Mitral-Ostiums durch Finger oder Instrument bei der Klappensprengung. Es kann ferner zu Arrhythmien kommen und besonders bei oberflächlicher Narkose zu Tachykardien, die sich bei einer Mitralstenose durch Verminderung des Herzzeitvolumens ungünstig auswirken und ein Lungenödem hervorrufen können.

Methode

Wir haben in Düsseldorf bisher 60 Operationen bei Mitralstenosen in Neuroleptanalgesie durchgeführt.

Aus den Erfahrungen bei einer Anfangsserie entwickelte sich eine gewisse Standardisierung der Neuroleptanalgesie-Methode, die in der Tabelle schematisch dargestellt ist.

Nach einigen Versuchen mit Haloperidol und Phenoperidin sind wir bald auf Dehydrobenzperidol und Fentanyl übergegangen, beides haben wir aber anfangs viel zu hoch dosiert und in verzettelten Dosen gegeben.

Es erwies sich als besser, die gesamte Einleitungsdosis von Dehydrobenzperidol (15–20 mg) und anschließend von Fentanyl (0,2–0,3 mg) zu injizieren. Für das Abschätzen der erforderlichen Dosis gibt die Wirkung der Prämedikation einen wertvollen Anhalt.

Aus der Tabelle ist unser gegenwärtiges Verfahren, das bei den letzten 40 Patienten angewendet wurde, zu ersehen.

Tabelle. Dosierungsschema der Neuroleptanalgesie

Am Vorabend 0,2 Luminal + 0,05 Atosil

Am Operationstag	schlechter AZ	durchschn. AZ	guter AZ
1. *Prämedikation*			
7.30 Uhr Thalamonal	1,0 ccm	1,5 ccm	1,5 ccm
Atropin $^1/_4$ mg–$^1/_2$mg			
7.45 Uhr Anlegen einer Venae sectio an einer Knöchelvene			
Infusion oder Transfusion.			
100–200 ml infundieren, um Blutdruckabfall bei Narkoseeinleitung zu vermeiden.			
2. *Narkoseeinleitung*			
8.00 Uhr Curare 3 mg			
8.01 Uhr Dehydrobenzperidol	10 mg	15 mg	20 mg
sofort anschließend Fentanyl	0,2 mg	0,25 mg	0,3 mg
8.02 Uhr Sauerstoff-Lachgas 3:3 Liter/min, evtl. künstl. Beatmung mit Maske			
8.04 Uhr Succinyl 75 mg (auch, wenn Patient noch ansprechbar ist)			
8.05 Uhr Intubation			
Lachgas/Sauerstoff = 2/1 (wenn Seitenlage: 1/1)			

Unmittelbar vor Operationsbeginn Curare in üblicher Dosierung (12–15 mg).

3. *Korrektur der Narkosetiefe und Unterhaltung der Narkose*

Etwa 10 min nach Narkosebeginn, falls nötig, Vertiefung der Analgesie mit 0,05–0,1 mg Fentanyl. Blutdruck und Pulsanstieg sowie Bewegungen des Patienten werden, wie auch sonst üblich, als Hinweise für eine notwendige Verstärkung der Analgesie gewertet.

4. *Ausleiten*

Möglichst in den letzten 30 min kein Fentanyl mehr geben. Nach der Klappensprengung kann bei gutem Zustand, wenn nötig, die Lachgaskonzentration erhöht werden.

Ergebnisse

Bei Anwendung der jetzigen Technik sahen wir eine erstaunliche Stabilität von *Blutdruck* und *Puls*, die nur unbedeutend unter den Ausgangswert erniedrigt sind. Auch nach vorübergehendem Blutdruckabfall, z. B. nach Sprengung der Mitralstenose, steigt der Blutdruck unmittelbar wieder an und bleibt stabil.

So sahen wir bei den 60 Fällen bei 59% der Patienten nach der Klappensprengung einen Blutdruck, der dem Ausgangswert entsprach, etwas erhöht war oder auf 90% des Ausgangswertes erniedrigt war. 20% der Patienten zeigten einen Blutdruck, der unter 80% des Ausgangswertes abgesunken war. Nach der Extubation hatten 88% der Patienten einen Blutdruck, der dem Ausgangswert entsprach, erhöht oder auf höchstens 90% des Ausgangswertes abgesunken war. 8,4% hatten zu diesem Zeitpunkt einen Blutdruck, der niedriger als 80% des Ausgangswertes lag.

Bei den ersten Fällen, bei denen die Dosierung, speziell von Dehydrobenzperidol, höher war, sahen wir häufiger Hypotension und Bradykardie. Wenn die Herzfrequenz unter 60/min absank, gaben wir anfänglich sofort Atropin. Nach 1/4 mg stieg die Herzfrequenz sofort an, 1/8 mg war in den meisten Fällen ohne Wirkung. Die Patienten scheinen aber nach Atropingaben wacher zu sein und das Herz irritabler. Wir haben daher später Atropin nicht mehr gegeben und die Herzfrequenz normalisierte sich von selbst nach 5–10 min. Bei der jetzigen Technik sehen wir äußerst selten Bradykardien.

Einige Patienten haben sich an einen Teil des Operationsgeschehens erinnern können und dabei gesprochene Worte exakt wiedergeben können. Sie haben jedoch dabei keinerlei Schmerzen empfunden und das Ganze traumhaft erlebt, „als ob es weit weg wäre"; „der Zustand wäre überhaupt nicht unangenehm gewesen".

Am Anfang unserer Serie wurde vorsichtshalber bei 13 Patienten 1 mg Lorfan gegeben. In drei weiteren Fällen wurde 2×1 mg gegeben, die erste Dosis im Operationssaal. Danach zeigten die Patienten gute Spontanatmung, die sich auf der Wachstation wieder verschlechterte und eine Nachinjektion erforderlich machte.

Auffallend ist der gute postoperative Zustand bei den meisten Patienten. Sie sind ruhig, ansprechbar und wirken unberührt von Operationsgeschehen und Narkose. Nicht so gut war der Zustand bei den Patienten, die Lorfan bekommen hatten. Man hatte den Eindruck, daß sie erhebliche Schmerzen hatten, aber Schwierigkeiten, die Schmerzäußerung in aktive muskuläre Bewegungen umzusetzen. Bei größerer Erfahrung mit der Neuroleptanalgesie und bei richtiger Dosierung ist eine Lorfan-Gabe nur selten nötig.

Ein Teil der Patienten klagte unmittelbar nach der Operation über subjektiv sehr unangenehmes Kältegefühl und hatte Kältezittern.

Komplikationen

Bei den ersten 60 Fällen erlebten wir 3 Zwischenfälle:

1. Einen Exitus in tabula, der sicherlich nicht durch die Narkose verursacht wurde. Es handelte sich um einen 36jährigen Patienten, der seit 1944 arbeitsunfähig war. M. S. III mit Pulmonalsklerose + Aorteninsuffizienz. Beim Herausluxieren eines großen Vorhofthrombus kam es zu einem Blutverlust von 2000 ml, der schnell ersetzt werden konnte. Dabei veränderten sich Blutdruck und Puls kaum. Bei der Exploration fand sich eine hochgradige Stenose bei stark verkalktem Klappenapparat. Bei dem vergeblichen Versuch der digitalen Sprengung kam es zu Kammerflimmern. Eine ausreichende Herzmassage war bei dem extrem großen Herzen (620 g) nicht möglich. Nach 35 min Massage und mehrfachem Versuch der elektrischen Defibrillation wurden die Wiederbelebungsversuche als hoffnungslos eingestellt.

2. Bei dem zweiten Fall – am Anfang unserer Serie – handelte es sich um eine 42 Jahre alte Patientin mit einem kombinierten Mitralvitium mit vorwiegender Stenose III°. Es bestand eine absolute Arrhythmie bei Vorhofflimmern, Pulsfrequenz 120/min, RR 145/50.

10 min nach der Prämedikation mit 10 mg Dehydrobenzperidol und 1/4 mg Atropin sank der Blutdruck von einem Ausgangswert von 100/50 auf 85/40 mm Hg, der Puls fiel auf 40/min. Die Patientin bekam $4 \times 1/8$ mg Atropin i.v. Der Blutdruck stieg darauf auf 90/40 mm Hg und der Puls auf 60/min. Nachdem der Kreislauf stabil erschien, bekam die Patientin, die stark sediert war, 0,3 mg Fentanyl. Darauf sank der Blutdruck sogleich systolisch auf 80 mm Hg, dann auf 55 mm Hg und war dann nicht mehr meßbar. Die Herzfrequenz sank zunächst unter 40 und dann kam es zum Herzstillstand. Es wurde gleichzeitig endotracheal intubiert, mit Sauerstoff beatmet und äußere Herzmassage durchgeführt. Der Blutdruck stieg daraufhin auf 100–110/50 mm Hg. Nach 10 min fiel Blutdruck und Pulsfrequenz erneut ab und stieg nach Gabe von 0,02 mg Aludrin wieder auf 130/60. Es wurde eine Tropfinfusion mit Aludrin angeschlossen (0,8 mg Aludrin auf 250 ccm Laevulose). Danach stabilisierten sich Blutdruck und Puls. Bei Beginn der Operation wurden fraktioniert insgesamt 40 mg Hydrobenzperidol gegeben.

Ein großer Herzthrombus wurde entfernt. Nur nach der schwierigen Sprengung der stark verkalkten Klappen kam es noch einmal kurzfristig zu einem Blutdruckabfall unter 80 mm Hg systolisch. Danach blieb Blutdruck und Puls auch nach Operationsende und Absetzen des Aludrintropfens stabil zwischen 80–100/45 mm Hg und 60/min. Am 6. Tag trat eine Dekompensation mit peripheren Ödemen und Leberstauung auf, die sich in 8 Tagen zurückbildeten.

3. Es handelte sich um eine 47jährige Patientin in reduziertem AZ mit einer Mitralstenose III⁰, absolute Arrhythmie bei Vorhofflimmern. Blutdruck 130/80 mm Hg, Puls 72/min. In der Anamnese wurden Hämoptysen und periphere Ödeme angegeben.

Die Patientin bekam zur Prämedikation 5 mg Dehydrobenzperidol + 1/4 mg Atropin. Zur Narkoseeinleitung wurden 15 mg Dehydrobenzperidol und 0,3 mg Fentanyl gegeben. Im weiteren Verlauf wurden erneut 0,05 mg Fentanyl gegeben.

Bis zur Klappensprengung unauffälliger Narkoseverlauf. Blutdruck um 100/60 mm Hg. Puls 60/min. Nach der Sprengung wurde 2mal von den Assistenten exploriert und dabei die Klappenöffnung längere Zeit verlegt. Danach kam es zu Bradykardie und Herzstillstand. Nach 2 min effektiver direkter Herzmassage kam die Herzaktion wieder in Gang. Der Blutdruck stieg auf 130/80 mm Hg, der Puls auf 72/min und blieb stabil. Der weitere postoperative Verlauf war ohne Besonderheiten.

Zusammenfassende Beurteilung

Zur Beurteilung einer Narkosemethode für die Operation von Mitralstenosen muß man die Vorteile und die Nachteile gegeneinander abwägen und sie mit anderen Methoden vergleichen. Ein solcher Vergleich ist unter klinischen Bedingungen schwierig und beruht vorwiegend auf einer subjektiven Beurteilung.

Eine unerwünschte Nebenwirkung der Neuroleptanalgesie ist die *Atemdepression* bzw. Apnoe am Ende der Operation. Aber je mehr Erfahrung man mit dieser Methode hat, desto seltener wird man am Ende einer Operation eine ungenügende Spontanatmung haben. Die Gabe von Lorfan sollte man aus den oben angeführten Gründen möglichst vermeiden.

Ein Nachteil ist die sehr oberflächliche *Narkosetiefe* der Patienten. Die Amnesie beruht vorwiegend auf der N_2O-Wirkung und einige Patienten, speziell wenn über längere Zeit reine O_2-Atmung nötig erschien, erinnern sich an Einzelheiten aus dem Operationsgeschehen. Es wurde jedoch niemals als unangenehm oder angstauslösend empfunden.

Schwierig ist die richtige *Dosierung*. Sie erfordert eine gewisse Erfahrung mit der Neuroleptanalgesie. Ein Schema kann nur allgemeine Hinweise geben. Die Empfindlichkeit der einzelnen Patienten auf die Neuroleptanalgesie ist aber individuell sehr verschieden und sie kann nicht so gut wie bei anderen Narkosemitteln nach Allgemeinzustand, Alter und Körpergewicht eingeschätzt werden. Bei zu leichter Narkose kommt es leicht zu Reaktionen von Seiten des Kreislaufes und Herzens auf Lageänderung, Schmerzreiz, Blutverlust und akustische Reize. Es treten dann meist Tachykardien und Hypertension auf sowie eine periphere Stauung mit Cyanose, die auch bei relaxierten Patienten mit guter künstlicher Beatmung auftreten kann. Bei zu tiefer Narkose kommt es zu den üblichen Überdosierungserscheinungen: Hypotension und Bradykardie, die sich meist innerhalb weniger Minuten nach O_2-Beatmung wieder normalisieren, sonst aber durch Volumenauffüllung bzw. Atropin-Gaben behoben werden können.

Diesen Nachteilen, die insgesamt den Patienten nicht wesentlich gefährden und bei einiger Erfahrung vermieden werden können, stehen *zwei wesentliche Vorteile* gegenüber:

Die Neuroleptanalgesie hat bei richtiger Dosierung nach unserer Ansicht einen *geringeren depressiven Effekt* auf die *Herzfunktion* als eine Barbiturat-Lachgas-Halothan-Narkose und auch eine Barbiturat-Lachgas-Äther-Narkose.

Auch bei den Belastungen durch den kardialen Eingriff sind *Blutdruck* und *Puls stabiler* als bei diesen Narkosearten.

Der andere Vorteil ist der *gute postoperative Zustand* der Patienten, die sediert und ruhig, aber jederzeit ansprechbar und wach sind und den Eindruck machen, daß sie vom Trauma der Operation wenig beeinträchtigt sind.

Eine weitere Erprobung der Neuroleptanalgesie erscheint gerechtfertigt. Dabei ist es besonders wichtig, bei vergleichbaren Gruppen Daten über wichtige physiologische Funktionen zu gewinnen.

Die Ergebnisse unserer Untersuchungen mit der Farbstoffverdünnungsmethode über die Veränderungen des Herzzeitvolumens bei Narkose und Operation werden wir demnächst berichten. (Zindler, Eunike u. Satter, Bericht III. Weltkogr. Anaesth. Sao Paulo, Bd. III, S. 157).

Der Einfluß von Dehydrobenzperidol auf die Kontraktilität des Herzmuskels

Von **H. Kreuscher**

Aus dem Institut für Anaesthesiologie (Direktor: Prof. Dr. R. Frey)
der Johannes Gutenberg-Universität Mainz

Bei Beurteilung der Eignung von Anaesthesiemitteln spielt deren Wirkung auf die Funktionen von Atmung, Kreislauf und Herz eine hervorragende Rolle.

Die Beurteilung der Herzfunktion unter der Wirkung von Dehydrobenzperidol ist methodisch außerordentlich schwierig, da die meßbaren Größen nicht für sich allein, sondern nur im Zusammenhang mit den gleichzeitig zu ermittelnden Kreislaufwerten, wie Volumenelastizität, arterieller Mitteldruck usw. bewertet werden können.

Ein recht brauchbares Maß für die – nicht erwünschte – Wirkung eines Pharmakons auf das Herz ist die Kontraktilität des Herzmuskels. Sie läßt sich aus der Zeit ableiten, die der Herzmuskel benötigt, um das in seine Ventrikel während der Füllungszeit eingeflossene Blut soweit unter Druck zu setzen, bis der diastolische Druck in der Aorta gerade überwunden ist, so daß die Aortenklappe geöffnet wird und die Austreibungsperiode beginnt. Die genaueste Messung dieses Druck-Zeitablaufes würde natürlich mit Hilfe eines Herzkatheters erfolgen können. Da unsere Untersuchungen aber aus methodischen Gründen an gesunden, freiwilligen Probanden erfolgen mußten, kam die nicht ganz risikofreie Anwendung des Herzkatheters nicht in Frage.

BLUMBERGER und später HOLLDACK führten zahlreiche Untersuchungen über die Kontraktilität des Herzmuskels an gesunden und kranken Personen mit einer Methode durch, die auf den Untersuchungen von EDENS (1929) und H. SCHULZ (1937) beruht:

Bei dieser Methode benötigt man die gleichzeitige Registrierung des Elektrokardiogramms, der Carotispulskurve und des Herzschalles.

Die Anspannungszeit ergibt sich durch Subtraktion der Austreibungszeit von der Systolendauer. Die Systolendauer beginnt im EKG aber mit der Q-Zacke und endet mit dem Beginn des 2. Herztonsegmentes. Die Austreibungszeit beginnt mit dem Fußpunkt der Carotispulskurve und endet mit deren Incisur, die dem Klappenschluß entspricht (Abb. 1).

Wie ich schon eingangs sagte, haben in-vivo Untersuchungen über die Kontraktilität des Herzmuskels nur bei gleichzeitiger Kreislaufanalyse einen Aussagewert.

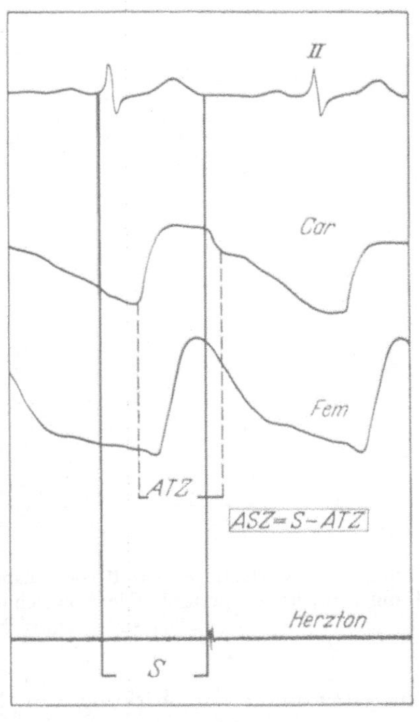

Abb. 1: Die simultane Registrierung des EKG (hier II. Extr.-Ableitung), Carotispuls (Car.), Femoralispuls (Fem.) und Herzschall (unterste Kurve) erlaubt die Durchführung physikalischer Herz-Kreislaufanalysen nach BLUMBERGER und BROEMSER-RANKE. (ASZ = Anspannungszeit, ATZ = Austreibungszeit.)

Wir registrierten darum noch gleichzeitig die Femoralispulskurve sowie den arteriellen Druck und bestimmen nach der bekannten Methode von BROEMSER-RANKE das Herzzeitvolumen und den elastischen Widerstand. Natürlich läßt dieses Verfahren nur die Bestimmung relativer Größen zu. Das erschien uns aber für die vorliegende Fragestellung zunächst ausreichend.

Die Untersuchungen wurden an 10 freiwilligen, gesunden Versuchspersonen (Studenten) im Alter von 21–32 Jahren durchgeführt. Nach $^1/_2$-stündiger flacher Lagerung wurden jeweils 5 Ausgangsmessungen abgeleitet und anschließend 20 mg Dehydrobenzperidol intravenös injiziert. In Abständen von 5 min wurden die Messungen wiederholt.

Die erste Kurve (Abb. 2) zeigt das Verhalten der Anspannungszeit im arithmetischen Mittel. Während der Messung der Ausgangswerte stieg die Anspannungszeit als Ausdruck der Ruheanpassung leicht an, schwankte

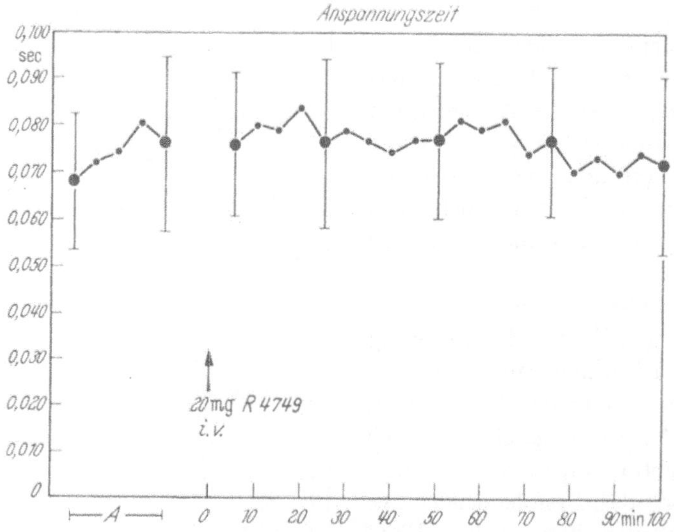

Abb. 2: Mittelwertskurve (n = 10) der Anspannungszeit vor und nach i. v. Injektion von 20 mg Dehydrobenzperidol. Die Abweichungen vom Ausgangswert (Kontrolle) sind statistisch nicht signifikant.

dann aber unter der Wirkung von Dehydrobenzperidol im Bereich der Ausgangswerte. Es trat also keine signifikante Verlängerung der Anspannungszeit während irgendeiner Zeit der Meßperiode auf.

Eine verfeinerte Aussagemöglichkeit über die Kontraktilität des Herzmuskels sehen Blumberger und andere Autoren in dem Quotienten aus Austreibungszeit und Anspannungszeit. Dieser Quotient beträgt (nach H. Müller) normalerweise 2,5–5,0. Der letztere Wert gilt als Maximalgrenze bei Ruhelage.

Die Kurve in Abb. 3 zeigt das Verhalten dieses Quotienten. Es ist ohne weiteres erkennbar, daß er stets im Normbereich bleibt und auch während der gesamten Meßperiode keine signifikanten Abweichungen vom Ausgangswert erfährt.

Die Dauer der Anspannungszeit hängt natürlich auch von der Größe der diastolischen Herzfüllung und dem resultierenden Schlagvolumen ab. Das

Schlagvolumen wird wiederum durch die Volumenelastizität des Windkessels beeinflußt.

Die folgenden Kurven der Abb. 4 zeigen untereinander das Verhalten von Anspannungszeit, Schlagvolumen und Volumenelastizitätsmodul. Auch hier können wir kein signifikantes oder irgendwie charakteristisches Abweichen der Meßwerte vom Ausgang beobachten.

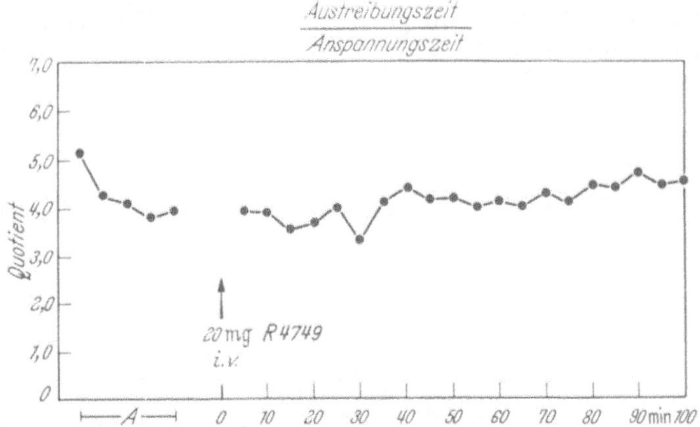

Abb. 3: Mittelwertskurve des Quotienten Austreibungszeit: Anspannungszeit (siehe Text). Die Abweichungen vom Ausgangswert sind statistisch nicht signifikant.

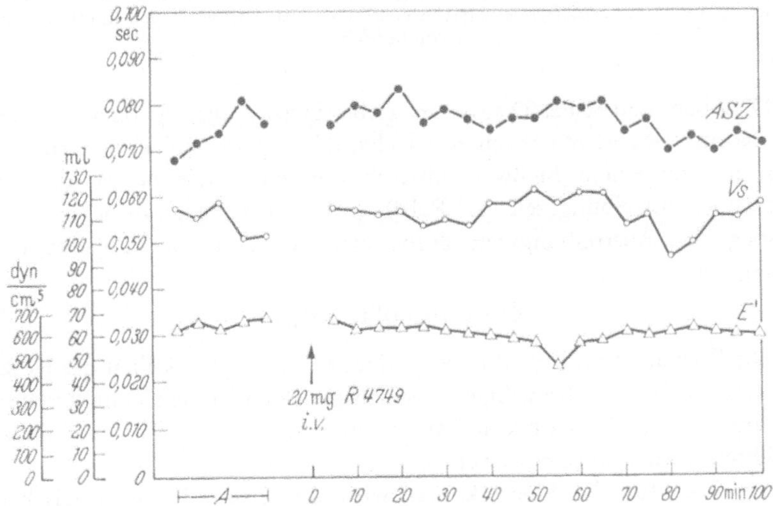

Abb. 4: Die Anspannungszeit (ASZ) kann durch die Größe der diastolischen Ventrikelfüllung und das resultierende Schlagvolumen (Vs), dieses wiederum durch die Volumenelastizität des Windkessels (E') beeinflußt werden. Das Zusammenspiel dieser Meßgrößen wird zwischen der 40. und 80. Minute der Meßperiode deutlich. Die Abweichungen der Mittelwertskurven vom Ausgang sind jedoch statistisch nicht signifikant.

Bei dem Blumbergerschen Verfahren zur physikalischen Herz-Kreislaufanalyse wird die Anspannungszeit durch Subtraktion der Austreibungszeit von der Systolendauer errechnet. Varianzen der Austreibungszeit kommen vor allem durch Frequenzschwankungen zustande. Einem Vorschlag von Meiners folgend haben wir die arithmetischen Mittel von Austreibungszeit und Pulsfrequenz in Relation zueinander gesetzt und so die relative Austreibungszeit erhalten. Die sogenannte „normale" relative Austreibungszeit wird gleich 100% gesetzt. Die Schwankungsbreite der normalen relativen Austreibungszeit liegt zwischen 90 und 110%.

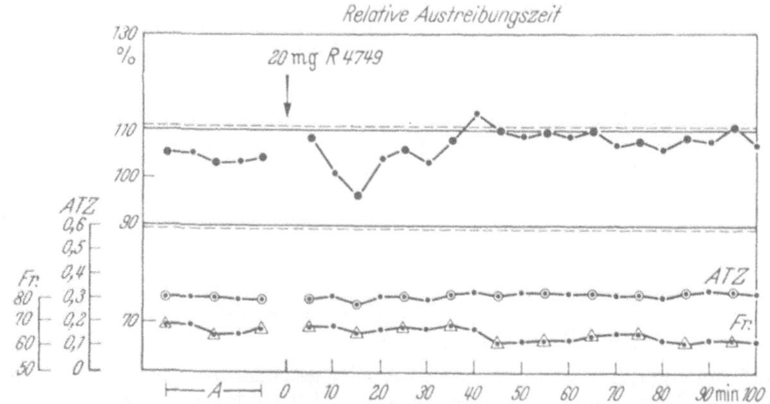

Abb. 5: Die ‚relative' Austreibungszeit ergibt sich aus dem Verhältnis der ‚absoluten' Austreibungszeit zur Herzfrequenz (siehe Text). Die gestrichelten Linien limitieren den Normbereich.

Die obere Kurve des Diagramms (Abb. 5) zeigt, daß die obere Grenze der Norm etwa 40 min nach der Dehydrobenzperidolinjektion erreicht, aber nur mit einem Meßwert überschritten wird. Die beiden unteren Kurven – Austreibungszeit und Pulsfrequenz – erklären, daß der geringe Anstieg der Austreibungszeit durch eine Abnahme der Pulsfrequenz bedingt ist.

Zusammenfassung:

Die Wirkung von Dehydrobenzperidol auf die Kontraktilität des Herzmuskels wurde bei 10 freiwilligen Versuchspersonen mit den Verfahren von Blumberger und Broemser-Ranke untersucht. Die Untersuchungsverfahren werden kurz beschrieben.

Als Maß für die Kontraktilität wird die Phase der isometrischen Kontraktion verwendet.

Die Untersuchungen zeigten, daß unter den gegebenen Bedingungen eine intravenöse Dosis von 20 mg Dehydrobenzperidol keine statistisch signifikante Beeinflussung der Herzmuskelkontraktilität verursacht.

Literatur

BLUMBERGER, K. J.: Die Untersuchung der Leistungsfähigkeit des Herzens. Klin. Wschr. **33**, 825 (1940).

— Die Untersuchung der Dynamik des Herzens beim Menschen. Ergebn. d. inneren Med. **62**, 424 (1942).

— Untersuchungen über die Dynamik des Herzens beim Herzalternans. Archiv f. Kreislaufforschg. **20**, 25–44 (1954).

BROEMSER, PH. u. O. F. RANKE: Technik der Kreislaufmessung. Z. Biol. **90**, 467 (1930).

HOLLDACK, K.: Die Bedeutung der Umformungs- und Druckanstiegszeit. Dtsch. Arch. f. klin. Med. **198**, 71–90 (1951).

MEINERS, S.: Meßmethoden zur Analyse der Herz- und Kreislaufdynamik. 1. Freiburger Colloquium über Kreislaufmessungen 1958. Werk-Verlag Dr. E. Banaschewski, München-Gräfelfing.

Die Neuroleptanalgesie bei Herzkatheter-Untersuchungen im Kindesalter

Von **H. Busch** und **J. F. Crul**

Aus dem Institut für Anaesthesiologie (Dr. J. F. CRUL) und der Kinderkardiologie-Abteilung (Dr. H. BUSCH) der paediatrischen Klinik (Prof. Dr. J. P. SLOOFF); katholische Universität, Nymegen, Niederlande

Bisher wurden Herzkatheter-Untersuchungen bei kleinen Kindern in unserer Klinik im allgemeinem unter Allgemein-Anaesthesie durchgeführt. Es wurden im Laufe der letzten 10 Jahre mehrere Variationen der gebräuchlichen Anaesthesieverfahren erprobt und vor allem im Hinblick auf möglichst stabile und physiologische respiratorische und zirkulatorische Verhältnisse untersucht.

Dabei schien uns zunächst folgende Methode am geeignetsten:

Zur Prämedikation erhielten die Kinder Atosil (WZ) mit Atropin, sowie eine 5%ige Thiopenton-Lösung rektal (45 mg/kg). Nachdem die Kinder eingeschlafen waren, gaben wir über die Maske ein Trichloräthylen-Lachgas-Sauerstoff-Gemisch, bis der Herzkatheter eingebracht war. Danach führten wir nur noch ein Lachgas-Sauerstoff-Gemisch zu und verabreichten Diethazine in einer Dosis von 2 mg/kg intramuskulär. Damit sollte die Barbiturat-Lachgas-Narkose potenziert, die Atmung jedoch gleichzeitig stimuliert werden. Vor den Druckmessungen wurde immer die Narkosemaske zur freien Ausatmung entfernt. Während der Blutentnahmen wurde Lachgas-Sauerstoff im konstanten Verhältnis von 3:1

gegeben. Es wurde immer exakt darauf geachtet, daß die Atemwege völlig frei waren. Wir verwandten keine Muskelrelaxantien und führten keine Intubation durch, da wir den beträchtlichen Atemwiderstand der engen Endotracheal-Tuben, die bei kleinen Kindern verwendet werden müssen, fürchteten.

Mit dieser Methodik sahen wir die geringste Atemdepression, und wir konnten feststellen, daß damit der arterielle Druck und die Blutgaswerte am geringsten beeinflußt wurden.

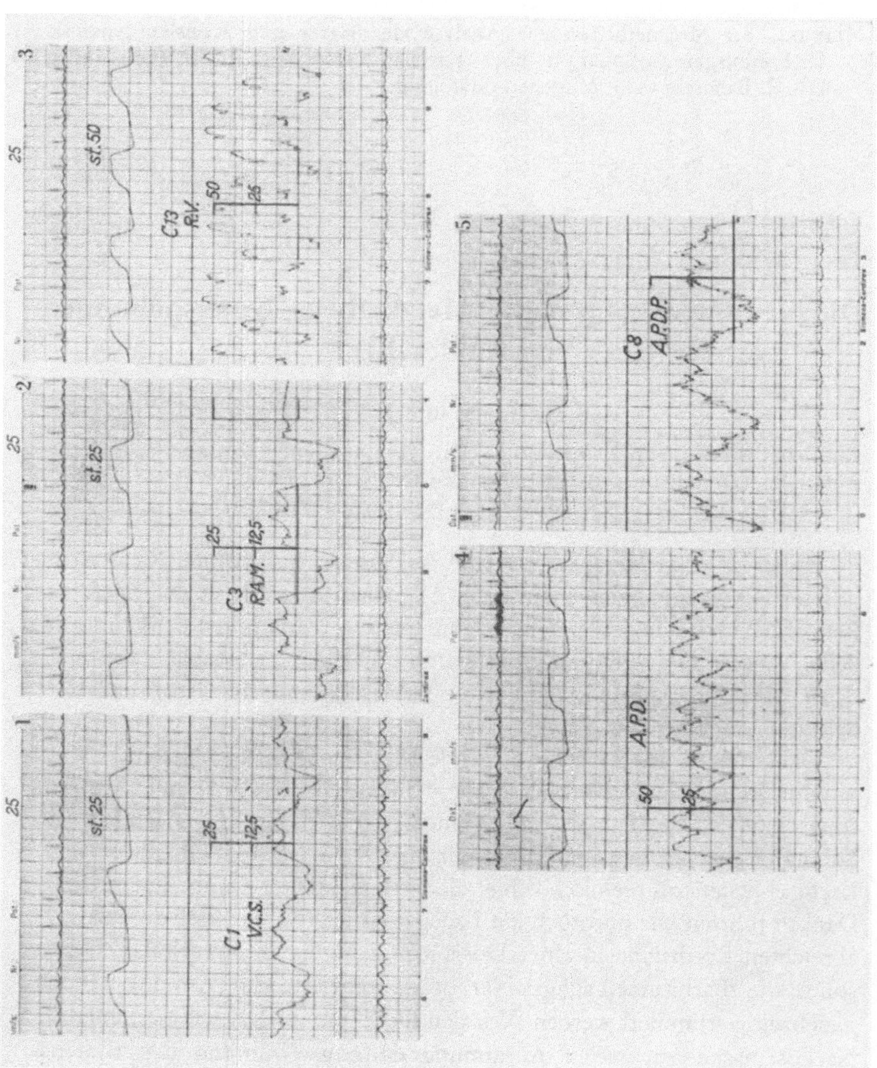

Ungünstig waren jedoch große Schwankungen der Druckwerte in den großen Venen, der rechten Herzkammer und in den Lungengefäße. Mitunter war es unmöglich, Mittelwerte von Drucken zu berechnen und der Druckverlauf war kaum zu schätzen. Damit war jedoch die Diagnose der Herzfehler mit ihren Auswirkungen für den Kreislauf bisweilen schwierig zu präzisieren. Das Beispiel einer derartigen Kurve zeigt Abb. 1.

Je kleiner die Kinder waren, um so schwieriger erschienen diese Verhältnisse. Besonders große Schwierigkeiten bereiteten die kleinen Patienten mit großen Ventrikelseptumdefekten, weil sie schon von vornherein eine Tachypnoe hatten. Zusätzlich konnten wir mitunter störende Tachycardien und Extrasystolien registrieren, besonders bei Manipulationen im Ausflußgebiet der rechten Herzkammer.

Wir haben deshalb schon frühzeitig nach der Einführung der Neuroleptanalgesie in die Anaesthesie versucht, diese neue Methode auch für Herzkatheter-Untersuchungen bei Kindern anzuwenden.

Nach einigem Variieren der Technik sind wir jetzt zu einer Methode gekommen, bei der uns besondere Vorteile auffallen: Die Druckverhältnisse im Niederdruck-System, die – wie oben angeführt – mit anderen Verfahren oft unzuverlässig waren, zeichnen sich durch sehr stabile und reproduzierbare Werte aus. Es treten keine Tachycardien auf, und der ruhige Herzrhythmus wird nicht durch Extrasystolien unterbrochen.

Zwei Beispiele sind in Abb. 2 und 3 dargestellt.

Unser bisher jüngster Patient war ein Mädchen von 14 Monaten mit einem Körpergewicht von 7 kg, das alternierend zwei ruhige Atemzüge und einen starken schluchzenden Atemzug während der ganzen Herzkatheter-Untersuchung machte. Damit waren wir imstande, den großen Einfluß des Atmungstyps auf die Druckverhältnisse während der Herzkatheter-Untersuchung nachzuweisen (Abb. 4).

Unerwartet niedrige arterielle Sauerstoff-Sättigung fanden wir nur einmal dann, wenn während der Katheterisation noch Fentanyl nachgegeben wurde.

Die Technik im einzelnen war folgende: Prämedikation mit Dehydrobenzperidol in einer Dosis von 1 mg auf 3 kg Körpergewicht, kombiniert mit Fentanyl im Verhältnis 120:1. Vor Beginn und während der Katheterisation wird bei Bedarf Dehydrobenzperidol in einer Dosierung von 1 mg

---

Abb. 1. Druckkurven während der Herzkatheterisation eines 4-jährigen Mädchens mit Ventrikelseptumdefekt und infundibulärer Pulmonalisstenose unter Barbiturat/N$_2$O/Trilene-Narkose mit Spontanatmung. Obere und untere Linien EKG. Zweite Kurve Atmung (Inspiration nach oben, Exspiration nach unten). Dritte Kurve Druckwellen in Vena cava superior, rechtem Atrium Mitte, rechtem Ventrikel, rechter Arteria pulmonalis und rechter Arteria pulmonalis perifer. Man beachte die großen respiratorischen Druckschwankungen, die völlig die zirkulatorischen Schwankungen überdecken. Mittlere Drucke sind fast nicht zu bestimmen.

74 H. Busch und J. F. Crul

pro 10 kg Körpergewicht nachgegeben. Fentanyl braucht man nach unseren
jetzigen Erfahrungen während der Katheteruntersuchungen nicht mehr zu

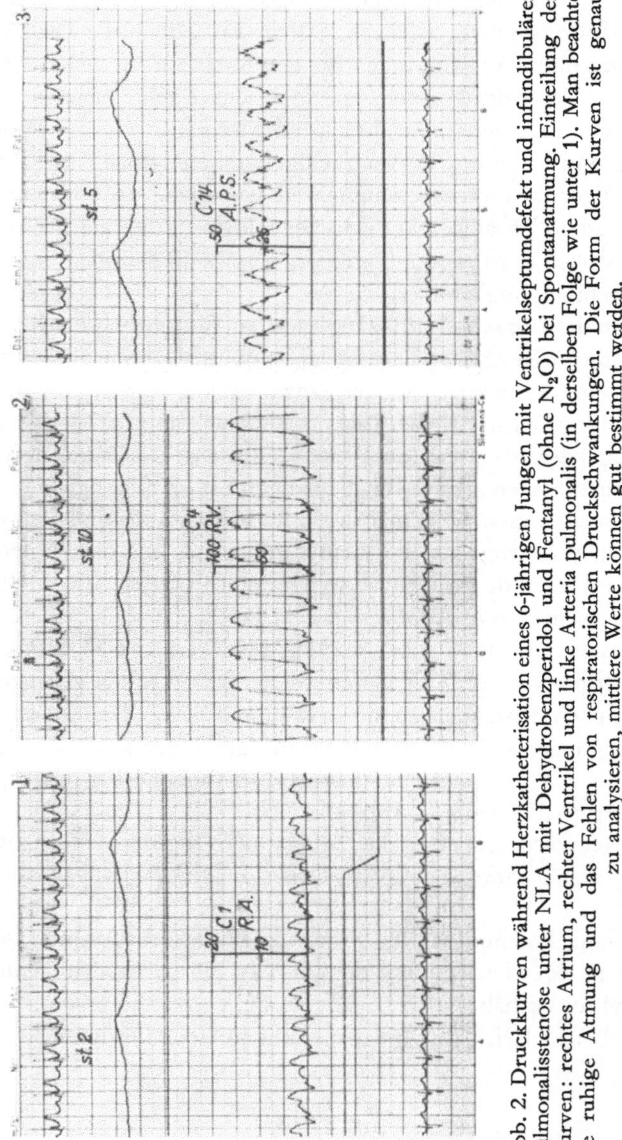

Abb. 2. Druckkurven während Herzkatheterisation eines 6-jährigen Jungen mit Ventrikelseptumdefekt und infundibulärer Pulmonalisstenose unter NLA mit Dehydrobenzperidol und Fentanyl (ohne N_2O) bei Spontanatmung. Einteilung der Kurven: rechtes Atrium, rechter Ventrikel und linke Arteria pulmonalis (in derselben Folge wie unter 1). Man beachte die ruhige Atmung und das Fehlen von respiratorischen Druckschwankungen. Die Form der Kurven ist genau zu analysieren, mittlere Werte können gut bestimmt werden.

verabreichen. Die Gesamtmenge des Dehydrobenzperidol lag niemals über
1 mg pro 2 kg Körpergewicht. Es fällt auf, daß, je kleiner die Kinder sind,
desto höher die relative Dosis von Dehydrobenzperidol ist.

Die Ursache der wesentlich stabileren Druckverhältnisse bei der Neuroleptanalgesie im Vergleich mit der einleitend beschriebenen Methode läßt

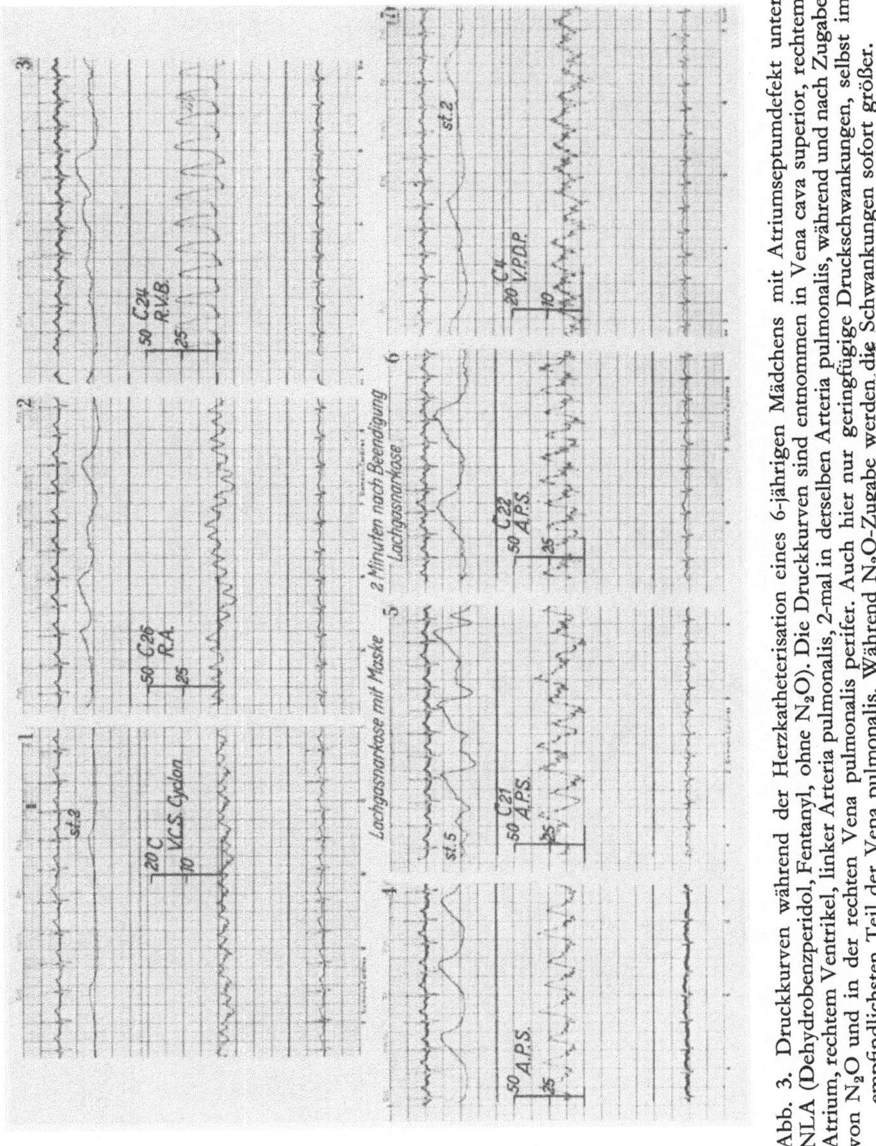

Abb. 3. Druckkurven während der Herzkatheterisation eines 6-jährigen Mädchens mit Atriumseptumdefekt unter NLA (Dehydrobenzperidol, Fentanyl, ohne N_2O). Die Druckkurven sind entnommen in Vena cava superior, rechtem Atrium, rechtem Ventrikel, linker Arteria pulmonalis, 2-mal in derselben Arteria pulmonalis, während und nach Zugabe von N_2O und in der rechten Vena pulmonalis perifer. Auch hier nur geringfügige Druckschwankungen, selbst im empfindlichsten Teil der Vena pulmonalis. Während N_2O-Zugabe werden die Schwankungen sofort größer.

sich nicht leicht erklären. Die Atmung war bei beiden Verfahren spontan und ohne Narkosemaske, nur der Atemtyp war unterschiedlich. Beim einleitend beschriebenen Verfahren sahen wir eine schnelle kräftige Ein-

und Ausatmung bei nur geringfügiger Atempause, also etwa wie im dritten
Stadium einer Narkose. Bei der Neuroleptanalgesie beobachtet man eine

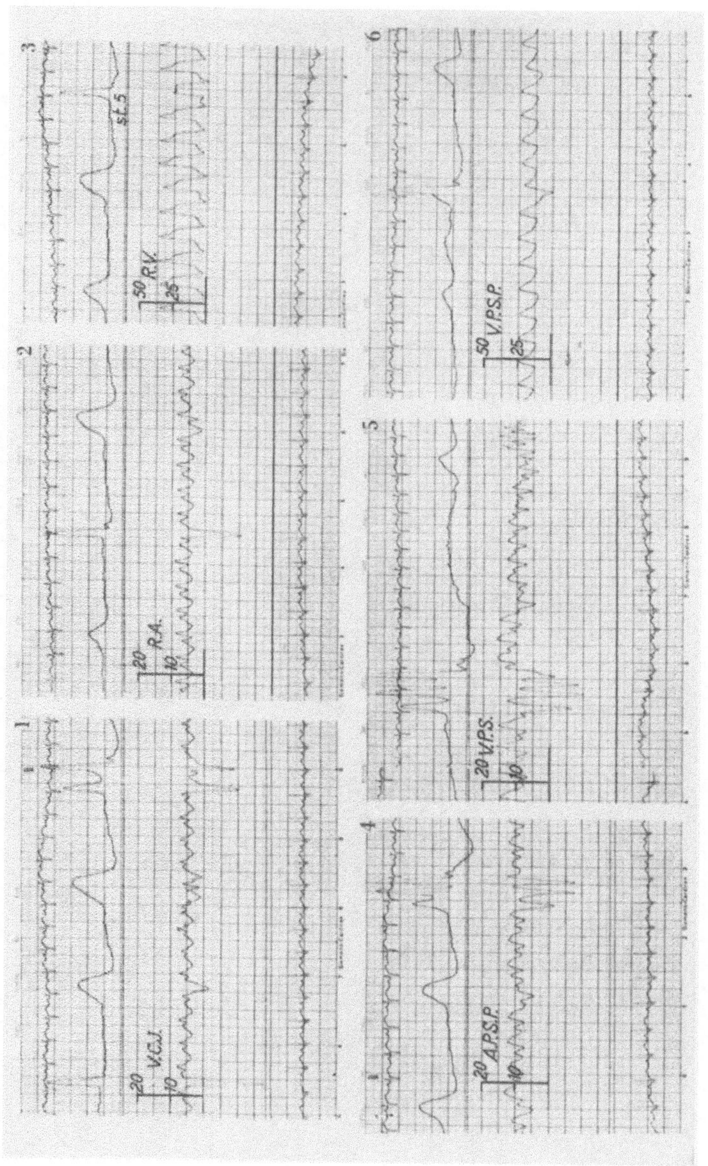

Abb. 4. Druckkurven während Herzkatheterisation eines 1-jährigen Mädchens (7 kg Körpergew.) mit Atriumseptumdefekt. Auf zwei ruhige Atemzüge eine kräftige schluchzende Inspiration. Die Druckkurven wurden in derselben Folge wie bei Abb. 1 entnommen. Zu beachten sind die große Stabilität der Druckkurven während der ruhigen Atemzüge und die großen Druckschwankungen während des Schluchzens.

langsame und ruhige Atmung mit einem ziemlich ausgeprägten Intervall,
vergleichbar mit einem echten Schlafzustand.

In einigen Fällen, die mit Barbiturat-Lachgas-Anaesthesie untersucht wurden, war der Druck in den Venen und im rechten Vorhof unerwartet hoch, etwa wie bei einer venösen Stauung. Unter NLA haben wir bis heute einen derartigen Druck niemals beobachtet.

Außer einer Beeinflussung durch die Atmung sind sicherlich noch viele Ursachen für diese evidenten Unterschiede bei der Druckmessung möglich, wie zum Beispiel eine Drosselung im kapillaren Gebiet, ein Tonusverlust der Venen, was das Angebot von Blut zum rechten Herzen reduziert und dadurch die Drucke erniedrigt. Man sollte auch eine bessere Entleerung des rechten Ventrikels unter der Neuroleptanalgesie als Möglichkeit diskutieren.

Diese Mitteilung kann nur eine vorläufige sein, weil wir erst bei einer geringen Zahl von Fällen die oben beschriebene Technik uniform durchgeführt haben.

Vielleicht liegt der große Vorteil der NLA für die Herzkatheter-Untersuchungen im Kindesalter darin, daß sie eine Ruhigstellung und Dämpfung der Kinder bewirkt, ohne daß der Atemtyp geändert wird, wie das bei den bisherigen Narkosen geschieht und daß sie gleichzeitig ruhige und stabile Kreislaufbedingungen schafft, die es ermöglichen, auch während der Katheterisation eine gute Beurteilung der durchschnittlichen Druckverhältnisse zu erhalten.

Anaesthesiologische Probleme
bei Schrittmacherimplantationen

Von **P. Rittmeyer**

Aus der Anaesthesieabteilung (Leiter: Prof. Dr. K. Horatz) der chirurgischen Universitätsklinik Hamburg-Eppendorf (Direktor: Prof. Dr. L. Zukschwerdt)

Bei der Behandlung von Patienten mit Adam-Stokesschen Anfällen hat sich in der letzten Zeit die Reizung des Herzens mit künstlichen Schrittmachern als Methode der Wahl durchgesetzt. Ist eine Dauerreizung erforderlich, so empfiehlt sich die Implantation eines Pacemakers und die direkte Reizung des Herzmuskels mittels eingenähter Elektroden. Die Erregung durch einen Herzkatheter ist nur bei vorübergehender Anwendung angezeigt, oder bei Patienten, denen eine Thorakotomie nicht mehr zugemutet werden kann.*

---

* Zur Zeit des Druckes werden bei uns nur noch intravenöse Schrittmacherelektroden in Lokalanästhesie gelegt. Ebenso erfolgt die Implantation des Schrittmachers.

Aus dem Grundleiden der Kranken ergeben sich für die Anaesthesie wesentliche Probleme, die nur durch eine sorgsame Auswahl der erforderlichen Medikamente und ihrer Applikationsart gelöst werden können. Bereits bei der Praemedikation, besonders aber bei der Narkoseeinleitung, muß man bestrebt sein, jedem bradytropen und blutdrucksenkenden Arzneimitteleffekt entgegenzuwirken, da sonst der Kreislaufstillstand unvermeidbar ist. Auch die geringste Hypoxie kann zu deletären Folgen führen.

Nach unseren Erfahrungen halten wir folgendes Vorgehen für zweckmäßig:

Die Praemedikation erfolgt am Vorabend mit Luminal. Am Morgen der Operation werden Schrittmacherelektroden in Lokalanaesthesie durch die V. jugularis externa in die Ausflußbahn des rechten Ventrikels gelegt. Eine Stunde vor der Narkoseeinleitung erhält der Patient 25 mg Dehydrobenzperidol i.m. und 1 mg Atropin subcutan. Zur Anaesthesieeinleitung werden 0,1–0,2 mg Fentanyl i.v. injiziert, kurz darauf wird unter Succinylcholin intubiert und mit Sauerstoff kontrolliert beatmet. Vor der Intubation soll Sauerstoffinsufflation vorgenommen werden. Die Anaesthesie wird fortgesetzt mit einer Infusion von 0,4 mg Fentanyl in 500 ml isotonischer Laevuloselösung, die man nach den Erfordernissen steuern kann. Ist der Schrittmacher implantiert, so sind für die Anaesthesie keine besonderen Komplikationen mehr zu erwarten.

Wir haben bei unseren Patienten unerwünschte Nebenwirkungen der niedrig dosierten Praemedikation nicht gesehen. Die intramuskuläre Gabe von Dehydrobenzperidol vor der Narkoseeinleitung zeigt eine unverminderte Neurolepsiewirkung und führt nicht zu Bradykardie oder Blutdruckabfall. Um einer Bradykardie weiterhin entgegenzuwirken, soll die gleichzeitige Atropingabe nicht unter 1 mg liegen. Die Möglichkeit zur Reizung des Herzens mittels Elektroden im strömenden Blut des rechten Ventrikels verleiht dem Vorgehen eine doppelte Sicherheit. Die Einführung des Katheters soll in Lokalanaesthesie erfolgen. Eine Allgemeinanaesthesie mit Intubation würde diesen Eingriff von vornherein überflüssig machen. Eine Neuroleptanalgesie bei erhaltener Spontanatmung ist wegen der Gefahr der Atemdepression auch bei dauerndem Ermahnen des Patienten zu tiefem Durchatmen und bei klinisch scheinbar ausreichendem Atemzeitvolumen gefährlich. Wir haben in einem solchen Fall einen Herzstillstand in Kammerflimmern gesehen, der jedoch nach externer Defibrillation mit äußerer Herzmassage erfolgreich wiederbelebt werden konnte. – Die Dosis von 0,1–0,2 mg Fentanyl vor Intubation führt zu keinen Kreislaufveränderungen. Eine weitere Steuerung der Anaesthesie durch Fentanyl-Dauertropf ermöglicht eine gleichmäßige, nicht zu tiefe Analgesie, die fast bei allen von uns in Neuroleptanalgesie operierten Schrittmacher-Patienten zu einem leichten Blutdruck- und Pulsfrequenzanstieg führte. Auf Grund

dieser Überlegungen und unserer Erfahrungen halten wir die Neuroleptanalgesie für eine Methode, die das Anaesthesierisiko bei Schrittmacher-
implantationen relativ gering erscheinen läßt.

Vergleichende Untersuchungen über die Wirkung der Barbiturat-Lachgas-Intubationsnarkose und der kombinierten Neuroleptanalgesie auf die Haemodynamik

Von **K. Schmidt**

Aus der Neurochirurgischen Klinik der Universität Freiburg i. B.
(Direktor: Prof. Dr. RIECHERT)

Größere neurochirurgische Eingriffe werden heute praktisch ausschließlich in Vollnarkose durchgeführt. In der überwiegenden Mehrzahl
handelt es sich um Patienten mit raumfordernden Prozessen im Bereich des
Zentralnervensystems. Wir haben deshalb entweder mit allgemeinem oder
lokalisiertem Hirndruck oder Druck auf das Rückenmark zu rechnen. In
der überwiegenden Zahl der Fälle besteht außerdem ein mehr oder minder
stark ausgeprägtes Hirnödem.

Pathophysiologisch bedeutet die lokale oder allgemeine Steigerung des
intracraniellen oder intralumbalen Druckes eine Verminderung der
arterio-venösen Blutdruckdifferenz, muß doch erst der auf der Endstrom-
bahn lastende intracranielle Druck überwunden werden, bevor es zu einer
Durchströmung des Hirngewebes kommen kann. Arterieller Mitteldruck
auf der einen Seite und intracranieller Druck auf die anderen Seite bestimmen also das arterio-venöse Blutdruckgefälle. Steigt beim nicht
ödematösen Hirn der intracranielle Druck in die Nähe des diastolischen
Blutdruckes, so erschöpft sich die Kompensation durch Dilatation im
Bereich der Arteriolen und wir sehen eine reaktive Blutdrucksteigerung als
Folge der dadurch hervorgerufenen Hirnstammhypoxie. Diese Reaktion
ist als Cushingreflex in der Literatur bekannt. Durch die Steigerung des
Systemblutdruckes wird eine ausreichende arterio-venöse Differenz aufrecht erhalten.

Liegt ein Hirnödem vor, so sinkt als Folge der verlängerten Diffusionsstrecken für Sauerstoff die Gewebssauerstoffspannung in den kapillar-
fernsten Teilen – entsprechend den Diffusionsstrecken – ab. Je mehr das
Hirnödem zunimmt, um so geringere Steigerungen des intracraniellen

Druckes sind erforderlich, um eine reaktive Blutdrucksteigerung hervorzurufen. Stärkste Grade des Ödems bedürfen keiner intracraniellen Druckerhöhung um den Cushingreflex als Folge der Hirnstammhypoxie auszulösen. Aber nicht nur der arterielle Mitteldruck hat in der Neurochirurgie besondere Bedeutung für die Aufrechterhaltung einer ausreichenden Hirndurchblutung, sondern auch das Herzzeitvolumen. In verschiedenen Untersuchungen – auf die ich hier nicht eingehen möchte – konnten wir die Bedeutung eines ausreichenden Herzzeitvolumens für die Aufrechterhaltung einer genügenden Hirndurchblutung aufzeigen.

Mit jeder Form der Allgemeinnarkose und mit den verschiedenen, für die Operation unserer neurochirurgischen Patienten notwendigen Lagerungen während der Narkose, greifen wir in die Hämodynamik ein. Unser besonderes Augenmerk bei der Narkose muß also einmal dem arteriellen Mitteldruck und zum zweiten dem Herzzeitvolumen gelten, und zwar nicht nur in Horizontallage, sondern auch bei Verschiebungen des Körpers aus der Horizontallage, da es zur Verminderung von Blutungen und wegen besserer Zugänglichkeit vielfach üblich ist, die Patienten im Sitzen mit leicht erhöhtem Oberkörper zu operieren. Andererseits haben wir mit der Kopftieflagerung ein vielfach geübtes und altes Mittel in der Hand, um den Rückstrom zum Herzen zu fördern und das Hirn vor Hypoxie zu schützen, wenn bei profusen Blutungen – wie sie immer einmal in der Neurochirurgie vorkommen – ein Blutvolumenmangel entsteht, der nicht sofort durch Blutersatz kompensiert werden kann.

Unsere Bemühungen – vor Einleitung der Narkose – den intracraniellen Druck durch Osmotherapie, Ventrikeldrainage und ähnliches zu senken und das Hirnödem zu vermindern, sind nicht immer erfolgreich, besonders dann nicht, wenn es sich um lokalen Druck solider Tumoren oder um cystische Tumoren handelt, deren cystischer Inhalt, mangels Durchblutung, durch Osmotherapie nicht vermindert werden kann. Gerade zu Beginn der Narkose besteht bei Patienten mit Hirndruck und Hirnödem die größte Gefährdung durch Absinken des arteriellen Mitteldruckes und Verminderung des Herzzeitvolumens und gleichzeitige Apnoe während der Intubation mit Relaxantien.

Unter diesen Gesichtspunkten haben wir 2 Narkosemethoden, die Barbiturat-Lachgas-Intubationsnarkose mit vegetativer Dämpfung und die kombinierte Neuroleptanalgesie mit Unterstützung durch Lachgas und Intubation im Kipp-Test, den wir nach Brehm modifiziert haben, untersucht.

Methodisch gingen wir folgendermaßen vor (Abb. 1): Wir haben 35 Patienten am Tage vor der Operation zuerst in Horizontallage, nach Kopftieflagerung, nach erneuter Horizontallage, nach Fußtieflagerung und nach erneuter Kopftieflagerung – wie aus dieser Abbildung hervorgeht – mit Hilfe der Kreislaufanalysen nach Brömser und Ranke untersucht. Sie sehen den systolischen und diastolischen Blutdruck und die Blutdruckamplitude, den arteriellen Mitteldruck, die Herzfrequenz, das Herzschlag-volumen, das Herzzeitvolumen, die Pulswellengeschwindigkeit, den elastischen und den peripheren Gesamtwiderstand.

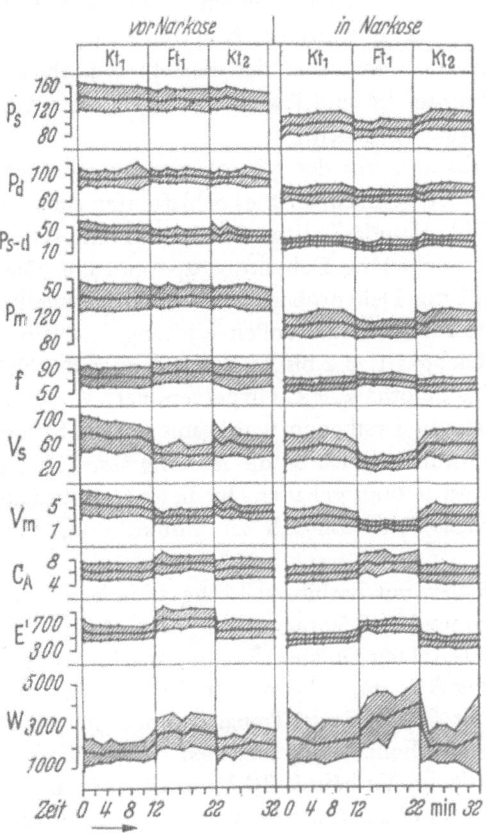

Abb. 1: Veränderungen der Kreislaufgrößen durch Wechsel der Körperlage. Kreislauf-analysen nach BROEMSER-RANKE bei 13 neurochirurgischen Patienten.

Hz_1 = horizontale Ausgangslage
Kt_1 = Kopftieflage aus der Horizontalen
Hz_2 = Horizontallage nach Kopftieflage
Ft_1 = Fußtieflage aus der Horizontalen
Kt_2 = Kopftieflage aus Fußtieflage
P_s [mm Hg] systolischer Blutdruck
P_d [mm Hg] diastolischer Blutdruck
P_s-P_d [mm Hg] Blutdruckamplitude
P_m [10^3 dyn/cm²] arterieller Mitteldruck
f [P/min] Herzfrequenz
V_s [cm³] Herzschlagvolumen
V_m [l/min] Herzzeitvolumen
c_A [m/sec] Pulswellengeschwindigkeit
E' [dyn cm⁻⁵] elastischer Widerstand
W [dyn s cm⁻⁵] peripherer Widerstand

Ausgangswerte und Abweichungen als Mittelwerte mit Standardabweichung vor und während kombinierter Neuroleptanalgesie.

Unten ist die Zeit in Minuten angegeben. Es wurde im Mittel 35° kopf-
tief und 40° fußtief gekippt.

Die Blutdruckmessung erfolgte auskultatorisch nach Korotkoff und
Riva Rocci. Mit den gleichen Patienten wurde dann in Narkose der Kipptest wiederholt. Der Beginn des Kipptestes lag bei der kombinierten
Neuroleptanalgesie 12 min, bei der Barbiturat-Lachgas-Narkose 10 min
nach Narkosebeginn. Es sind jeweils die Mittelwerte mit ihren Standard-
abweichungen wiedergegeben.

Als Praemedikation vor der Neuroleptanalgesie erhielten die Patienten
am Abend zuvor lediglich ein leichtes Schlafmittel, entweder 1 Tabl. Medo-
min® oder 1 Tabl. Noludar®. Etwa 1 Std. vor Narkosebeginn bekamen sie
0,5 mg Atropin und 10 mg Dehydrobenzperidol i.m. Die Narkose wurde
mit im Mittel 21 mg Dehydrobenzperidol und 0,4 mg Phentanyl i.v. eingeleitet. Bis zum Einsetzen der vollen Wirkung des Neurolepticums wurde
mit Sauerstoff-Lachgas 1 zu 2 bis 2,5 l/min, in etwa der Hälfte der Fälle mit
Zugabe von 0,5% Fluothane, leicht hyperventiliert. Kurz vor der Relaxierung
mit im Mittel 80 mg Lysthenon wurde mit reinem Sauerstoff hyperventiliert. Nach der Intubation wurde die Atmung assistiert und mit der Volu-
meteruhr auf etwa 8 l/min gehalten. In dieser Zeit erhielten die Patienten
wiederum Lachgas-Sauerstoff 2,5 zu 1 l/min und, wenn nötig, 0,5%
Fluothane.

Die 22 Patienten mit Barbiturat-Lachgas-Narkose erhielten am Vortag
abends 0,2 g Luminal und 50 mg Atosil per os. 1 Std. vor Narkosebeginn
wurden ihnen 80–100 mg Dolantin® oder 2 mg Dromoran® und 20–60 mg
Dominal®, 0,5 mg Atropin, 1–2 Amp. Ph 203® i. m. verabfolgt. Die Narkose
selbst wurde mit 200–600 mg Trapanal eingeleitet, die Relaxation mit
60–80 mg Succinylcholin vorgenommen. Die Patienten wurden mit
Lachgas-Sauerstoff im Verhältnis 3/1 l/min so lange assistiert beatmet, bis
eine ausreichende Spontanatmung eingesetzt hatte. Etwa 10 min nach der
Intubation wurden die Kippversuche wie vor der Narkose vorgenommen.

Nun zu den Ergebnissen der vergleichenden Untersuchungen (Abb. 2).
Diese Abbildung zeigt in dem oberen Säulendiagramm für den Vergleich
die Abweichung der Kreislaufgrößen: Schlagvolumen, Herzfrequenz,
Herzzeitvolumen, peripherer Gesamtwiderstand, Elastizitätsmodul, Dämpfungsfaktor, Mitteldruck und Herzeistung – bei extremer Vagotonie
(schwarze Säule) und extremer Sympathicotonie (leere Säulen). Die Werte
wurden nach Angaben von Wezler errechnet.

Darunter sehen Sie ein entsprechendes Säulendiagramm, das die
prozentuale Abweichung der Kreislaufgrößen in Neuroleptanalgesie gegenüber den Vorkontrollen am Vortage darstellt. Es handelt sich um die Werte
vor Beginn des Kipptestes in Horizontallage. Das Säulendiagramm zeigt
eine erhebliche Verminderung des Schlagvolumens, ein geringes Abfallen
der Herzfrequenz, ein sehr starkes Abfallen des Herzzeitvolumens, eine

geringe Steigerung des peripheren Gesamtwiderstandes, deutliches Absinken des Elastizitätsmoduls, des Dämpfungsfaktors, des arteriellen Mitteldruckes und der Herzleistung. Richtungsmäßig entsprechen diese Veränderungen annähernd der zunehmenden Vagotonie oder Sympathicolyse, wobei jedoch auffällt, daß die Herzfrequenz relativ hoch bleibt, als Kompensation für das stark gesenkte Herzschlagvolumen, und daß ein relativ starkes Absinken des arteriellen Mitteldruckes zu verzeichnen ist. Herzzeitvolumen und Mitteldruck sinken ungefähr gleichstark ab, so daß nur eine geringe Steigerung des peripheren Gesamtwiderstandes resultiert.

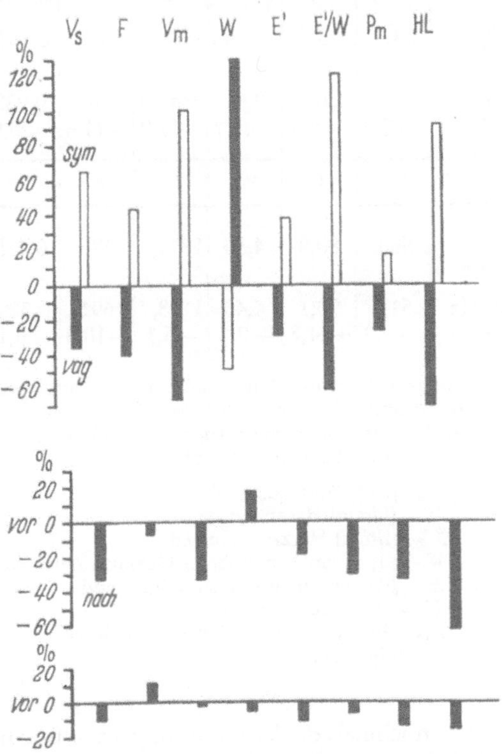

Abb. 2: Vegetativer Tonus in Narkose a) in kombinierter Neuroleptanalgesie bei 13 Patienten, b) in Barbiturat-Lachgasnarkose bei 22 Patienten. Prozentuale Abweichungen der Kreislaufgrößen in horizontaler Ruhelage in Narkose vom Ausgangswert in horizontaler Ruhelage ohne Narkose.
Das oberste Säulendiagramm gibt die Kreislaufverhältnisse bei extremer Vagotonie und extremer Sympathicotonie an (nach Angaben von Wezler [1949] gezeichnet).

V_s　[cm³] Herzschlagvolumen
F　[P/min] Herzfrequenz
V_m　[l/min] Herzzeitvolumen
W　[dyn s cm⁻⁵] peripherer Gesamtwiderstand
E'　[dyn cm⁻⁵] elastischer Widerstand
E'/W Dämpfungsfaktor
P_m　[10³ dyn/cm²] arterieller Mitteldruck
HL　[dyn cm s⁻¹] Herzleistung

In Barbiturat-Lachgas-Narkose sind diese Veränderungen gegenüber dem Ausgangswert vor der Narkose deutlich geringer. Richtungsmäßig verlaufen die Veränderungen ganz ähnlich wie in Neuroleptanalgesie, jedoch wird durch die Steigerung der Herzfrequenz das verminderte Herzschlagvolumen kompensiert, der arterielle Mitteldruck sinkt wesentlich weniger ab. Deutlich gesenkt ist der Dämpfungsfaktor E:W mit 23%.

		V_s	F	V_m	W	E'	E'/W	P_m	HL
a)	Ausgangswert in Hz ohne Narkose = 100%	71,4	75,4	5,24	1999,6	662	0,333	150,2	13140
	Ausgangswert in Hz in Narkose (NLA)	41,1 −42,5	70,8 −6,9	3,01 −42,7	2349,0 +17,9	547 −17,6	0,232 −29,9	102,0 −32,2	5105 −61,7

		V_s	F	V_m	W	E'	E'/W	P_m	HL
b)	Ausgangswert in Hz ohne Narkose = 100%	56,8	80,9	4,50	1874,2	775	0,415	142,0	10630
	Ausgangswert in Hz in Narkose (Barbitur.)	51,1 −9,9	90,1 +11,8	4,40 −2,1	1778,7 −5,1	691 −10,8	0,389 −6,1	122,0 −14,0	8950 −15,9

Abb. 3: Vegetativer Tonus in Narkose a) in kombinierter Neuroleptanalgesie = NLA bei 13 Patienten, b) in Barbiturat-Lachgasnarkose bei 22 Patienten. Prozentuale Abweichungen der Kreislaufgrößen in horizontaler Ruhelage in Narkose vom Ausgangswert in horizontaler Ruhelage ohne Narkose.

V_s [cm³] Herzschlagvolumen
F [P/min] Herzfrequenz
V_m [l/min] Herzzeitvolumen
W [dyn s cm⁻⁵] peripherer Gesamtwiderstand
E' [dyn cm⁻⁵] elastischer Widerstand
E'/W Dämpfungsfaktor
P_m [10³ dyn/cm²] arterieller Mitteldruck
HL [dyn cm s⁻¹] Herzleistung

Abb. 3 soll Ihnen nochmals die Veränderungen vor und in kombinierter Neuroleptanalgesie und Barbiturat-Lachgas-Narkose in Absolutwerten zeigen. Die Ausgangswerte bei Neuroleptanalgesie liegen vor allem beim Blutdruck und beim Herzzeitvolumen höher. Es sind also durch die vegetative Dämpfung auch größere Ausschläge zu erwarten. Doch darüber hinaus finden wir bei der Neuroleptanalgesie, daß auch die Absolutwerte in Neuroleptanalgesie wesentlich niedriger liegen als in Barbiturat-Lachgas-Narkose.

Wir finden also sowohl absolut wie relativ die stärkeren Veränderungen der Kreislaufgrößen nach Neuroleptanalgesie. Die starke Blutdrucksenkung der Neuroleptanalgesie haben wir auch an weiteren 89 Patienten nachgeprüft, so daß sich die Angaben auf insgesamt 102 Patienten beziehen.

Im oberen Teil der Abb. 4 sehen Sie den systolischen und diastolischen Blutdruck, sowie die Pulsfrequenz vor, 0–15 min nach und 15–40 min nach Narkosebeginn in mm Hg und mit Standardabweichung angegeben. Als Null-Linie wurde die altersgemäße Norm, die den Geigy-Tabellen entnommen ist, angenommen. Vor der Narkose, also mit Prämedikation von 10 mg Dehydrobenzperidol und 0,5 mg Atropin finden wir eine leichte Senkung des systolischen Blutdruckes und einen Anstieg der Pulsfrequenz

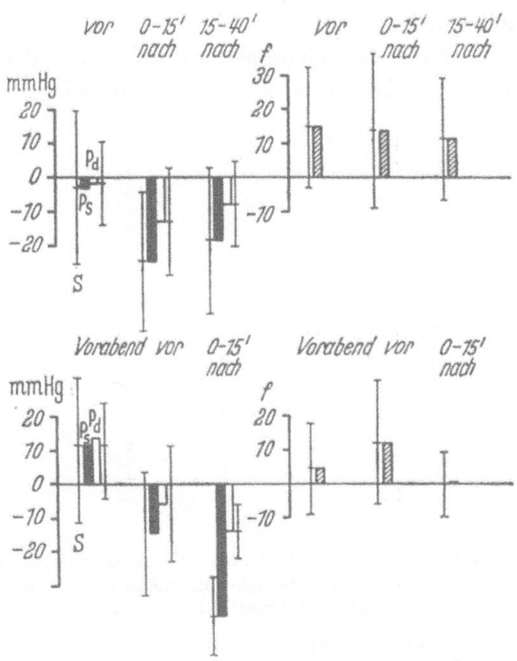

Abb. 4: Verhalten des Blutdrucks und der Herzfrequenz vor und nach Einleitung der Narkose mit Dehydrobenzperidol (R 4749) und Phentanyl (R 4263) bei 102 neurochirurgischen Patienten (Kollektiv A + B).
Mittelwerte mit Standardabweichung (S).

Schwarze Säulen	$= P_s$ [mm Hg]	= systolischer Blutdruck
Weiße Säulen	$= P_d$ [mm Hg]	= diastolischer Blutdruck
Schraffierte Säulen	$= f$ [P/min]	= Herzfrequenz
Nullinie	= Norm (altersgemäß)	

um 15 Schläge/min. Nur bis 15 min nach der Intubation ist der systolische Druck im Mittel um 24, der diastolische um 16 mm Hg gegenüber der Norm gesenkt. 15–40 min nach der Intubation ist die Senkung in langsamem Rückgang begriffen. Das Gleiche gilt für die Pulsfrequenz, die langsam auf die Norm zurückgeht. Vergleichsweise dazu die Werte der 13 Patienten, die wir mit dem Kipptest untersucht haben. Am Vorabend besteht eine deutliche Steigerung des Blutdruckes – sowohl systolisch wie

diastolisch – über die Norm, die Pulsfrequenz ist ebenfalls gesteigert. Wir haben dies ja an der vorherigen Tabelle bereits beobachten können.

Vor der Neuroleptanalgesie, in Prämedikation, liegen die Blutdruckwerte systolisch und diastolisch deutlich unter der altersgemäßen Norm, und zwar deutlicher als bei den 89 Patienten. Der Unterschied zwischen vor der Narkose und 0–15 min nach Neuroleptanalgesiebeginn ist größenordnungsmäßig praktisch gleich bei den 89 Patienten wie bei den 13 Patienten im unteren Diagramm. Auffällig ist bei diesen 13 Patienten, daß die Pulsfrequenz stärker absinkt.

Soweit zur Wirkung der Neuroleptanalgesie und der Barbiturat-Lachgas-Narkose auf die Kreislaufgrößen in Horizontallage.

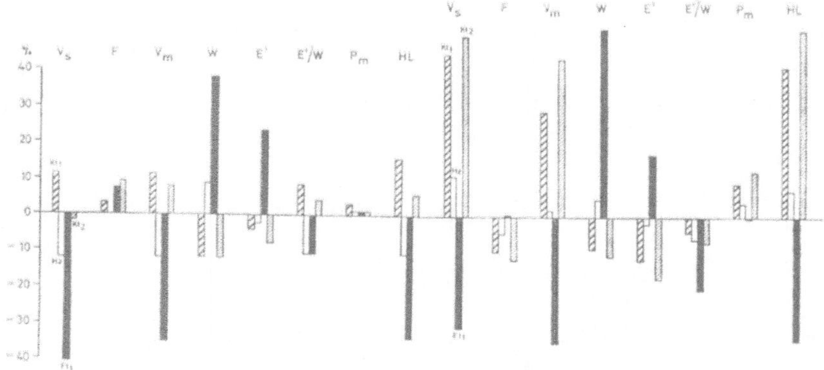

Abb. 5: Vegetativer Tonus vor und in Narkose (kombinierte Neuroleptanalgesie, Kollektiv A = 13 Patienten). Prozentuale Abweichungen der Kreislaufgrößen vom Ausgangswert bei Wechsel der Körperlage.

V_s [cm³] Herzschlagvolumen
F [P/min] Herzfrequenz
V_m [l/min] Herzzeitvolumen
W [dyn s cm⁻⁵] peripherer Gesamtwiderstand
E' [dyn cm⁻⁵] elastischer Widerstand
E'/W Dämpfungsfaktor
P_m [10³ dyn/cm²] arterieller Mitteldruck
HL [dyn cm s⁻¹] Herzleistung

Wie verhalten sich nun vergleichend die Kreislaufgrößen bei Kopf-Tieflage, Horizontallage, Fuß-Tieflage und wiederum Kopftieflage im Kipptest? Das linke Säulendiagramm der Abb. 5 zeigt die Abweichung in Prozent vom Ausgangswert (= Horizontallage) jeweils bei Kopf-Tieflagerung, nach Horizontallage, nach Fuß-Tieflage, nach Kopf-Tieflage, entsprechend dem eingangs geschilderten Untersuchungsschema. Wir sehen einen charakteristischen Verlauf, der bis zu einem gewissen Grade bei Kopf-Tieflagerung einer Sympathikotonie und bei Fuß-Tieflage einer Parasympathikotonie entspricht. Es finden sich jedoch auch deutliche Abweichungen von diesem Schema.

Streng reguliert ist der mittlere Blutdruck. P_m verändert sich beim Kippen kaum. Vergleichbare Untersuchungen bei Kopf-Tieflage sind von BREHM u. WEZLER beschrieben worden. Wir sehen ein Ansteigen des Herzschlagvolumens, der Pulsfrequenz, des Herzzeitvolumens, ein Absinken des peripheren Widerstandes, ein geringes Absinken des elastischen Widerstandes, einen leichten Anstieg des Dämpfungsfaktors bei geringem Blutdruckanstieg und deutlicher Zunahme der Herzleistung. In Fuß-Tieflagerung fällt das Schlagvolumen erheblich ab, es entspricht den Untersuchungen von BREHM u. WEZLER, die Pulsfrequenz nimmt deutlich zu, so daß daraus ein geringeres Absinken des Herzzeitvolumens wiederum entsprechend den BREHM-WEZLER-Untersuchungen resultiert; der periphere Gesamtwiderstand ist stark erhöht, E' steigt deutlich an, E' zu W fällt ab, der mittlere Blutdruck bleibt praktisch gleich und die Herzleistung sinkt ebenfalls stark ab. Durch erneute Kopf-Tieflagerung wird dieser Zustand verminderter Kreislaufleistung überkompensiert. Bei der Neuroleptanalgesie sind diese Veränderungen wesentlich stärker ausgeprägt. Die Nullinie entspricht hier dem Ausgangswert vor dem Kipptest, ist also different von dem Ausgangswert vor der Narkose, und zwar in dem Maße wie wir es aus der Tabelle kennengelernt haben. Richtungsmäßig finden wir beim Kippen dieselben Veränderungen wie vor der Neuroleptanalgesie, die Ausschläge sind jedoch in beiden Richtungen deutlich größer. Vor allen Dingen kommt es jetzt zu Schwankungen auch des mittleren Blutdruckes, die wir vorher nicht beobachten konnten. Es ist also eine Labilisierung des Kreislaufes eingetreten, der die Änderungen der Blutverteilung wesentlich weniger durch aktive Gegenregulation kompensiert.

Wie verhält sich nun der Kreislauf beim Kippversuch in Barbiturat-Lachgas-Narkose (Abb. 6)? Die Vorkontrollen zeigen wiederum das charakteristische Bild der Veränderung der Kreislaufgrößen bei Kopf-Tieflagerung, Horizontallagerung, Fuß-Tieflagerung und Kopf-Tieflagerung. Die Ausschläge gehen mehr zu den Pluswerten, mit Ausnahme des peripheren Gesamtwiderstandes, weil die Ausgangslage – wie wir gesehen hatten – bei dieser Patientengruppe mehr in vagotoner Richtung verschoben war.

Wenn wir nun die Ausschläge in der einen und anderen Richtung vor und in Barbiturat-Lachgas-Narkose betrachten, so sehen wir, daß die Größe der Ausschläge in Narkose viel weniger different ist, als bei der Neuroleptanalgesie. Die Ausschläge sind aus der bereits weniger veränderten Ausgangslage – wie wir aus der Tabelle ersehen haben – beim Kipptest nur unwesentlich größer als vor der Narkose. Das heißt, die so erhebliche Labilisierung oder Passivierung des Kreislaufes, wie wir sie nach Neuroleptanalgesie gesehen haben, tritt nach Barbiturat-Lachgas-Narkose nicht auf. Soweit unsere Untersuchungsbefunde.

Was ist nun hierzu zu sagen: In der Literatur wird immer wieder auf die gute Stabilisierung des Kreislaufes in Neuroleptanalgesie hingewiesen. Ich glaube, daß der Ausdruck „Stabilisierung" aus unserem Sprachgebrauch verschwinden sollte, da er nur zu Mißverständnissen Anlaß gibt. Gemeint ist ja wohl mit Stabilisierung des Kreislaufes die Verminderung der Reaktionsfähigkeit des Kreislaufes auf Reize. Seien es der Schmerzreiz aus der Peripherie bei der Operation, oder Irritationen, die bei Operationen in der Nähe der Regulationsarreale bei intracraniellen Eingriffen auftreten. Die

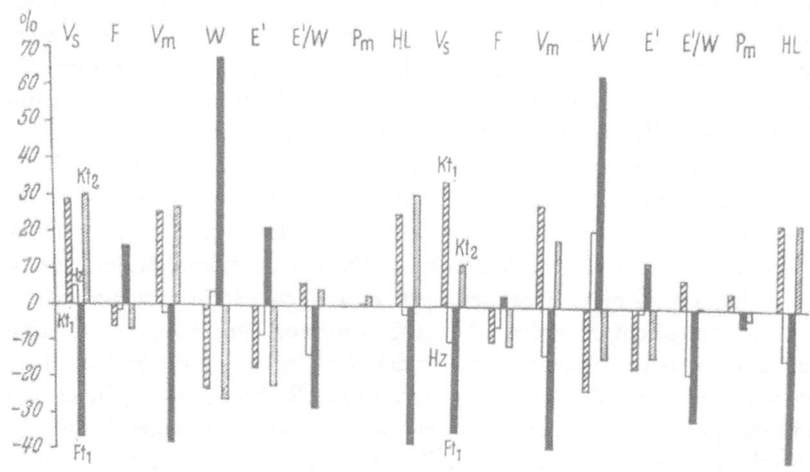

Abb. 6: Vegetativer Tonus vor und in Narkose (Barbiturat-Lachgasnarkose, Kollektiv B = 22 Patienten). (Errechnet nach Schmidt-Jordan.) Prozentuale Abweichungen der Kreislaufgrößen vom Ausgangswert bei Wechsel der Körperlage.

V_s [cm³] Herzschlagvolumen
F [P/min] Herzfrequenz
V_m [l/min] Herzzeitvolumen
W [dyn s cm⁻⁵] peripherer Gesamtwiderstand
E' [dyn cm⁻⁵] elastischer Widerstand
E'/W Dämpfungsfaktor
P_m [10³ dyn/cm²] arterieller Mitteldruck
HL [dyn cm s⁻¹] Herzleistung

Dämpfung der Regulationsfähigkeit des Kreislaufes zeigt sich einmal darin, daß er auch bei Reizen aus der Peripherie oder am Zentralnervensystem „stabil" bleibt, d. h. daß sich die Kreislaufgrößen wenig oder gar nicht ändern. Diese Stabilisierung ist aber eine scheinbare, da sie durch Verminderung der Reaktionsfähigkeit erfolgt. In Wirklichkeit liegt eine Labilisierung, besser gesagt Passivierung des Kreislaufes vor, wie wir aus den verstärkten Veränderungen der Kreislaufgrößen bei wechselnder Körperlage erkennen konnten. Insbesondere zeigen das Herzzeitvolumen und der arterielle Mitteldruck bei Fuß-Tieflagerung – wie sie bei manchen neurochirurgischen Eingriffen am Schädel vorgenommen wird – und entsprechend sicherlich auch im Sitzen, ein starkes Absinken, das bei dem eingangs über Hirndruck und Hirnödem gesagten, unerwünscht ist und zu Schädigungen führen kann. Nach Barbiturat-Lachgas-Narkose konnten wir dagegen eine bessere Reaktionsfähigkeit des Kreislaufes beobachten, so daß Gefährdungen der neurochirurgischen Patienten durch Absinken des arteriellen Mitteldruckes und des Herzzeitvolumens in Horizontallage und bei Körperlagewechsel nicht so sehr zu befürchten sind.

Insbesondere das Absinken des arteriellen Mitteldruckes bei der Neuroleptanalgesie enttäuscht uns sehr und steht in einem gewissen Gegensatz zu den Angaben in der Literatur. Auch widerspricht es bis zu einem gewissen Grad dem Konzept der Neuroleptanalgesie. Im Gegensatz zu den bisherigen Narkosemethoden, die vorwiegend eine Dämpfung der Reaktionsfähigkeit des Kreislaufes anstreben, um unerwünschte Kreislaufreaktionen zu vermeiden, soll das Prinzip der Neuroleptanalgesie darauf beruhen, daß bereits die sensiblen Afferenzen stark gedämpft werden, so daß die aus der Peripherie kommenden Schmerzreize die für die Kreislaufregulation verantwortlichen Hirnareale gar nicht erst erreichen. Nach diesem Prinzip wäre zu erwarten, daß die Reaktionsfähigkeiten des Kreislaufs gut erhalten bliebe, daß jedoch Irritationen der Kreislaufregulation von der Peripherie her wesentlich geringer ausfallen. Auch bei den bisher gezeigten negativen Ergebnissen, die diese Auffassung nicht bestätigen konnten, glauben wir, daß das Prinzip der Neuroleptanalgesie mit vorwiegender Dämpfung der sensiblen Afferenzen gerade für die Neurochirurgie einen Fortschritt bringen kann. Bei den 102 Patienten – über die wir heute berichtet haben – wurden Dosierungen von Dehydrobenzperidol und Phentanyl und eine Narkosetechnik angewendet, die in der Literatur vielfach empfohlen und zuletzt auch von HENSCHEL in seiner Einführung in die Neuroleptanalgesie vorgeschlagen worden ist. Allerdings wird von HENSCHEL keine zusätzliche Gabe von Fluothane angegeben. FREY, KREUSCHER u. MADJIDI* und HOLDERNESS, CHASE u. DRIPS** fanden starken Blutdruckabfall nach Fluothanegabe bei Neuroleptanalgesie, aber auch schon die Kombination mit Lachgas-Sauerstoffgemisch kann, wie wir sahen, bei üblicher Dosierung bei manchen Patienten z. B. Hypophysenadenomen, starke Blutdrucksenkung hervorrufen. Andererseits ist eine Kombination der Neuroleptanalgesie mit Medikamenten zur Ausschaltung des Bewußtseins unseres Erachtens erforderlich, da subjektiv oft die reine Neuroleptanalgesie – auch bei Zugabe von Lachgas – postoperativ als sehr unangenehm geschildert wird.

---

    * Symposium über NLA im Rahmen des ersten europ. Kongresses für Anaesthesiologie in Wien am 5. 9. 1962.
    ** Anaesthesiology **24**, 336 (1963).

Wir können zur Zeit in der kombinierten Neuroleptanalgesie gerade bei Hirndruck und Hirnödem keinen Vorteil gegenüber der Barbiturat-Lachgas-Narkose erkennen. Vielleicht sind jedoch durch andere Kombinationen und Dosierungen noch bessere Ergebnisse mit dieser grundsätzlich so bestechenden Methode zu erzielen.

Untersuchungen über die postoperative Ventilation nach Eingriffen in Neuroleptanalgesie

Von **F. Böhmert** und **H. Osten**

Aus der Allgemeinen Anaesthesieabteilung (Leitender Arzt: Dr. W. F. Henschel) und dem Institut für Herz-, Kreislauf- und Lungenfunktionsdiagnostik (Leitender Arzt: Dr. G. Buhr) der Städt. Krankenanstalten Bremen

Das Studium der Lungenfunktion nach der Neuroleptanalgesie schien uns erforderlich, um zu verstehen, ob und wie sich die Atemtätigkeit der Patienten nach der Anaesthesie verändert. Ein Problem, welches immer wieder zu größeren Diskussionen herausgefordert hat.

Allein die Tatsache, daß mit dem synthetischen, morphinähnlichen Analgetikum Fentanyl eine Droge mit erheblicher, wenn auch kurzer Atemdepression verwandt wird, verpflichtet zu einer genaueren Untersuchung gerade der postoperativen Ventilationsverhältnisse, zumal während der Operation, wo ohnehin in der Mehrzahl der Fälle die künstliche Beatmung erforderlich ist, die Atemdepression keine allzu große Rolle spielt – im Gegenteil, diese uns geradezu entgegenkommt. Schon die Zahl derer, die sich mit diesem Problem beschäftigten, zeigt, welches Interesse wir gerade der Atemfunktion entgegenbringen müssen. Insbesondere war es nötig, für die bisher gewonnenen günstigen klinischen Eindrücke, eine exakte physiologische bzw. pathophysiologische Bestätigung zu finden.

Zu diesem Zweck wurden bisher 10 männliche und weibliche Patienten im Alter von 25–63 Jahren untersucht. Von diesen 10 Patienten mußten sich 7 der Exstirpation einer Nucleus-pulposus-Hernie, ein Patient einer Magenresektion, ein weiterer einer Choledocho-Duodenostomie und schließlich eine Patientin einer Verschiebeplastik nach Schädeltrepanation unterziehen.

Die Neuroleptanalgesie wurde in typischer Weise durchgeführt. Der durchschnittliche Verbrauch betrug 22 mg Dehydrobenzperidol, 0,6 mg

Fentanyl und 12 mg Diallyl-Nortoxiferin. Die Untersuchungen fanden vor der Anaesthesie – als Ausgangswert – und 10 min, 1, 2 und 4 Std. nach der Extubation statt.

Es wurden bestimmt:

1. Die Atemfrequenz und das Atemminutenvolumen,
2. die alveoläre und Totraumventilation,
3. der funktionelle Totraum,
4. der Quotient aus Totraum- und alveolärer Ventilation,
5. die spezifische Ventilation,
6. die alveoläre Sauerstoffspannung,
7. die arterielle Sauerstoff- und Kohlensäurespannung, die arterielle Sauerstoffsättigung, die Wasserstoffionenkonzentration und
8. die alveo-arterielle Sauerstoffdruckdifferenz.

Die Exspirationsluft wurde zur Bestimmung des Sauerstoffverbrauches, der Kohlensäureausscheidung und damit des respiratorischen Quotienten in einem TISSOT-Spirometer gesammelt. Dabei wurde gleichzeitig die Atemfrequenz und das Atemminutenvolumen bestimmt. Mit Hilfe des Gasanalysegerätes im HARTMANN- und BRAUN-Grundumsatzgerät wurde dann die gesammelte Luft analysiert. Am Ende des Sammelns der Exspirationsluft wurde arterielles Blut entnommen. Im arteriellen Blut wurden mit der Apparatur nach VAN SLYKE die arterielle Sauerstoffsättigung und der Kohlensäuregehalt bestimmt. Zur Messung der Wasserstoffionenkonzentration fand eine Kapillar-Glaselektrode Verwendung. Die arterielle Kohlensäurespannung errechnete sich dann aus dem Kohlensäuregehalt und der Wasserstoffionenkonzentration nach HASSELBACH-HENDERSON. Die Messung der Sauerstoffspannung erfolgte mit einer von GLEICHMANN und LÜBBERS angegebenen Platinsilberelektrode und dem ESCHWEILER-Gerät. Dabei wurden folgende von ROSSIER und MEAN angegebene Formeln verwandt:

1. Die alveoläre Sauerstoffspannung $= \dfrac{20,93\ (P{-}49,5)}{100} - \dfrac{P_{aCO_2}}{RQ}$

2. die alveoläre Ventilation auf Körpertemperatur umgerechnet:

$$\frac{CO_2\text{--Ausscheidung} \times 863}{Pa\,CO\,2}$$

3. die spezifische Ventilation aus der Beziehung zwischen Sauerstoffverbrauch und Minutenvolumen.

Die Totraumventilation errechnete sich aus der Differenz zwischen Atemminutenvolumen und alveolärer Ventilation. Die Division Totraumventilation durch Atemfrequenz ergab schließlich den funktionellen Totraum. Das Verhältnis zwischen Totraum – und alveolärer Ventilation wurde als Quotient angegeben.

In der Tab. 1 sind die einzelnen Messungen der Atemfrequenz und des Atemminutenvolumens vor und nach der Neuroleptanalgesie niedergelegt. Bei der Betrachtung der einzelnen Werte können wir keine signifikanten Unterschiede feststellen, die allein Rückschlüsse auf entscheidende Veränderungen der Ventilation zulassen.

Tabelle 1

Atemfrequenz und Atemminutenvolumen vor und nach der NLA

Nr.	Atemfrequenz/Min.					Atemminutenvolumen in Ltr.				
	I	II	III	IV	V	I	II	III	IV	V
1	16	18	19	19	18	7,3	5,8	6,3	6,7	6,4
2	16	15		20	23	7,0	6,0		6,3	8,2
3	10	15	18	18	17	9,5	6,3	103	6,3	7,0
4	9	16	16	13	14	9,5	7,4	6,0	7,5	9,3
5	12	12	15	17	17	132	6,2	7,0	6,5	7,2
6	17	14	12	17	18	6,0	4,9	5,1	5,3	6,3
7	15	13	12	10	11	7,2	6,8	6,3	6,8	7,5
8	15	8	11	13	13	9,0	5,5	6,7	6,8	6,5
9	15	11	11	14	16	140	7,0	6,1	6,5	120
10	16	13	11	15	16	8,2	7,2	6,4	6,9	7,9
M	14,1	13,5	13,9	15,6	16,3	9,09	6,31	6,80	6,56	7,85

Nehmen wir die Mittelwerte, so erkennen wir (Abb. 1) ein geringfügiges Absinken der Atemfrequenz 10 min und 1 Std. nach der Operation, während 2 und 4 Std. nach Operationsende eine leichte Erhöhung der Frequenz gegenüber dem Ausgangswert zu verzeichnen ist. Demgegenüber sinkt das Atemminutenvolumen im Vergleich zum Ausgangswert 10 min bis 2 Std. post operationem um etwa 30 % – am tiefsten während der ersten postoperativen Messung – ab. Betrachten wir diese Werte allein, so können wir von einer deutlichen Hypoventilation nach der Neuroleptanalgesie sprechen.

Für die Beurteilung der Ventilation können wir uns aber damit nicht zufrieden geben. Viel wichtiger erscheint uns dabei die Verteilung der Atemgase und die Veränderung der

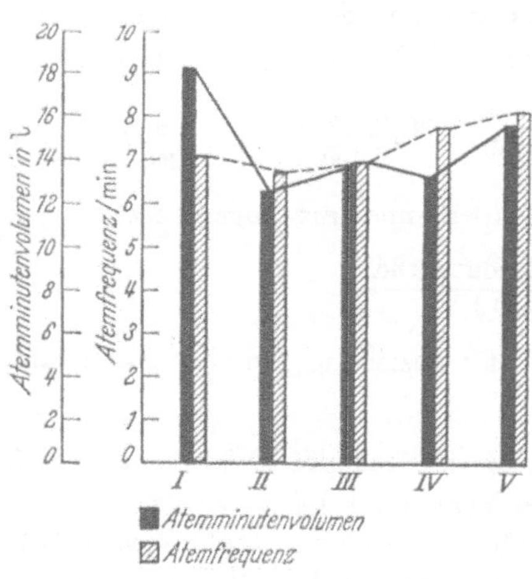

Abb. 1: (s. Text)

Blutgase. Bekanntlich unterscheiden wir zwischen alveolärer und Totraum-
ventilation. Die alveoläre Ventilation, die für den Gasaustausch in den
Alveolen verantwortlich ist, nimmt dabei als entscheidendes Maß für die
Beurteilung der Atmung den ersten Platz ein. In erster Linie bestimmen
Zu- und Abnahme der alveolären Ventilation den Grad der Veränderungen
der Gase im arteriellen Blut.

Tabelle 2

Alveoläre und Totraumventilation vor und nach der NLA

Nr.	Alveoläre Ventilation in ml					Totraumventilation in ml				
	I	II	III	IV	V	I	II	III	IV	V
1	4460	5375	5180	4952	5191	2840	375	1120	1748	1209
2	3578	5534		2961	4886	3422	466		3339	3314
3	6640	6216	8252	4255	5748	2860	84	2048	2045	1252
4	5873	7074	3307	5375	6088	3627	387	2693	2125	3212
5	6643	5387	4386	4125	4908	6557	813	2614	2375	2292
6	2774	3905	3362	3264	3640	3226	995	1738	2036	2660
7	4028	5349	4730	4412	4793	3172	1451	1570	2388	2707
8	5135	3729	5043	3668	3939	3865	1771	1657	3132	2561
9	7460	5054	4999	4835	8337	6540	1946	1101	1665	3663
10	4922	5932	4954	4572	4931	3238	1268	1454	2328	2969
M	5151	5355	4913	4242	5246	3935	956	1777	2318	2584

Die Tab. 2 zeigt uns schließlich das Verhalten der alveolären und Totraumventilation. In dieser Tabelle sind wieder die Einzelwerte eingetragen.
Nach dieser Übersicht zeigt uns die Abb. 2 in Form der Aufzeichnung der
Mittelwerte die entsprechenden Ver-
änderungen. Hierbei sehen wir schon
einen deutlichen Unterschied. Halten
wir uns nochmals vor Augen, daß das
Gesamtvolumen 10 min nach der
Anaesthesie herabsinkt, so steigt die
alveoläre Ventilation hier sogar noch
gegenüber dem Ausgangswert etwas
an. Lediglich nach der 2. Std. kommt
es zu einem geringfügigen Absinken.
Im wesentlichen bleibt jedoch die
alveoläre Ventilation im Gleichmaß,
d. h. also, daß das für den Gasaustausch verantwortliche Volumen nahezu konstant bleibt. Entsprechend gegensätzlich verhält sich die Totraum-

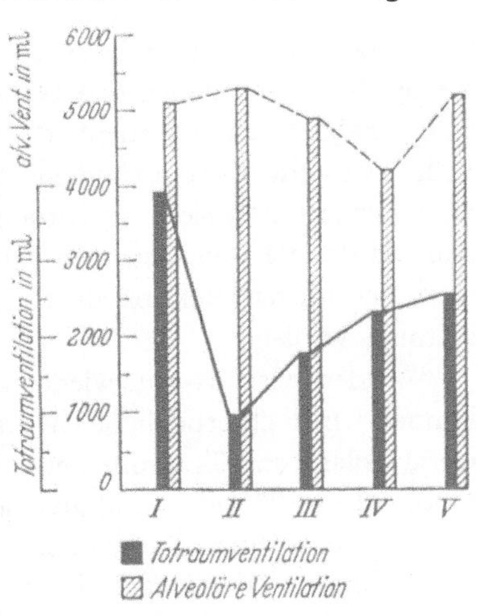

Abb. 2: (s. Text)

ventilation. Wie wir hier sehen, sinkt diese unmittelbar nach der Anaesthesie um ein beträchtliches Maß ab, um dann wieder langsam anzusteigen. Sie ist aber selbst nach 4 Std. noch niedriger als vor der Anaesthesie.

Schon unter Berücksichtigung dieser Befunde können wir wichtige Rückschlüsse auf Ventilationsveränderungen ziehen. Diese sagen uns aber allein noch nichts über die Atemökonomie aus. Erst die Bestimmung der spezifischen Ventilation – oder des Atemäquivalents – des Quotienten aus Totraum – und alveolärer Ventilation und des funktionellen Totraums erlauben uns eine genauere Aussage.

Tabelle 3

Funktioneller Totraum, spezifische Ventilation und Quotient aus Totraum- und alveolärer Ventilation

Nr.	funkt. Totraum in ml					spez. Ventilation					Quot. aus Totraum- u. alv. Vent.				
	I	II	III	IV	V	I	II	III	IV	V	I	II	III	IV	V
1	128	20	59	92	67	30	22	31	35	33	0,63	0,07	0,22	0,35	0,23
2	214	31		162	144	66	25		56	39	0,96	0,08		1,12	0,88
3	286	6	113	113	73	44	22	33	37	29	0,43	0,01	0,25	0,47	0,23
4	403	24	167	163	229	35	20	50	32	32	0,62	0,05	0,81	0,39	0,53
5	547	78	174	139	135	40	25	40	31	30	0,99	0,15	0,59	0,58	0,49
6	189	72	145	119	147	52	25	36	39	43	1,16	0,25	0,52	0,62	0,73
7	211	112	130	239	246	34	21	32	36	38	0,79	0,27	0,33	0,54	0,56
8	257	221	151	241	199	40	25	34	50	36	0,75	0,47	0,35	0,85	0,64
9	436	177	100	117	229	45	24	28	26	38	0,88	0,39	0,22	0,34	0,44
10	202	98	132	155	142	39	25	29	34	32	0,66	0,21	0,39	0,51	0,45
M	287	84	130	154	161	43	23	35	38	35	0,76	0,18	0,36	0,52	0,49

Betrachten wir zunächst wieder die in der Tab. 3 angegebenen Einzelwerte. Wir sehen dabei, daß bei allen 10 Versuchspersonen vor der Neuroleptanalgesie der Quotient, die spezifische Ventilation und der funktionelle Totraum übereinstimmend sehr hoch und wieder bei allen 10 min nach der Anaesthesie ausgesprochen niedrig liegen. Dabei ist interessant, daß bei der Versuchsperson 3 – unser mit 63 Jahren ältester Patient, bei dem eine Magenresektion durchgeführt wurde – besonders günstige Verhältnisse vorliegen.

Wenden wir uns nun wieder den Mittelwerten zu (Abb. 3). Hier nun können wir doch erhebliche Unterschiede gegenüber der Abb. 2, wo ja nur die alveoläre und Totraumventilation aufgezeichnet waren, erkennen. Der Quotient aus Totraum und alveolärer Ventilation ist – wie schon gesagt – vor der Neuroleptanalgesie außerordentlich hoch, 10 min nach der Anaesthesie sinkt er jedoch stark ab, um im weiteren Verlauf wieder langsam anzusteigen. Auch nach 4 Std. ist der Ausgangswert noch nicht wieder erreicht.

Entsprechend verhält sich der funktionelle Totraum. Einem hohen funktionellen Totraum vor der Anaesthesie steht ein extrem niedriger nach der Anaesthesie gegenüber. Nach 4 Std. beträgt er immer noch nahezu 50% des präoperativen Wertes. Dazu genommen rundet die spezifische Ventilation das gewonnene Bild ab. Hier steht wiederum einem hohen Anfangswert ein niedriger postoperativer Wert mit ansteigender Tendenz nach 4 Std. gegenüber.

Welche Schlüsse können wir nun aus den hier geschilderten Ergebnissen ziehen?

Wie schon erwähnt, bleibt die alveoläre Ventilation vor der Neuroleptanalgesie und anschließend bei allen Messungen nahezu konstant, während der funktionelle Totraum und damit die Totraumventilation nach der

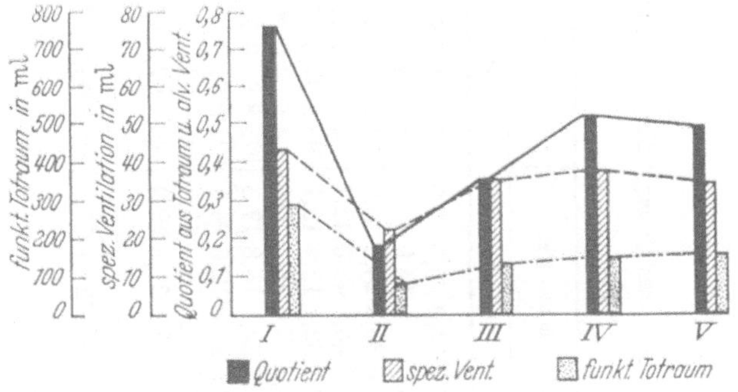

Abb. 3: (s. Text)

Neuroleptanalgesie zugunsten der alveolären Ventilation – anfangs sogar erheblich – stark absinkt. Vom Standpunkt der Gaserneuerung in den Alveolen ist diese Feststellung von großer Wichtigkeit. Dieses Verhältnis äußert sich überzeugend in der Veränderung des Quotienten zwischen Totraum und alveolärer Ventilation, d. h. der überwiegende Anteil des Gesamtvolumens wird zur Belüftung der Alveolen verwandt, während der Rest im Totraum umgewälzt wird und damit für den Gasaustausch nicht in Frage kommt.

Wir haben es also in der postoperativen Phase mit einer relativen alveolären Hyperventilation und einer Totraumhypoventilation zu tun. So gesehen bedeutet das hohe Atemminutenvolumen vor der Neuroleptanalgesie im Zusammenhang mit der hohen Totraumventilation eine unökonomische Atmung im Sinne einer Totraumhyperventilation. Das gleiche sagt noch deutlicher die spezifische Ventilation aus. Am Beispiel der Mittelwerte bedeutet das, daß vor der Neuroleptanalgesie im Schnitt 90% mehr Luft ventiliert werden muß, um Sauerstoff aufzunehmen, als unmittelbar nach der Anaesthesie, auch in der weiteren Folge ist für die Sauerstoffaufnahme noch ein geringeres Volumen nötig als anfangs.

Tabelle 4

Alveoläre und arterielle Sauerstoffspannung, alveolo-arterielle Sauerstoffdruckdifferenz, Sauerstoffsättigung und arterielle Koblensäurespannung vor und nach der NLA

Nr.	alv. O_2-Spannung in mm Hg					art. O_2-Spannung in mm Hg					Aa DO_2 in mm Hg					O_2-Sättigung in %					art. CO_2-Spannung in mm Hg				
	I	II	III	IV	V	I	II	III	IV	V	I	II	III	IV	V	I	II	III	IV	V	I	II	III	IV	V
1	96,0	122,0	114,0	114,0	112,4	85	95	78	89	89	11,0	27,0	36,0	25,0	25,0	93,5	95,7	89,5	94,5	94,0	37,2	35,2	39,0	36,9	36,0
2	120,4	111,2		112,0	104,0	85	91		98	90	35,4	20,2		14,0	14,0	95,1	94,6		95,8	95,5	35,0	42,1		42,1	39,5
3	114,4	105,0	113,3	110,5	108,2	85	95	78	86	98	29,4	10,0	35,3	24,5	10,2	94,5	95,5	92,8	95,4	96,5	35,2	41,6	42,0	41,6	36,7
4	103,1	99,1	115,0	109,0	113,7	69	63	69	66	71	34,1	36,1	46,0	43,0	42,7	90,2	88,4	90,0	89,0	91,3	38,0	43,8	41,0	39,8	39,2
5	102,7	112,1	110,1	100,4	100,1	82	104	78	85	85	20,7	8,1	32,1	15,4	15,1	93,2	97,0	92,2	94,5	94,2	43,0	51,8	50,8	48,7	49,0
6	112,2	103,2	110,0	110,4	112,8	91	88	93	85	86	21,2	15,2	17,0	25,4	26,8	94,5	94,0	95,0	92,9	93,8	41,6	39,8	44,0	39,6	42,0
7	99,9	93,2	110,1	109,7	111,3	95	81	88	93	92	4,9	12,2	22,1	16,8	17,3	95,8	92,8	94,4	95,2	95,0	35,3	48,7	43,8	43,6	44,0
8	110,0	100,5	116,6	114,6	109,1	100	78	101	102	85	9,5	22,5	15,6	12,6	24,1	97,2	91,9	95,8	96,2	94,9	40,0	47,0	44,3	43,7	40,4
9	109,1	105,7	107,9	100,8	111,6	72	75	71	85	71	37,1	30,7	36,9	15,8	40,8	92,8	92,0	90,9	94,0	92,2	42,4	47,9	45,2	44,4	39,3
10	110,2	108,3	113,7	110,6	109,9	92	96	88	89	94	18,2	12,3	25,7	21,6	19,9	96,4	97,2	93,9	94,7	96,1	38,4	43,7	45,3	41,3	38,6
M	107,7	106,0	112,1	109,1	109,3	86	88	82	88	86	21,7	18,0	30,1	21,1	23,3	94,3	93,7	92,3	94,2	94,3	38,6	44,2	46,4	42,2	38,5

Nachdem wir nun gesehen haben, daß für den Gasaustausch in den Alveolen günstige Verhältnisse geschaffen sind, interessiert uns im folgenden deren Auswirkung auf den Gasaustausch.

Die Tab. 4 zeigt die Veränderungen der arteriellen und alveolären Sauerstoffdruckdifferenz, der arteriellen und alveolären Sauerstoffspannung, der arteriellen Sauerstoffsättigung und der arteriellen Kohlensäurespannung.

Zunächst wieder die Zahlenübersicht. Von den 10 Untersuchten wiesen nur 2 einen stärkeren arteriellen Sauerstoffdruckabfall nach der Anaesthesie auf. Bei einem Patienten lag der Sauerstoffdruck vor und auch nach der Anaesthesie auffallend tief. Es handelt sich dabei um einen bettlägerigen

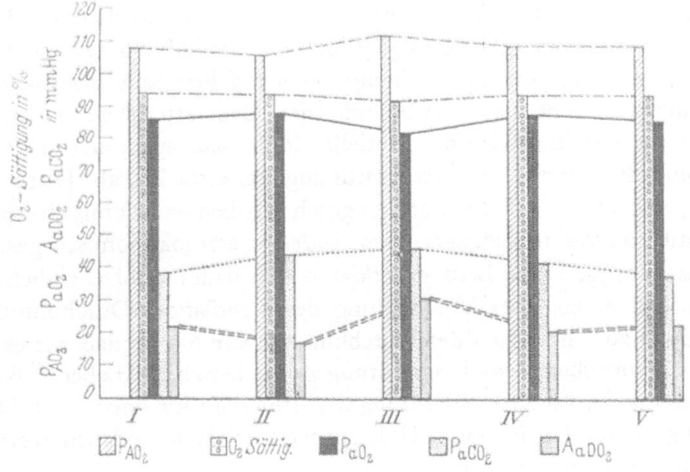

Abb. 4: (s. Text).

ikterischen Patienten. Das entspricht auch einer Beobachtung von Heeler und Watson, die bei bettlägerigen Patienten arterielle Sauerstoffdrucke zwischen 65 und 80 mm Hg messen konnten. Die Sauerstoffsättigung fiel nur bei 2 Patienten bei der 2. und 3. Messung unter 90% bis 88,4% ab. Die Kohlensäurespannung stieg nur bei einem Patienten auf 50 mm Hg an. Zur Auswertung dieser Befunde ziehen wir wieder die Mittelwerte heran (Abb. 4). Die alveoläre Sauerstoffspannung liegt im Durchschnitt relativ hoch. Von geringen Schwankungen abgesehen bleibt diese auch relativ konstant. Lediglich 1 Std. nach der Anaesthesie finden wir eine im Schnitt höhere alveoläre Sauerstoffspannung. Die arterielle Sauerstoffspannung steigt sogar nach der Anaesthesie gegenüber dem Ausgangswert leicht an, fällt eine Stunde danach auf 82 mm Hg ab, liegt aber nach 2 Std. wieder über dem Ausgangswert. Die alveolo-arterielle Sauerstoffdruckdifferenz verringert sich unmittelbar postoperativ, ist aber nach 1 Std. am höchsten. Die arterielle Sauerstoffsättigung fällt 1 Std. nach der Anaesthesie um 2%

ab, bleibt aber sonst ebenfalls konstant. Demgegenüber erfährt die arterielle Kohlensäurespannung einen geringfügigen Anstieg, dessen punctum maximum ebenfalls 1 Std. nach der NLA liegt.

Wie sind diese Ergebnisse zu beurteilen?

Die relativ hohe und konstante alveoläre Sauerstoffspannung muß nach gleichfalls hoher und konstanter alveolärer Ventilation erwartet werden. Sehen wir die gemessenen Werte im Zusammenhang, so ergeben sich verschiedene erstaunliche Feststellungen. So finden wir 10 min nach der Neuroleptanalgesie als Folge der sehr hohen Ventilationsverhältnisse und Atemökonomie einen Anstieg der arteriellen Sauerstoffspannung und eine Verringerung der alveolären-arteriellen Sauerstoffdruckdifferenz. 1 Std. nach der Neuroleptanalgesie erfolgt jedoch trotz Erhöhung der alveolären Sauerstoffspannung eine Erniedrigung der arteriellen Sauerstoffspannung und damit verbunden eine Erhöhung der alveo-arteriellen Sauerstoffdifferenz. Gleichzeitig steigt die arterielle Kohlensäurespannung um 7 mm Hg an und die arterielle Sauerstoffsättigung um etwa 2% ab. Diese Veränderungen sind aber – wie wir vorher gesehen haben – nicht mit Störungen der Ventilation verbunden, denn diese waren ja atemökonomisch gesehen durchaus günstig. Diese Befunde erklären sich daher wahrscheinlich nur dadurch, daß es zu einer Veränderung des Ventilations-Durchblutungsverhältnisses zu Ungunsten der Durchblutung kommt, so daß wir es mit einer zirkulatorischen Verteilungsstörung zu tun hätten, oder aber, daß eine Anschoppung der Lunge eine Störung der Atemdiffusion hervorruft. Diese Erklärung würde aber in einem Widerspruch zu dem gefundenen Wert für spezifische Ventilation stehen.

So bleibt die zirkulatorische Verteilungsstörung die wahrscheinlichere Erklärung. Allerdings ist das Ausmaß der Veränderungen so kurz und nicht so bedeutend, daß daraus besondere Rückschlüsse gezogen werden müßten. Ob diese überhaupt nur mit der Anaesthesie in Zusammenhang stehen, sei überhaupt noch dahingestellt. – Leider sind auch vergleichbare Messungen mit anderen Anaesthesieverfahren in dieser Form bisher noch nicht vorhanden. Es ist auch noch die Frage, ob nicht auch das Operationstrauma an sich eine Rolle spielt. Nach 2 Std. ist aber diese Störung nicht mehr nachweisbar.

Gestatten Sie mir zum Abschluß ein paar zusammenfassende Worte. Wir hoffen, daß mit dieser Untersuchung einige interessante Aussagen über die Ventilation nach der NLA gemacht werden konnten. Sie bestätigt jedoch zunächst den günstigen klinischen Eindruck, den wir bei unseren vielen in NLA operierten Patienten gemacht haben. Es darf noch einmal gesagt werden, daß wir unmittelbar nach der NLA eine auffallend günstige ökonomische Atmung der Patienten vorfanden mit vorteilhafter Auswirkung auf die Gaserneuerung in den Alveolen und im Blut.

Lediglich 1 Std. nach der Anaesthesie konnte eine Veränderung wahrscheinlich im Sinne einer zirkulatorischen Verteilungsstörung nachgewiesen werden, zwar im kleineren Ausmaße, aber immerhin doch so, daß eine gewisse Vorsicht zum mindesten bei atemgeschädigten Patienten am Platze wäre. Nach der 2. postoperativen Stunde können wir jedoch eine normale Ventilation und normale Ventilations-Durchblutungsverhältnisse annehmen.

Zum Verhalten der arteriellen Blutgase nach Thoraxoperationen unter Halothannarkose und Neuroleptanalgesie (NLA Typ II)

Von **L. Grabow** uud **H. L'Allemand**
Aus der Chirurgischen Universitätsklinik Gießen/Lahn
(Direktor: Prof. Dr. K. Vossschulte)

Seit über einem Jahr wenden wir die NLA als moderne Betäubungsform in unserer Klinik an. Es steht außer Frage, daß sich aspektmäßig der postoperative Verlauf in den ersten 24 Std. von dem unterscheidet, den man von den klassischen Verfahren zu sehen gewohnt ist. Nachdem wir diese Betäubungsart zunächst auf Eingriffe der Knochenchirurgie, Bauchchirurgie und Neurochirurgie angewendet hatten, sind wir dazu übergegangen, diese Narkoseform auch bei thoraxchirurgischen Eingriffen zu verwenden. Wenn diese Methode gegenüber der Halothananaesthesie Vorteile aufweisen soll, dann müßte sich gerade bei diesem Patientenkreis objektiv durch blutgasanalytische Befunde ein Unterschied herausarbeiten lassen.

Wir haben 21 Patienten aus unserem thoraxchirurgischen Krankengut untersucht, davon wurden 10 Patienten in NLA und 11 Patienten in Halothannarkose operiert. Alle Patienten wurden abends vor der Operation spirometrisch und blutgasanalytisch untersucht und zeigten eine unbeeinträchtigte Lungenfunktion. Desgleichen war durch die geplante Operation nicht mit einschneidenden ventilatorischen und respiratorischen Störungen zu rechnen, so daß wir beide Kollektive für vergleichbar halten. Die Blutentnahmen erfolgten vor der Operation durch Punktion der Arteria femoralis oder brachialis, während und nach der Operation wurde das Blut aus in die Arteria radialis eingebundenen Kathetern entnommen. Diese Methode haben wir angewandt, um den Punktionseffekt zu vermeiden und die Patienten nicht durch häufiges Punktieren über Gebühr zu belästigen. Bestimmt wurden mittels direkt messenden Elektroden nach Lübbers u. Mitarb. in leicht modifizierter Form der arterielle pO_2 und pCO_2, das pH wurde mit einer Mikroglaselektrode elektrometrisch gemessen und der Bikarbonatgehalt mittels pH und pCO_2 einem Davenport-Nomogramm entnommen.

Wir haben folgende Ergebnisse gewonnen:

Abb. 1 zeigt den Verlauf des arteriellen pO_2 nach der Operation (NLA und HN). Von weitgehend im Normbereich befindlichen präoperativen pO_2-Werten findet sich postoperativ eine deutliche Senkung des pO_2 beider

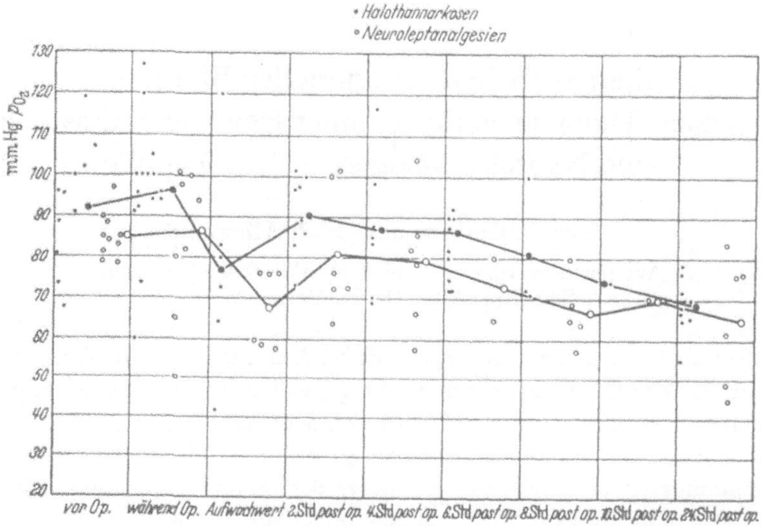

Abb. 1.

Gruppen, wobei der Sauerstoffpartialdruck der NLA-Gruppe deutlich tiefer als der der Halothangruppe liegt. Bis zur 24. Std. gleichen sich dann der pO_2 beider Gruppen auf unternormale Werte an, ein charakteristischer Befund. Der Ausgangswert vor der Operation wird bei komplikationslosem Verlauf erst um den 5.–8. postoperativen Tag wieder erreicht.

Es findet sich also die häufig beschriebene arterielle Hypoxämie, wobei die NLA-Gruppe schlechter abschneidet. Die Werte konnten statistisch gesichert werden.

Abb. 2 zeigt das Verhalten des arteriellen pCO_2: über eine starke Erhöhung in der Aufwachperiode bei unzureichender Spontanatmung hält er sich bei beiden Gruppen bis zur 24. Std. nach der Operation im oberen Normbereich, um dann, was auch wieder einen typischen Befund darstellt, abzufallen, als Ausdruck einer beginnenden respiratorischen Alkalose.

Statistisch verwertbare Unterschiede zeigen sich hier zwischen den beiden Gruppen nicht.

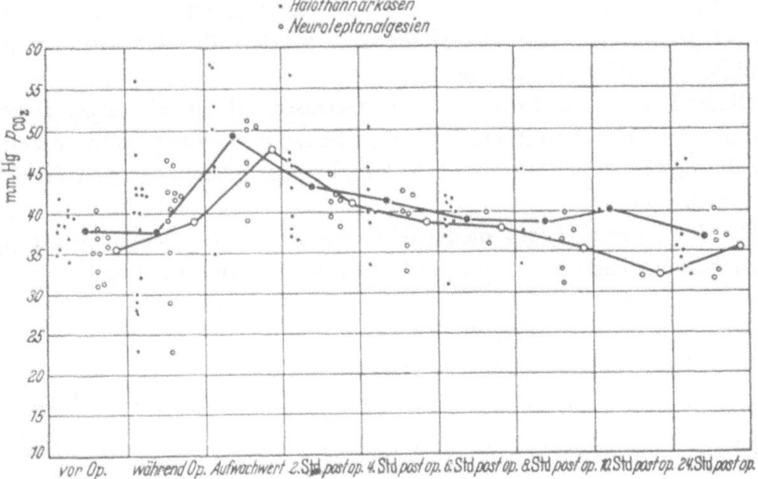

Abb. 2.

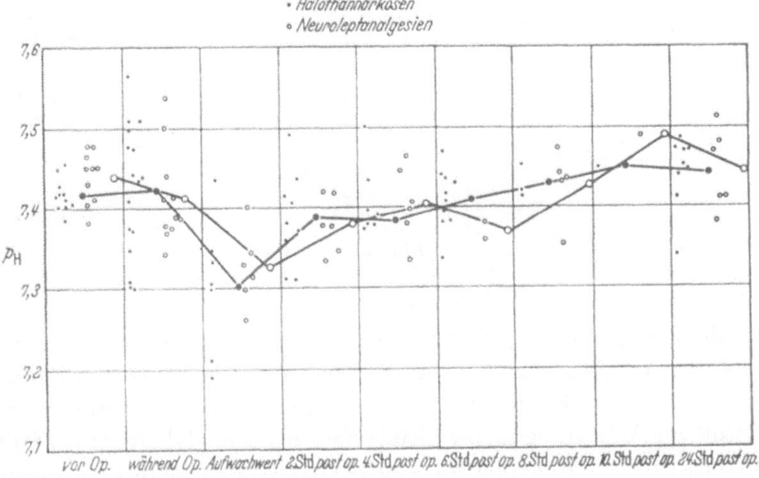

Abb. 3.

Abb. 3 zeigt entsprechende pH-Werte. Sie liegen alls im unteren Normbereich und verschieben sich nach 24 Std. zu stellenweise nicht kompensierten respiratorisch alkalotischen Werten.

Abb. 4 gibt das Verhalten des arteriellen aktuellen Bikarbonatgehalts wieder. Hier findet sich erneut eine deutliche Senkung des Bikarbonat-

gehalts des arteriellen Blutes der NLA-Gruppe gegenüber der Halothan-
gruppe, die sich besonders in der 2. bis 8. postoperativen Stunde zeigt und
annähernd parallel zur Senkung des pO_2 verläuft. Auch dieser Unterschied
ließ sich statistisch sichern. Es besteht also bei der NLA-Gruppe eine ausgeprägte metabolische Azidose.

Dieses Ergebnis war für uns recht überraschend, zumal uns die Ergebnisse der Züricher-Anaesthesistengruppe bekannt geworden sind und eben
auch die von Böhmert u. Osten, die zu scheinbar genau entgegengesetzten
Ergebnissen kamen.

Die Interpretation des niedrigeren arteriellen pO_2 der NLA-Gruppe
gegenüber der Halothangruppe ist schwierig. Die Bestimmung der pCO_2-

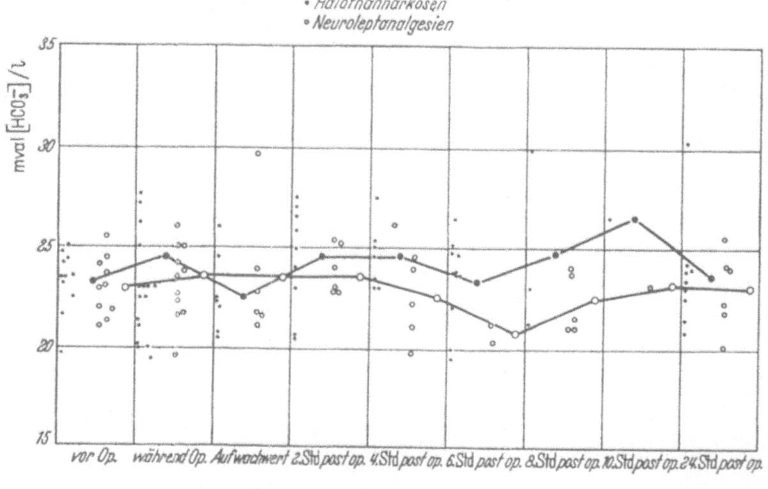

Abb. 4.

Werte läßt eine globale alveoläre Hypoventilation ausschließen. Möglicherweise ist bei der NLA-Gruppe der Rechts-Links-Shunt aus unbelüfteten
Lungenbezirken größer, was über eine mangelhafte Gewebsperfusion mit
Sauerstoff zur Anhäufung saurer Metaboliten aus dem glykolytischen Stoff-
wechselteil führen könnte, so daß eine ausgeprägte metabolische Azidose
resultiert. Ob umgekehrt primär die Azidose zur Rechtsverschiebung der
Sauerstoffdissoziationskurve mit nachfolgender Senkung des pO_2 führte,
erscheint uns zumindest fragwürdig. Wir hoffen, in der Diskussion vielleicht diese Punkte klären zu können. Wir hatten den Eindruck, daß die
ruhigen und schläfrigen Patienten nach der NLA in den ersten 24 Std. zur
mangelnden Expektoration des Bronchialsekrets neigten, was ohne
weiteres zu kleinen und kleinsten Atelektasen führen kann, wodurch der
Rechts-Links-Shunt erhöht und der niedrigere pO_2 zwanglos erklärt wird.

Verbesserung der postoperativen Hypoxie
nach Neuroleptanalgesie

Von **M. Gemperle**

Aus der Anaesthesieabteilung der Universitätskliniken des Kantonsspital Genf
(Chefarzt: Dr. M. Gemperle)

Es ist bekannt, daß Frischoperierte sich in den ersten postoperativen
Stunden im Zustand der Hypoxie und einer Acidose befinden. Letztere ist
teils metabolisch als Folge der Operation, teils respiratorisch als Folge der
narkosebedingten Atemdepression aufzufassen. Besonders ausgesprochen
sind diese Lungenfunktionsstörungen nach Narkosekombinationen mit
Muskelrelaxantien. Es handelt sich fast ausschließlich um eine manifeste
Insuffizienz mit Hypoxie und Hyperkapnie. Diese Ateminsuffizienz wird
erst recht deutlich nach thoraxchirurgischen Eingriffen, bei welchen die
Atemmechanik schon ohnehin stark gestört ist.

Es liegen zahlreiche Publikationen über die postoperative Ateminsuffizienz nach Inhalationsnarkose (Nunn et al. 1962) und nach Neuroleptanalgesie vom Typ I, d. h. Haloperidol/Phenoperidin (Nilsson 1962)
vor. Daß praktisch alle gebräuchlichen Analgetika sowohl die Atemfrequenz als auch das Atemvolumen reduzieren, ist ebenfalls bekannt
(Eckenhoff et al. 1960).

Im folgenden werden nun 50 blutgasanalytische Untersuchungen nach
Neuroleptanalgesie vom Typ II, d. h. Dehydrobenzperidol/Fentanyl mit
20 Blutgasanalysen nach Halothannarkosen zur Abklärung der vor allem
durch die Narkose bedingten, postoperativ fast immer vorkommenden
Ateminsuffizienz verglichen.

Methode

Bei beiden Gruppen (Neuroleptanalgesie vom Typ II und Halothannarkosen) handelt es sich um Patienten, die sich allgemein-chirurgischen
Eingriffen unterziehen mußten. Nicht berücksichtigt wurden die thoraxchirurgischen Operationen. Alter und Geschlecht wiesen bei beiden
Gruppen eine ähnliche Verteilung auf. Die Dosierung der Muskelrelaxantien (d-Tubocurarin) war bei beiden Narkosemethoden dieselbe;
durchschnittlich betrug sie 25 mg. 80% aller Patienten wurden mit dem
Engström-Narkose-Respirator beatmet, die restlichen 20% manuell mit
dem Atembeutel. Die durchschnittliche Operationsdauer war bei beiden
Gruppen gleich, nämlich rund 125 min.

Die arterielle Blutentnahme wurde bei allen Untersuchungen 10 min
nach Extubation beim ansprechbaren Patienten aus der Art. femoralis entnommen und mittels der Astrup-*Mikro-Methode* durch dieselbe Laborantin

ausgeführt: direkte Messung des aktuellen pH mittels Kapillarelektrode, Berechnung des pCO_2 aus dem aktuellen pH und dem pH zweier mit verschiedenen bekannten pCO_2 äquilibrierten Blutproben, Ableiten der Werte für Standardbicarbonat, Pufferbasen und Baseüberschuß aus dem Nomogramm nach Astrup, Andersen und Engel. Die Sauerstoff-Sättigung wurde mit dem Hämoreflektor bestimmt.

Anaesthesietechnik: Gruppe I mit Neuroleptanalgesie vom Typ II (Dehydrobenzperidol/Fentanyl) nach de Castro und Mundeleer, Symposium über Neuroleptanalgesie, Wien 1962. Die durchschnittliche Dosis des Fentanyls betrug bei unseren Patienten 0,52 mg; die Dosis des Dehydrobenzperidols 35–40 mg, bei einer durchschnittlichen Narkosedauer von 125 min.

Gruppe II mit Halothannarkose: Einleiten der Narkose mit 150–300 mg Pentothal. Aufsetzen der Gesichtsmaske und Atmenlassen von reinem Sauerstoff, Puls- und Blutdruckkontrollen, dann 50 mg Succinylcholin, Sauerstoffbeatmung und Abwarten der Muskelerschlaffung, dann Intubation. Aufrechterhalten der Narkose mit Sauerstoff/Lachgas-Gemisch 50:50 und Halothan 0,5–2,0% (Fluothec Mark 2) je nach Narkosetiefe. Muskelrelaxierung nach Bedarf.

Resultate

Arterielle Blutgaswerte	Neurolept-analgesie	Halothan
Sauerstoff-Sättigung (%)	93	87
Kohlensäurespannung (mm Hg)	36	38
pH	7,402	7,389
Standardbicarbonat (mäq/l)	22,5	22,6

Es handelt sich stets um die Mittelwerte von Bestimmungen aus arteriellen Blutproben, die 10 min nach Extubation beim ansprechbaren Patienten entnommen worden waren. Die Patienten atmeten Zimmerluft.

Diskussion

Es werden 50 Blutgasanalysen nach Neuroleptanalgesie vom Typ II mit 20 Blutgasanalysen nach Halothannarkosen miteinander verglichen. Die Untersuchung wurde bei beiden Gruppen 10 min nach der Extubation bei ansprechbaren und Zimmerluft atmenden Patienten durchgeführt. Die gefundenen Werte nach Halothannarkosen entsprechen ungefähr denen der Literatur (Nunn 1962), weswegen wir auf weitere Untersuchungen nach Halothannarkosen verzichteten.

Die Sauerstoff-Sättigung beträgt nach Neuroleptanalgesie vom Typ II 93%, bei den Halothannarkosen nur 87%. Statistisch besteht eine eindeutige Signifikanz.

Die postoperative mittelschwere Hypoxie nach Allgemeinnarkosen kann nur hypothetisch erklärt werden. NUNN und PAYNE führen die unmittelbar postoperativ auftretende Hypoxie auf eine Störung der Luftdurchmischung in den Lungen zurück. Wir schließen uns dieser Meinung an, sofern die Sauerstoff-Sättigung 90% nicht unterschreitet. Werte von 87% bei normalem pCO_2 jedoch können nicht mehr auf eine Störung der ungleichen Luftdurchmischung in den Lungen zurückgeführt werden. Bei diesen Fällen handelt es sich wahrscheinlich eher um venöse Beimischungen, also um Lungenshunts, wie sie bei Atelektasen vorkommen. Bei einer Sauerstoff-Sättigung von ungefähr 87% bei gleichzeitig normalem pCO_2 kann ein Kurzschluß von ungefähr 25% errechnet werden.

Vergleicht man die Werte beider Gruppen, so ergibt sich eine deutliche Besserung der Hypoxie nach Neuroleptanalgesie. Der Grund dieser Verbesserung ist wohl in der besseren Ansprechbarkeit der Patienten und der gleichzeitig bestehenden Schmerzlosigkeit zu suchen. Für letzteres sprechen die besseren Resultate der Sättigung nach Halothannarkosen in Kombination mit wiederholten kleinen Dosen von Pethidin.

Klinisch besteht zwischen den beiden Gruppen ein wesentlicher Unterschied: die Patienten nach Neuroleptanalgesie haben ein frischeres Aussehen. Sie sind völlig wach und ausgesprochen kooperativ. Die Patienten nach Halothannarkosen hingegen sind schläfrig, ein affektiver Rapport kann nur schwer hergestellt werden, was für die Wirksamkeit der sofort einsetzenden physikalischen Maßnahmen, wie z. B. Auffordern zum Husten, oder Atemgymnastik von außerordentlicher Wichtigkeit ist. Die Patienten nach Halothannarkosen benötigen zudem ziemlich rasch Schmerzmittel, welche ihrerseits die bestehende Hypoventilation noch verstärken. Die Patienten nach Neuroleptanalgesie hingegen sind noch stundenlang unter der Wirkung der verabreichten Analgetika, deren atemdepressive Wirkung aber noch in den per-operativen Bereich fällt und somit nicht schädlich ist, da die Patienten ohnehin mechanisch oder manuell beatmet werden.

Nimmt man nun zur Erklärung der Sauerstoff-Sättigung von nur 87% bei Halothannarkosen Lungenshunts bzw. Atelektasen an, so bietet die Neuroleptanalgesie vom Typ II zumindest eine wirksame Prophylaxe postoperativ auftretender Atelektasen. Ebenfalls atelektaseverhütend wirken die stundenlange Schmerzlosigkeit und die sofort einsetzende wirkungsvolle Atemgymnastik, die von den Patienten nach Neuroleptanalgesie nicht als qualvoll angesehen wird.

Zusammenfassung

Es werden blutgasanalytische Untersuchungen nach Halothannarkosen mit Blutgaswerten nach Neuroleptanalgesie vom Typ II verglichen. Dabei fallen vor allem die besseren Sättigungswerte nach Neuroleptanalgesie auf.

Die Verbesserung der postoperativen Hypoxie wird erreicht durch die unmittelbar nach der Narkose einsetzenden Atemgymastik am sofort wachen und schmerzfreien Patienten. Diese maximale Ansprechbarkeit kann nur durch Narkosen in Neuroleptanalgesie erreicht werden.

Literatur

Bühlmann, A. u. M. Hotz: Helv. med. Acta 18, 532 (1951).
Björk, O. V. and H. J. Hilty: J. thorac. Surg. 27, 455 (1954).
Nilsson, E.: Symposium über Neuroleptanalgesie, Wien 5. 9. 1962.
Hood, R. M. and D. C. Beall: J. thorac. Surg. 36, 729 (1958).
Nunn, J. F. and J. P. Payne: Lancet 1962 II, 631.
De Castro, J. et P. Mundeleer: Acta chir. belg. 58, 689 (1959).
De Castro, J. u. P. Mundeleer: Anaesthesist 11, 10 (1962).
— — Symposium über Neuroleptanalgesie, Wien 5. 9. 1962.
Dripps, R. D., J. E. Eckenhoff and L. D. Vandam: Introduction to Anesth. Philadelphia: W. B. Saunders Comp. 1961.
Henschel, W. F.: Symposium über Neuroleptanalgesie, Wien 5. 9. 1962.
Janssen, P.: Anaesthesist. 11, 1 (1962).
— Arzneimittel-Forsch. 11, 819 (1962).
— Symposium über Neuroleptanalgesie, Wien 5. 9. 1962.
Kapferer, J. M.: Anaesthesist. 11, 25 (1962).
Mundeleer, P. et J. de Castro: Symposium Wien 5. 9. 1962.
Nilsson, E. and P. Janssen: Acta anaesth. scand. 5, 73 (1961).
— Anaesthesist 11, 17 (1962).
Rossier, P. H., A. Bühlmann u. K. Wiesinger: Physiologie und Pathophysiologie der Atmung, Springer 58.
Spiess, W., A. Doenicke u. Th. Gürtner: Erster Europ. Kongr. für Anaesthesiologie, Wien Berichtband II.
Bühlmann, A.: Thoraxchirurgie 6, 147 (1958).

Die obigen Untersuchungen wurden im Laboratorium der Anaesthesieabteilung der Universitätskliniken Zürich (Leiter: Priv.-Doz. Dr. G. Hossli) durchgeführt.

Verhalten der Serumelektrolyte und Blutgase unter Neuroleptanalgesie

Von M. Richter

Aus der Allgemeinen Anaesthesieabteilung der Städt. Krankenanstalten Bremen
(Leitender Arzt: Dr. W. F. Henschel)

Die Entwicklung der Neuroleptanalgesie (NLA) als neue Allgemein-Anaesthesieform richtete das klinische Interesse zunächst natürlich auf allgemeine Verträglichkeit, Technik und Indikationen sowie auf die notwendigsten Lebensvorgänge unter ihr, wie Atmung, Herz- und Kreislauffunktion und Einwirkungen auf das Zentralnervensystem. Untersuchungen dieser Art wurden bereits ausreichend berichtet.

In zunehmendem Maße muß aber die Bedeutung jedes Arzneimittels und sein Einfluß auch auf den Säurebasen-Haushalt und den Elektrolyt-Haushalt als Ausdruck des Milieu-Interieur des Körpers anerkannt werden. Und so stehen hier die Verträglichkeit von Dehydrobenzperidol und Fentanyl – als die hochwirksamen Substanzen der NLA – zur Debatte.

Von den bisher in therapeutischen Dosen verwendeten Morphinderivaten fanden wir nur wenige Berichte über Untersuchungen des Elektrolyt- und Basenhaushaltes. In Zusammenhang mit der NLA wurden bisher keine Ergebnisse mitgeteilt. Die Schwierigkeiten, etwas Bindendes über Veränderungen der blutchemischen Werte unter einer heute üblichen Allgemein-Anaesthesie auszusagen, sind bekannt. Das trifft nicht nur für die NLA zu. Die Kombination von in Struktur und Wirkung so differierender Substanzen, verbunden oft mit künstlicher Beatmung des Patienten, erschwert die Aussage, worauf Schwankungen des Elektrolyt- und Basenhaushaltes sowie auch der Blutgaswerte zurückzuführen sind. Zusätzlich darf auch die immer schon intraoperativ begonnene Infusionstherapie dabei nicht vernachlässigt werden. Diese hier angedeuteten schwierigen Umstände, die sich auch an den Ergebnissen verschiedener anderer Untersuchungen bei Äther-, Halothan- sowie auch Barbiturat-Narkosen niederschlagen, um nur hier die gebräuchlichsten zu nennen, sind also auch unter der NLA zu erwarten.

Wir haben folgende Untersuchungen durchgeführt: 20 Patienten, die im Durchschnitt 50 Jahre alt waren (23–87 Jahre in den Einzeldaten), mußten sich einer präoperativen klinischen Untersuchung der Lungen- und Nierenfunktion unterziehen. Dabei fanden sich, wie auch im Säure- und Basenhaushalt sowie im Elektrolytstatus, keine Abweichungen von der Norm. Direkt vor der Narkose sowie 10 min, 2 und 4 Std. nach Beendigung der Anaesthesie und Extubation wurden venöse und arterielle Blutproben entnommen. Es wurde jeweils Natrium, Kalium, Chlor und Kalzium im Serum nach den üblichen Methoden bestimmt sowie eine Blutgasanalyse durchgeführt, welche die Bestimmung des O_2-Gehaltes, der O_2-Maximalkapazität und O_2-Sättigung, des CO_2-Gehalts und CO_2-Druckes, des p_H-Wertes und des Standardbikarbonat-Gehaltes umfaßte. Außerdem wurde zum jeweiligen Zeitpunkt der Hämatokritwert gewonnen.

Die Operations-Dauer betrug 1–3$^1/_2$ Std., im Mittel 1¾ Std. Thoraxchirurgische Eingriffe schlossen wir aus, um eine eventuelle operativ-traumatische Beeinträchtigung der Atmung zu eliminieren.

Die NLA wurde in der von Henschel beschriebenen Technik in jedem Fall vom selben Anaesthesisten durchgeführt. Als Muskelrelaxantien wurden zur Intubation 40–80 mg Succinylcholin und dann zur weiteren

Muskelerschlaffung 15–27 mg d-Tubocurarin pro Eingriff verwendet. Die Wechseldruckbeatmung erfolgte mit einem Lachgas-Sauerstoffgemisch im Verhältnis von 3:1 bei leichter Hyperventilation des Patienten. Während der Operation wurde der Blutverlust durch frische Blutkonserven ersetzt und der venöse Zugang sonst nur durch geringstmögliche Dosen 5%iger Laevulose offengehalten. Für die postoperative Phase galten die gleichen Bedingungen. Es wurden im Zeitraum der Untersuchungen keine weiteren Pharmaka verabreicht oder andere therapeutische Maßnahmen durchgeführt. Die Prämedikation wurde dem Zustand des Patienten entsprechend mit 1–2 ml Thalamonal sowie jeweils $^1/_4$ mg Atropin durchgeführt. Zur Anaesthesie wurden jeweils 20 mg Dehydrobenzperidol sowie 0,3–0,8 mg Fentanyl verwendet.

Unsere Befunde bieten nun folgendes: Die Hämatokritwerte zeigten eine sehr geringe Schwankungsbreite. Bei einem Drittel der Fälle blieben alle gewonnenen Werte unverändert. In den anderen betrug die maximale Abweichung nur 2%. In der Literatur fanden wir von Green u. Mitarb. unveränderte Hämatokritwerte unter Morphingaben beschrieben. Ein Hämatokritabfall, der von Williams beschrieben wurde, bezieht sich auf chronischen Morphinabusus, was bei uns ja nicht in Frage kam. Verdünnungs- oder Konzentrationseffekte des Blutes scheinen demnach als Einfluß auf Elektrolytschwankungen unwahrscheinlich und wurden damit ausgeschlossen.

Tabelle 1

Nr.	Patient	♂ ♀ Alter	Operation	Op.-Dauer	Prä-medikation	Verbr. in mg DHB	Verbr. in mg Fentan.	Natrium i.S. vor Op.	Natrium i.S. nach Op. 10′	Natrium i.S. nach Op. 2 h	Natrium i.S. nach Op. 4 h	Kalium i.S. vor Op.	Kalium i.S. nach Op. 10′	Kalium i.S. nach Op. 2 h	Kalium i.S. nach Op. 4 h
1	W. G.	58 ♂	Nephrektomie	2	Thalamonal 2 ml	20	0,5	133	133	133	132	4,9	4,3	4,0	4,3
2	D. F.	61 ♀	Nephrektomie	2	2 ml	20	0,5	133	135	132	133	4,5	4,2	4,5	4,5
3	M. P.	60 ♂	Billr. II	2	2 ml	20	0,5	138	138	131	128	5,3	5,0	4,9	5,3
4	T. S.	72 ♀	P. L.	1	—	20	0,5	132	134	128	127	4,9	3,6	4,1	4,4
5	S. H.	34 ♂	Billr. II	$2^1/_4$	1,5 ml	20	0,8	132	132	129	128	4,6	4,1	4,2	4,3
6	K. R.	61 ♂	Cholecyst.	1	1,5 ml	20	0,55	133	132	134	133	4,7	4,3	4,4	5,1
7	T. H.	58 ♀	Choledoch.	$3^1/_2$	1 ml	20	0,65	131	139	134	131	4,8	4,8	3,8	4,0
8	S. J.	33 ♀	Struma r.	1	1,5 ml	20	0,5	141	138	148	137	4,4	4,1	4,7	4,4
9	K. B.	38 ♀	Cholecyst.	1	1,5 ml	20	0,5	136	130	136	140	4,7	3,8	3,9	4,2
10	L. E.	54 ♀	Ureteroto.	1	2 ml	20	0,5	141	140	139	137	4,8	4,4	4,1	4,6
11	N. A.	55 ♀	Struma r.	$2^1/_2$	1,5 ml	20	0,6	137	136	135	134	4,8	3,9	3,9	4,3
12	A. A.	87 ♀	Schenkelhalsngl.	2	1 ml	15	0,3	142	140	148	145	4,0	3,9	3,9	3,7
13	D. O.	30 ♂	Billr. II	$2^1/_2$	2 ml	20	0,55	134	132	143	136	4,6	3,7	4,5	4,6
14	M. W.	45 ♂	Billr. II	3	2 ml	20	0,7	134	131	140	137	4,1	3,9	4,0	4,5
15	M. G.	23 ♂	Nierenb. pl.	3	2 ml	20	0,7	135	134	133	133	4,2	4,0	3,9	4,5
16	R. B.	29 ♀	Cystenniere	$1^1/_2$	1 ml	20	0,5	136	134	134	139	4,0	4,0	4,0	4,6
17	B. E.	29 ♀	Hautpl.	$1^1/_2$	2 ml	20	0,5	138	138	139	148	4,6	3,3	3,7	4,2
18	P. R.	58 ♂	Cholecyst.	$1^1/_2$	1 ml	20	0,55	136	134	132	136	4,4	3,8	4,2	4,5
19	H. E.	40 ♀	Nucl. pulp.	2	2 ml	20	0,7	140	140	142	143	4,5	4,1	4,1	4,3
20	K. M.	42 ♀	Struma r.	$1^3/_4$	1,5 ml	20	0,6	136	129	141	143	4,1	3,3	3,8	3,8
		8 ♂ 12 ♀			Mittelwerte →			136	134	136	136	4,5	4,0	4,1	4,4

Die Bestimmung von Natrium und Kalium sowie Chlor und Kalzium im Serum ergab eine auffallende Stabilität aller Werte und eine sehr schnelle Restitution innerhalb der 4-Std.-Grenze (Tab. 1 und 2, Abb. 1).

Tabelle 2

a) Änderungen des Kaliums i.S. nach NLA

20 Fälle	vor Narkose	nach Narkose		
		20 min.	2 Std.	4 Std.
Mittelwert	4,5 mval/l	4,0 mval/l	4,1 mval/l	4,4 mval/l
Streuung	© 0,28	© 0,27	© 0,2	© 0,25

b) Änderungen des Kalziums i.S. nach NLA

20 Fälle	vor Narkose	nach Narkose		
		10 min.	2 Std.	4 Std.
Mittelwert	5,15 mval/l	5,15 mval/l	4,9 mval/l	5,0 mval/l
Streuung	© 0,27	© 0,3	© 0,25	© 0,24

c) Änderungen des Natriums i.S. nach NLA

20 Fälle	vor Narkose	nach Narkose		
		10 min.	2 Std.	4 Std.
Mittelwert	136 mval/l	134 mval/l	136 mval/l	136 mval/l
Streuung	© 2,6	© 2,8	© 4,6	© 4,5

d) Änderungen des Chlors i.S. nach NLA

20 Fälle	vor Narkose	nach Narkose		
		10 min.	2 Std.	4 Std.
Mittelwert	92 mval/l	91 mval/l	90 mval/l	90 mval/l
Streuung	© 3,7	© 4,0	© 4,0	© 3,9

Bei den Blutgaswerten (Abb. 2, Tab. 3 und 4) fällt auch hier wieder die postoperativ leicht gesenkte, sich aber schnell restituierende O_2-Sättigung und der dabei relativ stabil bleibende pCO_2-Wert auf. Die Sauerstoffsättigung steht doch deutlich, wenn auch gering gesenkt, im Gegensatz zu den Befunden bei Halothan-Narkosen, wie sie vorhin dargestellt wurden und auch in der Literatur früher beschrieben worden sind, die in all diesen Fällen wesentlich niedrigere Werte zeigen, als wir sie hier angeben können. pH und Standard-Bikarbonat-Gehalt sind leicht verändert und lassen dadurch eine immer wieder postoperativ beschriebene geringgradige metabolische Azidose erkennen. Die von L'ALLEMAND und GRABOW mitgeteilte nach einiger Zeit postoperativ auftretende Alkalose konnten wir niemals finden. Unsere Untersuchungen wurden allerdings auch früher abgeschlossen, da wir annehmen, daß über 20 Std. hinaus stabile Bedingungen nach großoperativen Eingriffen eigentlich nicht mehr zu erhalten sind und Werte dieser Zeiträume sicher schlecht reproduzierbar werden.

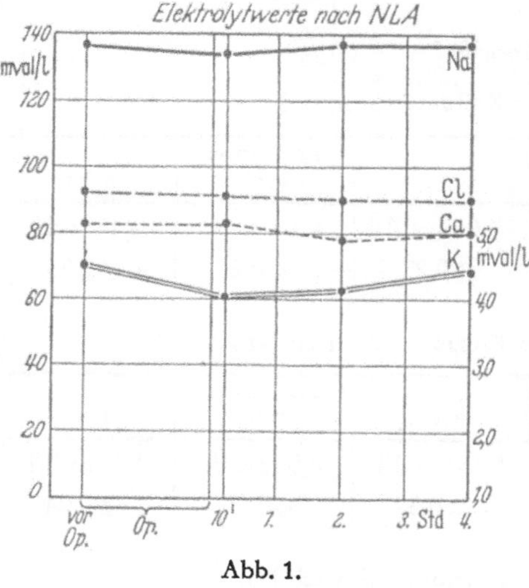

Abb. 1.

Auffallend an diesen Befunden ist, um noch einmal darauf zurückzukommen, eine gewisse Diskrepanz zwischen O_2-Sättigung und pCO_2, die nicht leicht erklärbar ist. Die nächstliegende Annahme, daß eine Hypoventilation aufgetreten sein muß, wird durch die Atemwerte, die aus den Untersuchungen von Böhmert und Osten resultieren, fraglich, obwohl sie nicht beweisen, daß ein Shunt-Volumen auszuschließen ist oder daß – wie Böhmert meint – eine Durchblutungsstörung im Sinne einer Verminderung gegenüber der gut erhaltenen Ventilation vorliegen könnte. Hier müssen unseres Erachtens noch weitere Untersuchungen eine Klärung schaffen

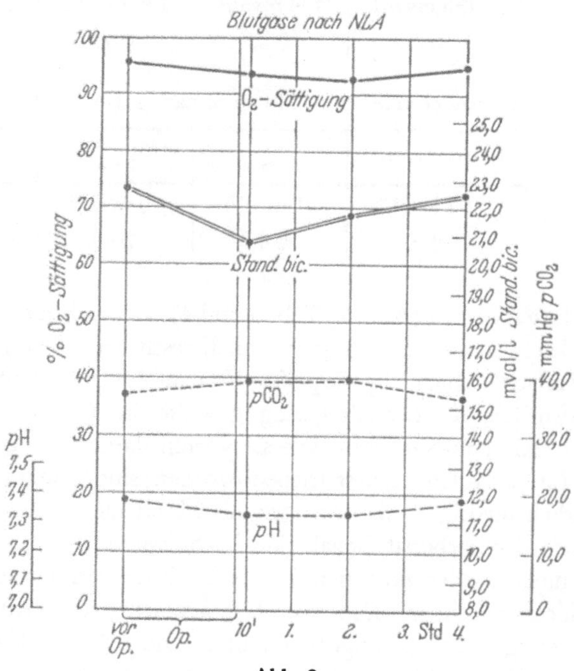

Abb. 2.

und weitere spezielle Untersuchungen, auch der Lungendurchblutung, angesetzt werden.

Tabelle 3

Chlor i.S.				Calcium i.S.				O_2-Sättig. %				pCO_2/mm Hg				pH				Stand. bicarb. mval/l			
vor Op.	nach Op. 10'	2 h	4 h	vor Op.	nach Op. 10'	2 h	4 h	vor Op.	nach Op. 10'	2 h	4 h	vor Op.	nach Op. 10'	2 h	4 h	vor Op.	nach Op. 10'	2 h	4 h	vor Op.	nach Op. 10'	2 h	4 h.
99	96	96	98	5,5	5,5	5,1	5,0									7,33	7,32	7,33	7,31	19,8	19,4	19,5	18,7
87	94	94	85	5,4	5,5	5,1	5,1									7,34	7,31	7,29	7,36	20,0	18,2	17,8	21,7
92	93	93	92	4,9	5,2	5,5	5,4									7,30	7,23	7,24	7,20	23,0	17,3	18,0	15,5
96	94	96	96	5,5	4,4	5,0	5,1	95,5	95,0	94,2	94,8	37,2	35,6	40,3	37,8	7,35	7,35	7,26	7,30	19,7	21,0	17,8	19,0
89	84	86	87	5,6	5,7	5,0	5,1	95,3	95,6	93,6	93,1	34,7	34,4	43,1	43,7	7,36	7,36	7,32	7,32	20,4	20,0	19,1	19,6
88	89	88	89	5,5	5,5	5,2	5,1	93,3	91,3	92,7	93,7	37,5	43,6	42,0	36,7	7,40	7,33	7,35	7,44	22,8	20,4	25,0	26,8
94	88	84	89	5,1	5,3	5,4	5,2	93,7	96,3	90,7	93,8	39,8	38,0	37,0	37,5	7,37	7,35	7,37	7,37	21,9	21,3	21,4	23,5
93	99	95	96	5,4	5,4	4,8	5,3	95,1	95,9	90,5	95,0	39,1	44,6	46,3	38,9	7,37	7,30	7,31	7,37	24,0	25,1	23,2	23,1
100	98	95	96	5,1	4,9	5,1	5,3	97,0	96,4	91,8	90,1	39,2	38,0	38,5	40,2	7,38	7,34	7,36	7,38	25,7	23,0	23,5	22,0
90	90	87	86	5,4	5,8	5,4	5,4	96,0	90,6	89,3	94,6	38,7	48,8	49,0	43,0	7,40	7,28	7,31	7,35	24,8	20,8	21,8	24,0
89	86	86	88	4,9	5,4	4,7	4,8	97,8	90,2	94,4	95,5	34,6	37,8	41,4	35,3	7,41	7,36	7,33	7,36	24,8	21,7	23,0	22,0
95	100	89	92	5,6	5,3	5,4	5,4	94,5	95,0	88,7	94,0	35,3	42,4	38,3	41,6	7,36	7,35	7,40	7,41	22,0	23,4	26,2	28,0
93	97	98	98	5,0	5,0	4,7	5,0	95,2	90,2	97,0	91,8	32,1	36,8	37,8	34,0	7,39	7,27	7,31	7,34	22,0	18,6	19,7	20,8
87	86	85	84	4,9	5,1	4,4	4,7	97,2	91,7	87,8	97,2	42,7	43,5	41,2	39,6	7,35	7,34	7,34	7,36	24,0	20,0	23,4	24,9
81	83	85	86	4,4	4,8	4,5	4,6	97,5	91,0	91,0	93,3	33,5	37,7	38,8	33,6	7,38	7,31	7,31	7,40	21,5	19,5	20,5	21,5
93	89	87	93	5,0	4,9	5,3	5,2	93,5	95,7	94,7	94,0	37,2	35,2	36,9	36,0	7,38	7,35	7,35	7,36	23,5	21,5	22,0	24,0
90	91	88	84	4,9	4,8	4,8	4,0	95,2	95,0	91,7	94,2	37,3	36,0	34,7	35,6	7,34	7,30	7,35	7,34	20,2	18,5	18,7	20,0
92	91	92	92	5,0	5,0	4,8	5,0	95,1	94,6	95,8	95,5	44,1	42,1	45,0	39,5	7,39	7,35	7,34	7,39	25,2	21,5	23,2	24,7
89	94	93	97	5,1	4,8	4,8	4,8	94,5	95,5	95,4	96,5	35,3	41,6	41,6	36,7	7,45	7,38	7,38	7,41	25,0	23,3	23,0	24,7
100	90	95	99	4,9	4,9	4,9	4,8	96,9	91,6	96,5	96,4	37,8	31,2	34,5	34,5	7,36	6,38	7,39	7,37	23,0	20,0	20,8	24,0
92	91	90	90	5,15	5,15	4,9	5,0	95,5	93,6	92,7	94,5	37,4	39,3	40,0	36,7	7,37	7,33	7,33	7,36	22,7	20,7	21,7	22,4

Tabelle 4

Blutgaswerte nach NLA
(17 Fälle – Mittelwerte)

	vor Narkose	nach Narkose		
		10 min.	2 Std.	4 Std.
O_2-Sättigung %	95,5	93,6	92,7	94,5
pCO_2/mm Hg	37,4	39,3	40,0	36,7
pH	7,37	7,33	7,33	7,36
Stand. bicarb. mval/l	22,7	20,7	21,7	22,4

Wenn wir jedoch noch einmal auf die vorliegende Natrium-Kalium-, Chlor- und Kalziumveränderungen im Serum zurückkommen, so kann man eigentlich nur sagen, daß sie unter der NLA eine stabile Tendenz zeigen. Es treten keine auffallenden Verschiebungen des Natrium-Serumspiegels auf, die geringen Änderungen lassen sich wohl innerhalb weniger Stunden regulieren, entsprechend den Mitteilungen über Natrium-Veränderungen nach Äther-, Halothan- und Barbiturat-Narkosen, die – einen kompensierten Säure-Basen-Haushalt vorausgesetzt – auch nur kurzfristig auftreten. Die registrierten Kalium-Schwankungen sind, wenn auch gering, am deutlichsten. Sie zeigen aber auch eine sehr schnelle Restitution und sind wahrscheinlich durch die Hyperventilationsalkalose zu erklären, die immer vorliegt, wenn in der Literatur ein postoperativer Kaliumsturz beschrieben wird. Bei Kalium-Anstieg nach Operationen kann man eigentlich immer eine metabolische bzw. respiratorische Azidose diagnostizieren.

Für das Kalzium gelten ähnliche Verhältnisse: Je nach Anstieg oder Abfall des pH-Wertes kommt es zu einem Anstieg oder Abfall des Kalziums im Serum. Aber auch hier fielen uns unter der NLA bei gegebenen Bedingungen sehr stabile Verhältnisse auf.

Auffallend waren in den Einzel- und Mittelwerten ziemlich tiefe Chlorwerte im Serum. Bestimmungsfehler waren auszuschließen. In der Literatur fanden wir Angaben, daß gerade unter Morphinderivaten eine vermehrte Chlorausscheidung und eventuelle Natriumausscheidung stattfinden soll. Wir haben deshalb begonnen, intensive Ausscheidungsstudien zu betreiben und differenzierte prä- und postoperative Bilanzen aufzustellen, über die später berichtet werden wird. Der bisherige Eindruck ist der, daß es – entgegen anderen Narkosen – postoperativ nicht zu einer Natrium- und Chlorretention, sondern eher zu einer vermehrten Natrium- und Chlorausscheidung kommt. Aus diesen Befunden könnte man fast annehmen, daß die unter anderem auch postoperativ diskutierte Nebennierenrindenhormon-Wirkung auf die Zellmembranpermeabilität und die Transmineralisationsvorgänge an der Zellmembran durch das Dehydrobenzperidol, das ja bekanntlich eine sehr starke sympathikolytische Wirkung hat, aufgehoben und dadurch die Zellmembran stabilisiert wird, das heißt, das Kalium nicht so stark austritt, Natrium und Chlor nicht einwandert und deswegen postoperativ nicht retiniert wird.

Diese erst wenigen Befunde lassen natürlich noch keine bindenden Schlüsse zu. Weitere Untersuchungen sind notwendig. Die bisher vorliegenden Befunde erlauben bisher nur die Aussage, daß unter der Neuroleptanalgesie das Ionengleichgewicht offenbar kaum beeinflußt wird.

Neuroleptanalgesie und Leberfunktion

Von **W. P. Boger, M. D.*** und **F. J. Tornetta, Ph. D., M. D.****

mit der technischen Unterstützung von
John J. Gavin, Ph. D.*** und Katherine Kerr

Aus dem Montgomery Hospital, Norristown, Penna.

Großes Interesse ist zur Zeit auf das Problem der Lebertoxizität in Beziehung zu Anaesthesieverfahren gerichtet. Die Berichte über Ikterus und Todesfälle, die der Verwendung von Halothan [1, 2] folgten, haben die Hepatotoxizität dieses Körpers nicht bewiesen, aber die Frage der Gefahr ist gestellt worden. Es ist daher natürlich, daß im Zusammenhang mit der Verwendung aller neuen Präparate in der anaesthesiologischen Praxis sofort die Frage erhoben wird: „Welches sind die Wirkungen auf die Leber?"

Obwohl die Frage auf der Hand liegt und leicht zu stellen ist, kann die Antwort doch nicht so leicht gegeben werden. Es gibt eine allgemeine Übereinstimmung, daß es unmöglich ist, die Wirkungen anaesthetischer Agenzien zu isolieren von a) den Zusammenhängen im weitesten Sinne, die sich aus dem Zustandsbild des Kranken ergeben und die seine Operation notwendig gemacht haben, b) vom Stress des chirurgischen Vorgehens, c) von der Hämorrhagie, d) von den Störungen des Kreislaufs, die sich während des Eingriffes ereignen, e) von den verschiedenen Graden der Gewebsanoxie und f) von dem Einfluß weiterer Präparate, die der Patient zur Zeit des chirurgischen Eingriffs erhielt. In der Tat haben die meisten Untersucher, die versucht haben, die Leberfunktion prä- und postoperativ zu untersuchen, gefolgert, daß es das Gesamtresultat des chirurgischen Eingriffes sei, das die Veränderungen, falls sie überhaupt vorhanden sind, bestimmt.

Wenn man dieser Argumentation folgt, würde es möglich sein, abnorme Leberfunktionsteste postoperativ zu haben, wenn a) die Anaesthesie technisch ausgezeichnet und die verwendeten Präparate sicher wären, *aber* der operative Eingriff ein großer wäre, mit vielen Manipulationen der Viscera und sogar direktem Trauma der Leber, b) wenn das chirurgische Vorgehen ausgezeichnet und die Präparate sicher wären, *aber* die Anaesthesie fehlerhaft wäre durch das Unvermögen, den Blutdruck aufrecht zu erhalten und adäquat zu ventilieren und zu oxygenieren, c) wenn Chirurgie und Anaesthesie technisch ausgezeichnet, *aber* die verwendeten Agenzien hepatotoxisch wären, und d) wenn es keine Störungen in der Chirurgie, der Anaesthesie oder den verwendeten Agenzien gäbe, *aber* der Patient selbst

---

* Direktor der Forschung und Leiter der Abteilung Infektionskrankheiten
** Direktor der Abteilung für Anaesthesiologie
*** Mitglied der Abteilung Therapeutische Forschung

in ungewöhnlicher Weise durch genetische Konstitution oder durch sogenannte Idiosynkrasie reagierte.

In diesem Bezugsrahmen wurden die beiden Präparate Dehydrobenzperidol und Fentanyl hinsichtlich ihres Einflusses auf die Leberfunktion untersucht bei gleichzeitiger Verwendung von Lachgas-Anaesthesie und Succinylcholin.

Patienten: Bei 95 Patienten wurden insgesamt 101 größere chirurgische Eingriffe vorgenommen. Es waren je zur Hälfte Männer und Frauen. Die Patienten waren in der Mehrzahl von weißer Hautfarbe (nur 5 waren Farbige). Es handelte sich zumeist um ältere Personen (63 waren über 50 Jahre alt), und die Mehrzahl gehörte in die Kategorie des höheren chirurgischen Risikos (Klasse I – 22, II – 24, III – 33, IV – 21 und V – 1).

Operationen: Nur Patienten, die sich größeren chirurgischen Eingriffen unterziehen mußten (Tabelle), wurden in diese Untersuchungen aufgenommen. 46 der 101 Operationen waren Eingriffe im oberen Abdomen, von denen man weiß, daß sie Veränderungen der postoperativen Leberfunktionsteste nach sich ziehen.

Die durchschnittliche Operationsdauer betrug 103 min (30–270 min) und 90 Operationen dauerten länger als 60 min.

Anaesthesietechnik: Obwohl Dehydrobenzperidol und Fentanyl schon in den Vereinigten Staaten verwendet worden sind, wurde die Technik der Neuroleptanalgesie, wie sie in Europa praktiziert wird, zuerst in unserem eigenen Hospital und später in der Universität von Michigan von Walter F. Henschel [4] demonstriert. Durch diese Instruktion angeregt, wurden die beiden Präparate erprobt und in wachsendem Umfange zusammen mit Lachgas-Anaesthesie und Succinylcholin verwendet.

Das Schema der Prämedikation, das bereits in unserem Krankenhaus etabliert war, wurde nicht geändert. Meperidin (Pethidin) in Dosen von 25–100 mg und entweder Atropin oder Scopolamin in einer Dosis von 0,4 mg wurden der Mehrzahl unserer Patienten gegeben.

Wegen der Neuartigkeit der Präparate und der Notwendigkeit, uns mit ihrem Gebrauch vertraut zu machen, wurden etwas kleinere Dosen beider Präparate gegeben, als es in Europa üblich ist. Die Einleitungsdosis Dehydrobenzperidol betrug im Durchschnitt 14 mg (sie reichte von 5 bis 20 mg) und die von Fentanyl betrug 0,28 mg (sie reichte von 0,1–0,4 mg). Die Gesamtdosis Dehydrobenzperidol betrug im Durchschnitt 18 mg (sie reichte von 5–25 mg) und die von Fentanyl 0,36 mg (sie reichte von 0,1–0,5 mg).

Eine geringe Modifikation der europäischen Technik war notwendig, da die Präparate uns nur in der Form einer 50:1-Mischung zur Verfügung standen. Das von den McNeil Laboratorien, Fort Washington/Penna., gelieferte Präparat enthält in jedem Milliliter der Mischung 2 mg Dehydrobenzperidol und 0,02 mg Fentanyl.

Die Art, in der Dehydrobenzperidol und Fentanyl mit unserer routine-
mäßigen Lachgas-Anaesthesie verbunden wurden, soll kurz beschrieben
werden. Die Einleitung bestand aus 4 mg Dehydrobenzperidol und 0,08 mg
Fentanyl (4 mg der 50:1-Mischung) i.v. Wenn keine gute Sedierung innerhalb von 3–4 min beobachtet wurde, wurden weitere 2–4 mg Dehydrobenzperidol und 0,04 mg Fentanyl gegeben. War der Patient schläfrig, aber noch
in der Lage, auf Ansprache hin zu antworten, dann wurde die Maske auf-
gesetzt und eine schnelle Zufuhr einer Lachgas-Sauerstoff-Mischung
(8:2 l/min) in einem halbgeschlossenen System gegeben. Es bestand dann
sofort Bewußtlosigkeit, ohne Exzitationsstadium. Succinylcholin (40 bis
80 mg) wurde gegeben, um die Intubation zu erleichtern. Die Atmung
wurde unterstützt und kontrolliert, um die Denitrogenisierung zu be-
schleunigen und eine adäquate Ventilation sicherzustellen. Die Anaesthesie
wurde mit Lachgas-Sauerstoff bei einer Strömungsgeschwindigkeit von 4:2
oder 4:4 l/min aufrechterhalten. Die benötigte Muskelrelaxierung wurde mit
einem kontinuierlichen oder intermittierenden intravenösen Dauertropf
von Succinylcholin (0,2% Lösung) erreicht. Anstieg des Pulses, tiefere
Atmung oder Erhöhung des Blutdruckes wurden als Anzeichen für die Notwendigkeit einer Vertiefung der Anaesthesie angesehen. Üblicherweise
gaben wir 2 mg Dehydrobenzperidol und 0,04 mg Fentanyl. Eine gute
Ventilation wurde während des ganzen operativen Eingriffs durch die kontrollierte Beatmung sichergestellt.

Untersuchungsplan: Unsere Untersuchung entsprach folgenden Vor-
stellungen: a) der Patient sollte seine eigene Kontrolle darstellen, b) möglichst viele Tests sollten mit derselben Blutprobe ausgeführt werden, c) die
gepaarten prä- und postoperativen Blutentnahmen sollten von *derselben*
technischen Assistentin am *selben* Tag unter *denselben* Laborbedingungen
untersucht werden. d) Obwohl die Ergebnisse der Labortests innerhalb der
sogenannten „normalen Breite" für den Test liegen, ist eine Erklärung für
ausgesprochene Unterschiede zwischen prä- und postoperativen Werten
notwendig. e) Die Interpretierung der Unterschiede der prä- und postoperativen Werte, „der Ausgangslage des einzelnen Patienten", wird uns
eher etwas lehren über die Signifikanz der Leberfunktionsteste, als die
„Durchschnittswerte von Patientengruppen".

Es wurde die willkürliche Entscheidung getroffen, die präoperativen
und die 5 Tage nach der Operation gewonnenen Blutproben aller Patienten
miteinander zu vergleichen. Man kann viele Protokolle definieren, um den
akademischen Wissensdurst zu befriedigen, aber es gibt doch ethische und
praktische Grenzen, über die hinaus Patienten nicht gebeten werden
sollten, sich Forschungsuntersuchungen zu unterziehen, und es gibt auch
sehr reale Grenzen für die Menge der Laborarbeit, die unternommen
werden kann. Wir waren der Meinung, daß Veränderungen, die 5 Tage lang
fortbestehen würden, viel wahrscheinlicher signifikante Veränderungen

wiedergeben, als solche, die man transitorisch am ersten oder zweiten post-operativen Tag hätte beobachten können.

Methoden: 20 ml venöses Blut wurden sorgfältig entnommen, um die Hämolyse zu vermeiden, da einige der Teste (insbesondere Isozitrat-Dehydrogenase, ICDH) durch die Hämolyse unbrauchbar werden. Die Blutproben ließ man über Nacht in einem Eisschrank koagulieren. Das Serum wurde dann entnommen und bei — 20° C aufbewahrt, bis die Untersuchung durchgeführt werden konnte. Da die Stabilität der Enzyme über Zeiträume von bis zu 2 Monaten untersucht wurde, wurde sie durch Kontrollbestimmungen etabliert. Getrennte Blutproben wurden entnommen für die Pro-

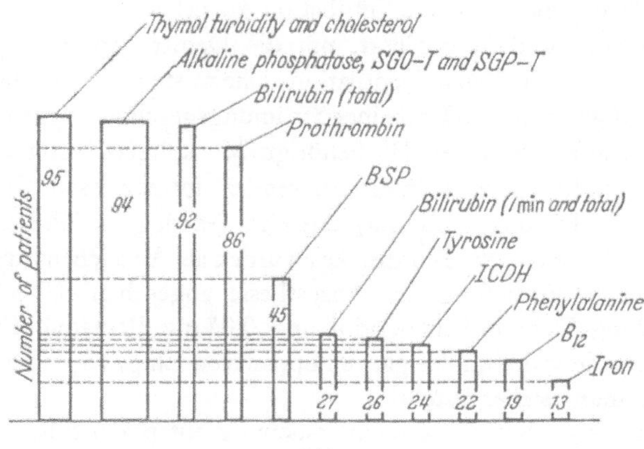

Abb. 1.

thrombin-Zeit-Bestimmung und für die Messung der Bromsulphalein-Retention.

Die folgenden Labormethoden wurden bei der Untersuchung der Blutproben verwendet: Serum-Bilirubin, 1 min (direkt) und 30 min (insgesamt), die Methode von Malloy und Evelyn [5], Totalcholesterin, die Methode von Zak u. a. [6], Quicks einmalige Prothrombin-Zeit [7], Thymol-Trübung und Thymol-Flockung, Shank und Hoagland [8], alkalische Phosphatase, Methode von Bodansky [9], Serum-Glutamin-Oxalat-Essigsäure – (SGOT) und Serum-Glutaminsäure-Pyruvat-Transaminase (SGPT), Reitmann und Frankel [10], Bromsulphalein (BSP), Farbstoff – Clearance, die Methode von Mateer u. a. [11], Serum-Isozitrat-Dehydrogenase (ICDH) Baron und Bell [12], Serum-Vitamin B_{12}, Skeggs u. a. [13], Serum-1-Phenyl-Alanin, Boger und Gavin [14], Serum-Tyrosin, Udenfriend und Cooper [15], und Serum-Eisen, die Methode von Henry u. a. [16].

Ergebnisse: Das Schema der gesamten Laboruntersuchungen wird in Abb. 1 gezeigt. Es gibt einen Hinweis auf den Umfang, in dem mit denselben Blutproben die verschiedenen Teste unternommen wurden.

Thymol-Trübung: (Abb. 2). Die Thymol-Trübung, die Cephalin-Flockung und die Zinksulfat-Trübungs-Teste hängen alle von abnormen Globulinen ab, wenn sie positiv sind, und wir wählten den Thymol-Trübungs-Test wegen seiner Einfachheit. Unter 95 Patienten waren 12 präoperative und 5 postoperative Werte oberhalb der Norm (5 Einheiten). Die zusätzliche Untersuchung der Thymol-*Flockung* bei 72 Patienten ergab keine besonderen Ergebnisse und zeigte nur an, daß es keine Unterschiede zwischen prä- und postoperativen Proben gab. Ebenso wie es unsere Ergebnisse zeigen, haben auch andere gefunden [17], daß es keine signifikanten Veränderungen der Thymol-Trübung nach der Operation gibt.

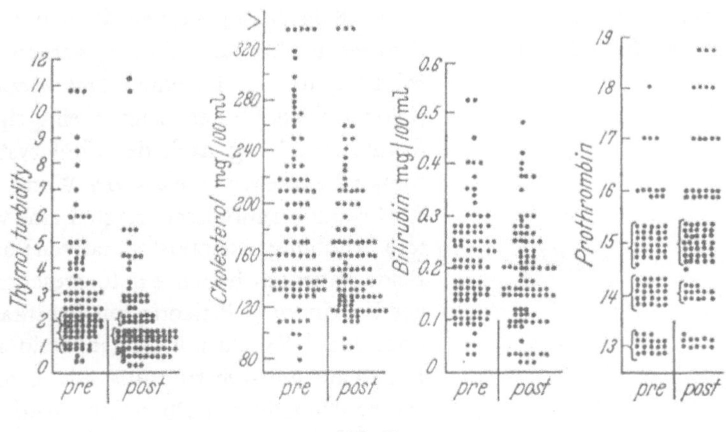

Abb. 2.

Gesamtcholesterin: (Abb. 2). Die meisten der präoperativen Cholesterin-Werte fielen in die normale Reichweite (150–250 mg/100 ml). Im allgemeinen scheinen die postoperativen Werte niedriger zu sein, und dies gilt auch für die Werte der einzelnen Patienten. Wir haben zur Zeit keine Erklärung dafür. Frühere Untersucher [17, 18] sind schon enttäuscht gewesen, daß bei Messungen der Veränderungen, die auf die Operation und die Anaesthesiemethode zurückzuführen sind, die Bestimmung des Cholesterins und der Cholesterinester versagen.

Bilirubin (gesamt): (Abb. 2). Alle Werte fielen in den normalen Bereich (bis zu 0,7 mg/100 ml). Bei 27 Patienten war das direkte Bilirubin (1 min) normal (weniger als 0,4 mg/100 ml). Untersucher vor uns [17, 18, 19, 20, 21] haben in gleicher Weise den Mangel an unterschiedlichen Befunden bei Bilirubin-Messungen nach chirurgischen Eingriffen gezeigt. Geringer Anstieg des Bilirubins wurde bei Patienten beobachtet, die große Blutmengen erhielten [21] oder mäßige bis schwere Lebererkrankungen vor der Operation hatten [17].

Prothrombin-Zeit: (Abb. 2). Diese Bestimmung zeigte gelegentlich einen postoperativen Anstieg auf Werte oberhalb der Norm (13–15 sec, 100–86%), aber es gab doch keinen deutlichen Trend. Bei der Verwendung der Technik zweier Zeiten zur Prothrombin-Bestimmung ist eine Verlängerung nach Chloroform-Anaesthesie beobachtet worden [22], aber nach anderen Agenzien [18, 20] sind die Veränderungen weder häufig noch auffallend gewesen. Die prophylaktische Gabe von Vitamin K oder eines seiner Analoga reduziert bei vielen Patienten die Anwendbarkeit der Prothrombin-Zeit als Maß für die Leberfunktion nach dem chirurgischen Eingriff noch mehr.

Alkalische Serum-Phosphatase (Abb. 3). Von den 94 Patienten waren bei 65 die präoperativen und bei 58 die postoperativen Werte normal, (weniger als 5 Einheiten). Die höchsten beobachteten Werte werden wie folgt erklärt: 2 Patienten mit *normalen* präoperativen Werten zeigten eine signifikante Erhöhung nach der Cholezystektomie; 2 Patienten, die *abnorme* Werte vor der Operation aufwiesen, zeigten eine weitere Erhöhung in der postoperativen Phase. Beide Patienten hatten ein fortgeschrittenes Karzinom (1 Patientin mit Brustkarzinom und 1 Patient mit Magenkarzinom); 1 Patient mit Obstruktion des Ductus choledochus, die eine Operation erforderte, hatte erhöhte Werte vor und nach der Operation; und 1 Patient mit Nagelung einer Hüftfraktur zeigte einen leichten postoperativen Abfall in der alkalischen Phosphatase.

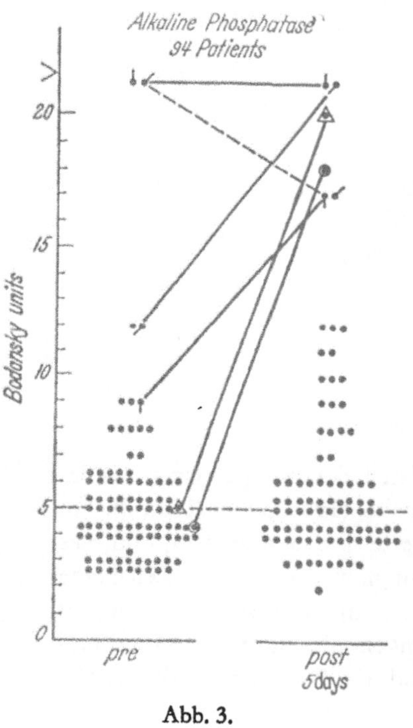

Abb. 3.

Die alkalische Phosphatase ist ein wertvoller Indikator für die Beurteilung der Leberfunktion [23, 24]. Die Veränderungen in der Menge dieses Enzyms im Blutkreislauf stehen jedoch nicht in spezifischen Beziehungen zu Veränderungen in der Leber. Ausgesprochene Erhöhungen können bei Frakturen und bei Erkrankungen, die mit der aktiven Knochenbildung in Zusammenhang stehen, vorkommen.

Serum-Glutamin-Oxal-Essigsäure-Transaminase (SGO-T): (Abb. 4). 3 Patienten hatten präoperative SGO-T-Werte über 40 Einheiten; von diesen zeigten 2 postoperativ einen Abfall, und der 3. Patient starb an einem Myokardinfarkt, während die SGO-T noch erhöht war, nämlich auf 78 Einheiten. Alle 6 Patienten, die Anstiege von präoperativ normalen Werten auf postoperative Werte von über 40 Einheiten zeigten, hatten größere Eingriffe durchgemacht; 2 Cholezystektomien, 2 Gastrektomien, 1 Lobektomie und 1 Nephrektomie. Diese letzteren beiden Patienten hatten niedrigere Werte der SGO-T (innerhalb normaler Grenzen), als sie am vierten postoperativen Tag nachuntersucht wurden. Es ist von Interesse, sich in Erinnerung zu rufen, daß sowohl die Lungen als auch die Nieren reich an dem Enzym, das wir messen, sind.

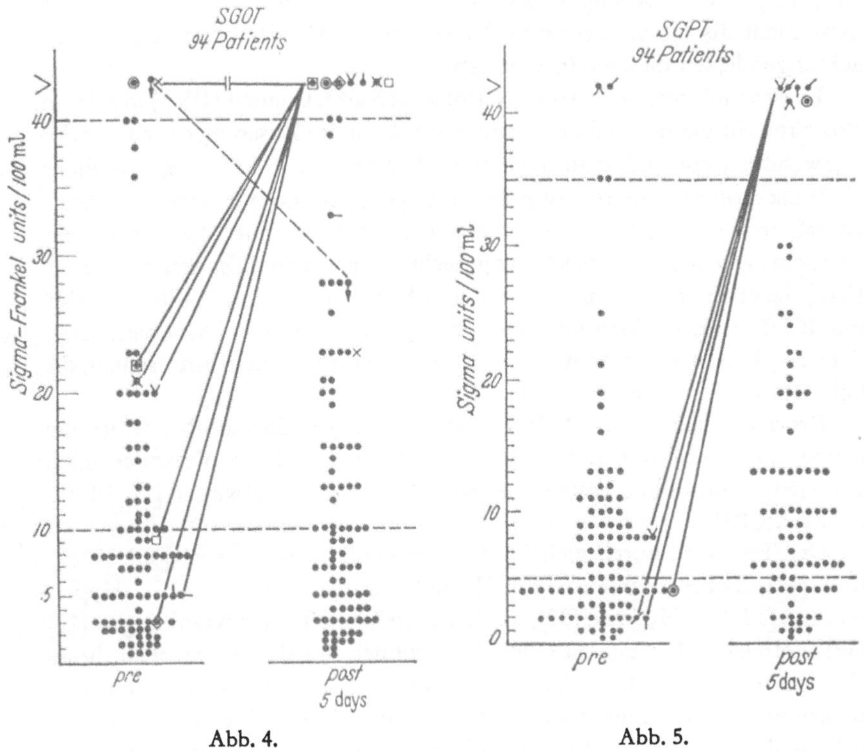

Abb. 4.   Abb. 5.

Serum-Glutaminsäure-Pyruvat-Transaminase (SGP-T): (Abb. 5). Zwei Patienten zeigten präoperativ SGP-T-Werte außerhalb des normalen Bereiches (5–35 Einheiten), und 6 hatten solche Werte auch postoperativ. Der obenerwähnte Patient, der an einem Myokardinfarkt starb, hatte eine abnorme SGP-T-Bewertung prä- und postoperativ. Ein weiterer Patient mit einer Obstruktion des Ductus choledochus hatte einen präoperativen Wert von 110 Einheiten und zeigte einen Abfall auf 51 Einheiten. Dieser Wert ist jedoch noch außerhalb des normalen Bereiches.

Die 4 Patienten, deren Anfangswerte normal waren, dann jedoch zu Werten von über 40 Einheiten postoperativ anstiegen, stellten 3 Cholezystektomien und 1 Lobektomie dar.

SGO-T und SGP-T sind weitgehend im Körper verteilt, die beobachteten Veränderungen zeigen also nicht spezifisch die Stelle eines Gewebsschadens an. Durch Korrelierung der Laborbefunde mit der Anamnese konnte gezeigt werden, daß die Messungen dieser Enzyme einen Wert bei der Verfolgung eines Krankheitsverlaufes im Herzen und in der Leber [25, 26] haben.

Es ist schon früher bemerkt worden [27], daß die Oberbauch-Chirurgie dazu neigt, Veränderungen der Leberfunktions-Teste zu bewirken, und zwar mehr als die verwendeten Anaesthetika. Die hier berichteten Beobachtungen lassen dieselbe Interpretation zu.

Es ist von Interesse, daß der National Research Council (USA) in seinem Protokoll für die Beurteilung der Leberfunktion im Zusammenhang mit der Verwendung von Halothan einen SGO-T-Wert von 75 Einheiten und mehr als Indikation für eine retrospektive Analyse prä- und postoperativer Blutentnahmen betrachtet. Nach diesem Kriterium würde nur 1 Patient unserer Serie eine genauere Untersuchung gerechtfertigt haben. Dies war eine junge Frau, die cholezystektomiert wurde und Erhöhungen von SGO-T, SGP-T und ICDH zeigte, jedoch einen komplikationslosen Krankheitsverlauf hatte, der sich klinisch in keiner Weise von dem anderer Patienten unterschied, die keinerlei Veränderungen zeigten.

Bromsulphalein (BSP)-Retention: (Abb. 6). Der BSP-Test ist ein häufig durchgeführter Leberfunktionstest, und er kann Veränderungen anzeigen, wenn andere Tests keinerlei Veränderungen aufweisen [17, 18, 19, 20, 21, 28, 29].

Der Test wird durch viele Faktoren beeinflußt, wie Fieber [30], Infektion [17], Leberdurchblutung [31], mechanisches Trauma [27], Hyperthermie [32, 33], Hypoxie [32], vorher bestehende Lebererkrankungen [17] und zahlreiche Medikamente [34]. Im Hinblick auf das Ansprechen dieses Testes auf viele Einflüsse kann die Interpretation der beobachteten Veränderungen sicher angegriffen werden. Wir nahmen eine Retention von 10% willkürlich als Grenze und teilten die 45 Patienten, an denen BSP-Teste unternommen wurden (5 mg/kg Körpergewicht, wobei die Retention 45 min nach der Injektion gemessen wurde) in zwei Gruppen ein. In Gruppe I (weniger als 10% Retention präoperativ) zeigten zwei Patienten einen deutlichen Anstieg postoperativ, 0,5–34% nach einer suprapubischen Prostatektomie und 3–65% nach einer pyloroplastischen Operation und Vagotomie. Dieser 2. Patient hatte eine Temperatur von 39,5° am 5. postoperativen Tag, als der Test ausgeführt wurde. 13 der 19 Patienten in Gruppe II (mehr als 10% Retention präoperativ) hatten postoperative Werte, die niedriger als die ursprünglichen waren. Bei den 5 Patienten, die einen leichten postoperativen Anstieg der BSP-Retention zeigten, handelte es sich um 3 Cholezystektomien (eine kompliziert durch Wundinfektion), um eine pyloroplastische Operation und Vagotomie und um eine Nierensteinoperation bei einem Patienten, der präoperativ eine Niereninfektion hatte. Alle anderen Teste, die bei diesen Patienten unternommen wurden, waren innerhalb des normalen Bereiches.

Wenn man also die BSP-Retention als den empfindlichsten der zur Verfügung stehenden Leberfunktionstests betrachten und wenn eine größere präoperative Retention von mehr als 10% als Beweis für eine mäßige bis schwere Leberschädigung angesehen werden kann, dann hat es den Anschein, daß die durchgeführten Operationen unter Lachgas-Anaesthesie plus Verwendung von Dehydrobenzperidol, Fentanyl und Succinylcholin

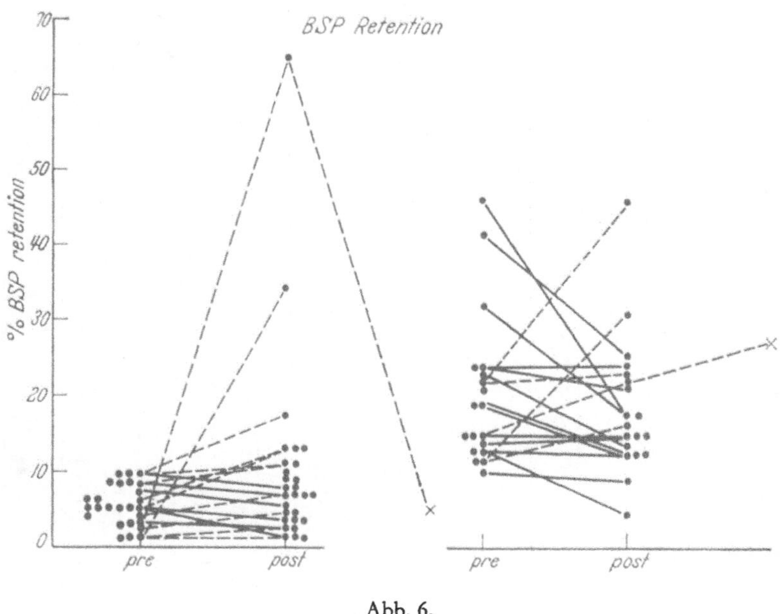

Abb. 6.

die BSP-Retention bei der Mehrheit der Patienten unserer Reihe nicht im ungünstigen Sinne beeinflußten.

Isozitrat-Dehydrogenase (ICDH): (Abb. 7). Es ist behauptet worden [35], daß ICDH spezifischer für den Leberzellschaden sein sollte als einige der anderen Enzyme. Da wir keinen Hinweis in der Literatur für die Anwendung dieses Tests auf Untersuchung der prä- und postoperativen Leberfunktion finden konnten, schlossen wir ihn in unsere jetzige Untersuchung ein. Mit zwei Ausnahmen lagen alle Werte innerhalb des normalen Bereiches (50–180 Einheiten), und dieses Ausmaß der Veränderung war beträchtlich geringer als die 4–40fache Steigerung, die bei infektiösen Typen der Hepatitis beobachtet wird [36]. Unsere Untersuchungen mit ICDH werden jetzt in größerem Rahmen vorgenommen. Später soll darüber berichtet werden.

Serum-Vitamin B_{12}: (Abb. 8). Dieses Vitamin wird fast vollkommen in der Leber gespeichert, und der Serumspiegel eines Patienten bleibt ganz konstant über lange Zeiträume [37]. Leberzellschaden verursacht ein Abwandern des Vitamin B_{12} in das Blut [38], und einer der Autoren (Boger) hat ausgesprochene Anstiege von Vitamin B_{12} beim Vorliegen von Leberschäden beobachtet und den Abfall bis zum Normwert des einzelnen Patienten durch Reihenbestimmungen über lange Zeiträume verfolgt. In der Hoffnung, daß irgendwelche schädigenden Einflüsse auf die Leber infolge des chirurgischen Eingriffes oder der Anaesthesie-Präparate durch

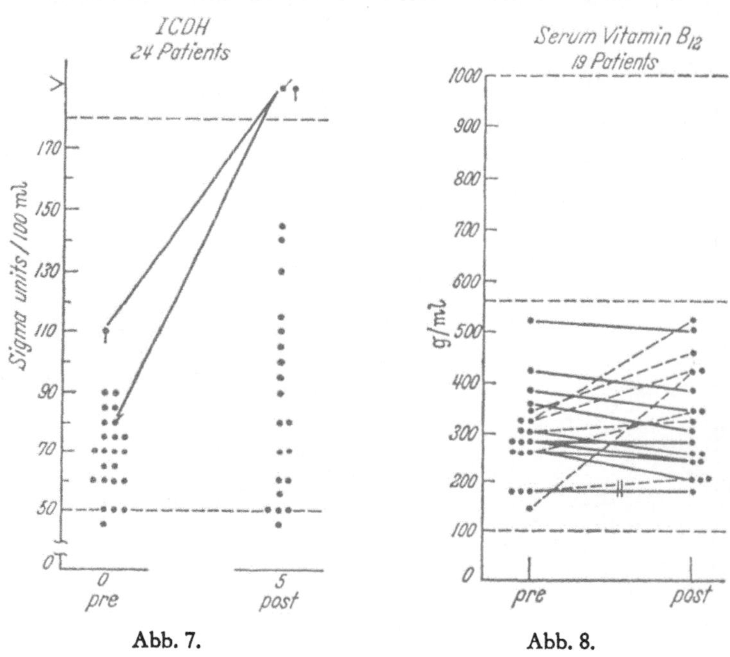

Abb. 7.   Abb. 8.

einen Anstieg des Serum B_{12} dargestellt werden könnten, wurde eine kleine Gruppe von Patienten untersucht. Alle beobachteten Werte fielen in den Normalbereich (100–1000 γ/ml). 5 Patienten zeigten jedoch Anstiege, die größer als die 20 % betragende methodisch bedingte Fehlerbreite unseres Laboratoriums waren. Diese vorläufigen Beobachtungen werden jetzt ausgedehnt.

Serum-Phenylalanin: (Abb. 9). Im Verlauf anderer von uns durchgeführter klinischer Forschungen ist von einem der Autoren (Boger) beobachtet worden, daß Anstiege von Serum-Phenylalanin und Tyrosin zusammen mit Leberzellen-Schäden beim Ikterus auftreten. Es erschien daher aussichtsreich, die Feinheit der Veränderungen im Verhalten dieser Aminosäuren bei der Entdeckung von Leberdysfunktionen zu untersuchen.

Obwohl unseren Erfahrungen nach die meisten Erwachsenen Serum-werte von Phenylalanin zwischen 0,5 und 2,5 mg/100 ml haben, zitieren einige Autoren eine obere Grenze, die um 4 mg/100 ml liegt. Unsere vor-läufigen Daten deuten nur an, daß die postoperativen Werte höher liegen und eine weitere Verteilung zeigen als die präoperativen. Die bei zusammen-

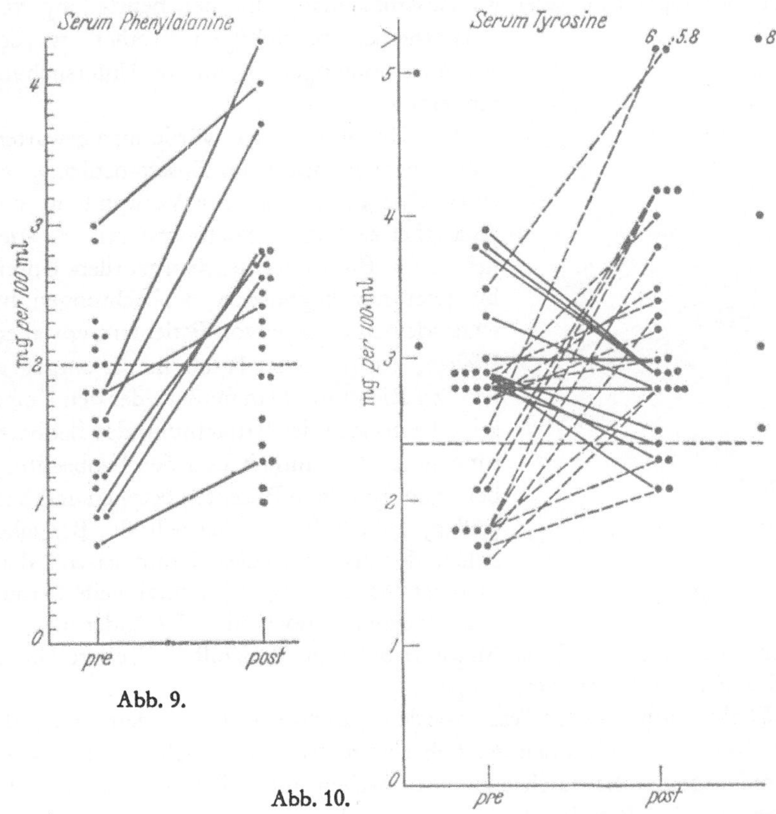

Abb. 9.

Abb. 10.

gestellten Paaren von Seren, vom *selben* Individuum, zur *selben* Zeit von *der-selben* technischen Assistentin untersucht, beobachteten Unterschiede über-schreiten in unserem Labor die methodische Variabilität [14] und haben uns ermutigt, unsere Untersuchungen auszudehnen.

Serum-Tyrosin: (Abb. 10). Einige der Bemerkungen über das Serum-Phenylalanin gelten auch für unser Interesse am Serum-Tyrosin. Die nor-malen Erwachsenenwerte reichen von 1,2–2,4 mg/%. Auch hier lassen die vorläufigen Daten daran denken, daß die postoperativen Werte höher und viel breiter gestreut sind als die präoperativen. 16 der 26 Serum-Paare zeigten Erhöhungen, und die Unterschiede lagen meist über der durch die

Methode bedingten Variabilität. Weitere Studien scheinen gerechtfertigt zu sein.

Serum-Eisen: (Abb. 11). Veränderungen im Serum-Eisen kommen bei Lebererkrankungen [39] vor, und Erhöhungen zeigen offensichtlich eine Abgabe des Eisens von den geschädigten Leberzellen an [40]. Es wurden keine Literaturhinweise gefunden, die sich mit Serum-Eisen-Studien vor und nach der Operation oder im Zusammenhang mit der Beurteilung von Anaesthetika beschäftigen. Daher wurden Eisenbestimmungen in unsere Untersuchung eingeschlossen.

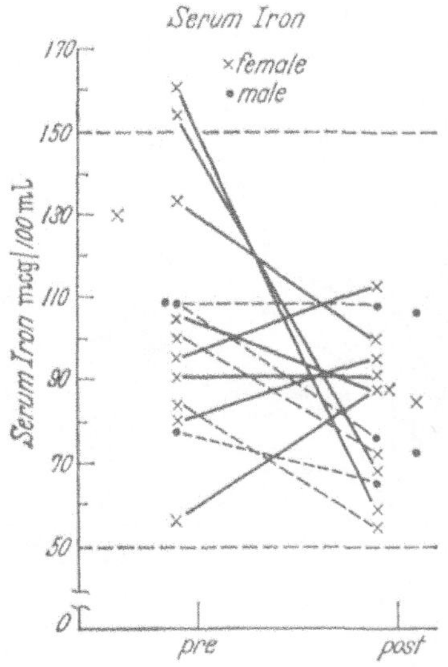

Der Hypothese nach würde man erwarten, daß Leberzellschäden im Zusammenhang mit einer Operation oder der Verwendung von Anaesthetika einen postoperativen Anstieg des Serum-Eisens verursachen würden. Unsere bis jetzt nur begrenzten Beobachtungen bei einer kleinen Gruppe von Patienten, vor allem Frauen, zeigen einen Trend in die entgegengesetzte Richtung. Man muß wieder den Unterschied zwischen der Betrachtung der Beobachtungen der Gesamtheit und der Beobachtung bei einem einzelnen Patienten betonen und feststellen, daß alle Werte innerhalb des Bereiches fielen, der als „normales Serum Eisen" definiert ist (65 bis 175 $\gamma/\%$). Individuelle Serum-Paare zeigten jedoch eine Veränderung, die größer ist als die durch die Methode bedingte Variabilität. Weitere Untersuchungen darüber sind im Gange.

Abb. 11.

Diskussion: Viele Tests werden durchgeführt mit dem Ziel, die verschiedenen Funktionen der Leber zu messen, aber auch unsere größten Bemühungen lassen noch viel zu wünschen übrig. Einige Tests, die sich früher großer Popularität erfreuten und als bedeutungsvoll betrachtet wurden, sind tatsächlich aufgegeben worden, z. B. die Galaktose-Toleranz und der Hippursäure-Belastungstest. Andere Methoden sind in wachsendem Maße als relativ unempfindlich erkannt worden und als unfähig, kleinere Grade von Leberdysfunktion zu erkennen, d. h. die verschiedenen Flockungsteste, die Prothrombin-Zeit, Bilirubin (direkt, indirekt oder gesamt), Gesamtcholesterin und Cholesterinester. Selbst einige der Enzym-Teste, die erst kürzlich vorgeschlagen wurden, erweisen sich als enttäuschend wegen der – im Gegensatz zur früheren Annahme – größeren Verteilung der Enzyme in den verschiedenen Körpergeweben. Daher auch das Ansprechen auf Gewebsschäden außerhalb der Leber, (SGO-T und SGP-T). Neue Untersuchungen werden laufend vorgeschlagen, z. B. die Isozitrat-Dehydrogenase, ICDH [35], Ornithin-Carbamoyltransferase, OCT-S [36] und andere. Nach allgemeiner Übereinstimmung gibt es *nicht einen einzigen Test* zur Beurteilung der Leberfunktion. Man benötigt mehrere Methoden, um gerade die Dysfunktionen der Leber zu entdecken, die weniger drastisch als die akute Destruktion oder Nekrose der Zellen ist. Es wäre wünschenswert, biochemische und metabolische Veränderungen der Leberfunktion messen zu können.

Obwohl es bei den pharmakologischen und toxikologischen Studien von Dehydrobenzperidol oder Fentanyl [41, 42, 43, 44] keinen Hinweis auf Lebertoxizität gab, machte es doch die gegenwärtige Einstellung zu der Sicherheit von Präparaten und insbesondere von Anaesthesiepräparaten wünschenswert, den möglichen Einfluß dieser beiden Präparate auf die Leberfunktion zu studieren.

Es gibt keine Möglichkeit, beim Menschen den Einfluß der in der Anaesthesie verwendeten Präparate von den chirurgischen Maßnahmen, zu deren Zweck das Anaesthetikum oder die Anaesthetika verwendet wurden, zu trennen. Wenn in der Tat Untersuchungen an gesunden Versuchspersonen durchgeführt werden und die Präparate allein gegeben werden [45], dann gibt es immer noch die Notwendigkeit, diese Untersuchungen zusammen mit dem chirurgischen Stress zu wiederholen, um die Frage zu beantworten, ob die Präparate ein Risiko bedeuten, wenn sie routinemäßig verwendet werden.

Entsprechend wurde eine Batterie von 13 Tests angewendet mit der Absicht, die vielen Bestimmungsgrößen der Leberfunktion zu messen, präoperativ und 5 Tage nach der Operation, bei einer Reihe von 95 Patienten, die sich größeren chirurgischen Eingriffen unterzogen. Die verwendeten Tests schlossen nicht nur viele der üblichen ein, sondern auch einige der sehr spezialisierten [Isozitrat-Dehydrogenase (ICDH), Serum-Phenylalanin und -Tyrosin, Serum-Eisen und Serum-Vitamin B_{12}], über die – wie wir glauben – zum ersten Mal als Bestimmungsgröße der Leberfunktion vor und nach dem operativen Eingriff und nach der Verwendung von Anaesthetika berichtet wird.

Wenn man die Bedeutung von Bereichen der Norm akzeptiert, so ist es bei der Betrachtung von Abb. 2 klar, daß es keinen signifikanten Unterschied zwischen den prä- und postoperativen Bestimmungen gibt, die bei dieser Reihe von Patienten gemacht wurden. Gewiß gibt es einige wenige Werte, die außerhalb des „Normbereiches" für die angeführten Teste lagen. Ähnliche Zusammenfassungen von Daten sind von anderen gemacht worden, die Anaesthetika prä- und postoperativ untersucht haben. Wenn die Ergebnisse als „durchschnittliche" oder „Gruppenbefunde" analysiert werden, dann müssen die Schlußfolgerungen sein: a) daß die meisten Anaesthetika in kompetenten Händen ohne Einfluß auf die Leberfunktion sind, oder b) daß die Bestimmungsgrößen der Leberfunktion, die getestet wurden, nicht verändert wurden, oder c) daß die verwendeten Tests nicht sensitiv genug sind, um die vorkommenden Veränderungen zu messen. Die meisten Untersucher kamen zu dem Schluß, daß es der „Gesamtstress der Operation" oder der „Typ des chirurgischen Eingriffes" ist, der die Ergebnisse der Leberfunktionstests mehr beeinflußt als die Anaesthetika, die verwendet werden.

Die Autoren vertreten die Meinung, daß auf der Ebene des „individuellen Patienten" mehr Aufmerksamkeit der Analyse der zwischen prä- und postoperativen Laborergebnissen beobachteten Unterschiede geschenkt werden sollte. Die Labortechniken sollten standardisiert und kontrolliert werden (die Variabilität in der Methodik sollte etabliert werden), in einem weit höheren Grad, als dies bei den meisten für Routineuntersuchungen eingerichteten Hospital-Laboratorien der Fall ist. Wenn eine solche Verbesserung der Labor-Methodik durchgeführt worden ist und die Unterschiede zwischen prä- und postoperativen Tests auf der „Ebene des einzelnen Patienten" beobachtet werden, dann sollte eine Erklärung gesucht werden. Nur so können wir auf ein besseres Verstehen abnormer Befunde hoffen und vielleicht einmal feststellen, ob die verwendeten Präparate, der chirurgische Eingriff, die Anaesthesie, die Kontrolle des Blutdrucks, die Hyperkapnie, die Sauerstoffversorgung oder technische Fehler im Labor es sind, die die Abnormität der Leberfunktionsteste bestimmen, die prä- und postoperativ beobachtet werden. Bis wir so vorgehen, ist es nicht klar, ob viele der jetzigen Untersuchungen der Leberfunktion entweder Schutzmaßnahmen für die Sicherheit des Patienten sind oder in der Tat Quellen nützlicher Information.

In der vorliegenden Studie haben wir 13 verschiedene Laboruntersuchungen der Leberfunktion angewendet, um prä- und postoperativ das Blut von einer Reihe von Patienten zu untersuchen, die sich größeren chirurgischen Eingriffen zu unterziehen hatten. Es wurden Anstrengungen unternommen, unsere Techniken zu standardisieren, und Darstellungen der Beobachtungen beim einzelnen Patienten wurden für wichtiger gehalten als die „Durchschnittswerte" unserer Ergebnisse. Es ist auf den ersten Blick klar, daß diese „Durchschnittswerte" wunderschöne „normale Ergebnisse" bringen würden, sowohl prä- als auch postoperativ.

Die beiden neuen Präparate, Dehydrobenzperidol und Fentanyl, wurden zusammen mit Lachgas-Anaesthesie und Succinylcholin zur Durchführung aller chirurgischen Eingriffe bei Patienten, die in dieser Reihe untersucht wurden, verwendet. Es hat den Anschein, daß die wenigen abweichenden Werte bei Einzelnen, die gefunden wurden, entweder auf den Krankheitszustand des Patienten zurückgeführt werden können oder auf die Art des chirurgischen Eingriffs, der durchgeführt wurde. Unsere Beobachtungen scheinen gut zu korrelieren mit den Feststellungen früherer Untersucher, daß chirurgische Eingriffe des oberen Abdomen einhergehen mit Veränderungen der Leberfunktionsteste, und zwar viel häufiger als nach anderen Arten von chirurgischen Eingriffen. Aus den Ergebnissen dieser Untersuchungen ergibt sich kein Hinweis, daß der Zusatz von Dehydrobenzperidol und Fentanyl zu der hier beschriebenen Anaesthesie-Technik irgendeine Veränderung der Leberfunktion verursachte.

Zusammenfassung und Schlußfolgerungen:

Dehydrobenzperidol und Fentanyl, eine Kombination von Präparaten zur Herbeiführung der Neuroleptanalgesie [4], sind zusammen mit einem Anaesthesie-Typ, der Lachgas und Succinylcholin verwendet, zur Anwendung gekommen. Diese Anaesthesietechnik wurde an einer Reihe von 95 Patienten, die sich gleichmäßig auf beide Geschlechter verteilt und sich über eine weite Altersverteilung erstreckt, wobei die Mehrzahl der Patienten zur Gruppe des höheren Lebensalters gehörte und die meisten Patienten als sogenannte „poor-risk"-Patienten betrachtet werden mußten, durchgeführt. 101 größere chirurgische Eingriffe wurden an diesen Patienten vorgenommen. 13 verschiedene Leberfunktionsprüfungen wurden zur Studie der prä- und postoperativen Blutproben dieser Patienten durchgeführt. Daraus wurde geschlossen, daß die chirurgischen Maßnahmen und die Anaesthesiemaßnahmen, einschließlich der in der Prämedikation verwendeten Präparate, des Lachgases, des Succinylcholins und der Neuroleptanalgesie-Kombination (Dehydrobenzperidol und Fentanyl), keine signifikanten Unterschiede zwischen der präoperativen und der 5 Tage nach der Operation vorgenommenen Beurteilung der Leberfunktion verursachten.

Die Ergebnisse dieser Studie zeigen, daß weitere Untersuchungen gerechtfertigt sind, um herauszufinden, ob die Messungen von Serum-Vitamin B_{12}, Serum-Phenylanalin, Serum-Tyrosin, Isozitrat-Dehydrogenase (ICDH) und Serum-Eisen bei der Beurteilung der Leberfunktion von Wert sein können. Den Werten der einzelnen Patienten wird größere Bedeutung zugemessen als den Durchschnittsresultaten. Es ist die Meinung der Autoren, daß prä- und postoperative Unterschiede, die bei einzelnen Patienten beobachtet werden, intensiver analysiert werden sollten, um zu einem besseren Verstehen der verschiedenen Faktoren zu kommen, die die Leberfunktion während der Operation beeinflussen können.

Anerkennung

Diese Untersuchung wurde möglich gemacht durch den „Fund for Research Therapeutics", einem nicht profitgebundenen Trust, der zur Unterstützung klinischer Untersuchungen etabliert wurde.

Die Autoren danken den Mitgliedern der Anaesthesieabteilung, der Pathologie-Abteilung und der Chirurgie-Abteilung für deren großzügige Zusammenarbeit und Hilfsbereitschaft, die diese Studie möglich machten.

Einige Teile dieser Arbeit wurden vor dem 38. Kongreß der Internationalen Anaesthesie-Forschungsgesellschaft am 15.–19. März 1964 in Las Vegas vorgetragen.

Table. *101 Major Operations*

Abdomen: *Upper*			46	(45.6 %)
	Stomach	5		
	Gall-Bladder	24		
	and Duct Explor.	5		
	Bowel	12		
	Lower		14	(13.9 %)
	Uterus	11		
	Appendix	1		
	Hernia	2		
Chest:			2	(2.0 %)
Face and Neck:			13	(12.9 %)
	Thyroid	11		
Neurosurgical:			8	(7.8 %)
Urologic:			11	(10.9 %)
Orthopedic:			7	(6.9 %)

References

[1] Brody, G. L., and R. B. Sweet: Halothane Anesthesia as a Possible Cause of Massive Hepatic Necrosis. Anesth. **24**, 29–37, Jan.-Feb. 1963.

[2] Tornetta, F. J., and H. T. Tamaki: Halothane Jaundice and Hepatotoxicity. JAMA **184**, 658–660 (May 25) 1963.

[3] Holderness, M. C., P. E. Chase, and R. D. Dripps: A Narcotic Analgesic and a Butyrophenone with Nitrous Oxide for General Anesthesia. Anesthesiology **24**, 336–340 (May-June) 1963.

[4] Henschel, Walter, F.: Neuroleptanalgesia: A New Anesthetic Technique. Lecture April 22, 1963 at University of Michigan Hosp.

[5] Malloy, H. T., and K. A. Evelyn: The determination of bilirubin with the photoelectric colorimeter. J. Biol. Chem. **119**, 481 (1937).

[6] Zak, B., R. C. Dickermann, E. G. White, H. Burnett, and P. J. Cherney: Rapid Estimation of free and total cholesterol. Techn. Bull. Reg. M. Technol. **24**, 237–245 (1954).

[7] Quick, A. J.: Hemorrhagic Diseases. Phila. Lea & Febiger, 1957.

[8] Shank, R. E., and C. L. Hoagland: A Modified method for the quantitative determination of the thymol turbidity reaction of serum. J. Biol. Chem. **162**, 133 (1946).

[9] Bodansky, A.: Phosphatase studies. II. Determination of serum phosphatase. J. Biol. Chem. **101**, 93–104 (1933).

[10] Reitmann, A., and S. Frankel: A Colorimetric Method for the Determination of Serum Glutamic Oxalacetic and Glutamic Pyruvic Transaminases. Amer. J. Clin. Path. **28**, 56 (July) 1957.

[11] Mateer, J. G., J. I. Blatz, D. F. Marion, and J. M. MacMillan: Liver Function Tests. A general evaluation of liver function and an appraisal of the comparative sensitivity and reliability of the newer tests. JAMA **121**, 723 (1943).

[12] BARON, D. N., and J. L. BELL: Modified Colorimetric Method for determination of isocitric dehydrogenase at 400 uu. J. Clin. Path. **12**, 582 (1959).

[13] SKEGGS, H. R., H. M. NEPPLE, K. A. VALENTIK, J. W. HUFF, and L. D. WRIGHT: Observations on use of Lactobacillus leichmannii 4797 in microbiological assay of vitamin B_{12}. J. Biol. Chem. **184**, 211–221 (1950).

[14] BOGER, W. P., and J. J. GAVIN: Phenylketonuria. I. Validation of Microbiologic Assay for Serum l-phenylalanine. Journ. Lab. Clin. Med. **60**, 695–699 (Oct.) 1962.

[15] UDENFRIEND, S., and J. R. COOPER: The Chemical Estimation of Tyrosine and Tyromine. J. Biol. Chem. **196**, 227–233 (May) 1952.

[16] HENRY, R. J., C. SOBEL, and W. CHIAMORI: On the Determination of Serum Iron and Iron Bending Capacity. Clin. Chem. **3**, 523–530 (1958).

[17] FRENCH, A. S., T. P. BARSS, C. S. FAIRLIE, A. L. BENGLE, C. M. JONES, R. R. LINTON, and H. K. BEECHER: Metabolic Effects of Anesthesia in Man. V. Comparison of Effects of Ether and Cyclopropane Anesthesia on the Abnormal Liver. Ann. of Surg. **135**, 145–162 (Feb.) 1952.

[18] FAIRLIE, C. W., T. P. BARSS, A. B. FRENCH, C. M. JONES, and H. K. BEECHER: Metabolic Effects of Anesthesia in Man. IV. A Comparison of the Effects of Certain Anesthetic Agents on the Normal Liver. New Engl. Journ. Med. **244**, 615–622 (Apr. 26) 1951.

[19] CANTAROW, A., E. GARTMAN and G. RICCHIUTI: Hepatic Function: III. The Effect of Cholecystectomy on Hepatic Function. Arch. Surg. **30**, 865–874 (1935).

[20] POHLE, F. J.: Anesthesia and Liver Function. Wisconsin Med. J. **47**, 476–479 (1948).

[21] GELLER, W., and H. J. TAGNON: Liver Dysfunction Following Abdominal Operations – The significance of Postoperative Hyperbilirubinemia. Arch. Int. Med. **86**, 908–916 (1950).

[22] CULLEN, S. C., S. E. ZIFFREN, R. B. GIBSON, and H. P. SMITH: Anesthesia and Liver Injury with Special Reference to Plasma Prothrombin Levels. JAMA **115**, 991–994 (Sept. 21) 1940.

[23] DRILL, V. A., and A. C. IVY: Comparative Value of Bromsulfalein, Serum Phosphatase, Prothrombin Time, and Intravenous Galactose Tolerance Tests in Detecting Hepatic Damage Produced by Carbon Tetrachloride. J. Clin. Invest. **23**, 209–216 (1944).

[24] SVIRBELY, J. L., A. R. MONACO, and W. C. ALFORD: The Comparative Efficiency of Various Liver Function Tests in Detecting Hepatic Damage Produced in Dogs by Xylidine. J. Lab. & Clin. Med. **31**, 1133–1143 (1946).

[25] LADUE, J. S., F. WROBLEWSKI, and A. KARMEN: Serum Glutamic Oxalacetic Transaminase Activity in Human Acute Transmural Myocardial Infarction. Science **120**, 497 (1954).

[26] WROBLEWSKI, F., and J. S. LADUE: Serum Glutamic Pyruvic Transaminase in Cardiac and Hepatic Disease. Proc. Soc. Exp. Biol. Med. **91**, 569 (1956).

[27] ZAMCHECK, N., T. C. CHALMERS, and C. S. DAVIDSON: Pathologic and Functional Changes in the Liver Following Upper Abdominal Operations. Amer. J. Med. **7**, 409 (1949).

[28] TAGNON, H. J., G. F. ROBBINS, and M. P. NICHOLS: The Effect of Surgical Operations on the Bromsulfalein-Retention Test. New Engl. J. Med. **238**, 556–560 (Apr. 15) 1948.

[29] BRINDLE, G. F., R. G. B. GILBERT, and R. A. MILLAR: The Use of Fluothane in Anesthesia for Neurosurgery. Can. Anaes. Soc. J. **4**, 265 (July) 1957.

[30] Bradley, S. E.: Estimated Hepatic Blood Flow and Bromsulfalein Extraction in Normal Man During the Pyrogenic Reaction. J. Clin. Invest. **26**, 1175 (1947).

[31] Morris, L. E., and S. A. Feldman: Influence of Hypercarbia and Hypotension upon Liver Damage Following Halothane Anaesthesia. Anaesthesia **18**, 32–40 (Jan.) 1963.

[32] Sims, J. L., L. E. Morris, O. S. Orth, and R. M. Waters: The Influence of Oxygen and Carbon Dioxide Levels During Anesthesia Upon Postsurgical Hepatic Damage. J. Lab. Clin. Med. **38**, 388–396 (1951).

[33] Epstein, R. M., H. O. Wheller, M. J. Frumin, D. V. Habif, E. M. Papper, and S. E. Bradley: The Effect of Hypercapnia on Estimated Hepatic Blood Flow, Circulating Splanchnic Blood Volume, and Hepatic Sulfobromophthalein Clearance During General Anesthesia in Man. J. Clin. Invest. **40**, 592 (1961).

[34] Zimmerman, H. J.: Drugs and the Liver. Disease-a-Month Year Book Med. Publishers, Inc., Chicago (May) 1963.

[35] Sterkel, R. L., J. A. Spencer, S. K. Wolfson, and H. G. Williams-Ashman: Serum Isocitric Dehydrogenase Activity with Particular Reference to Liver Disease: J. Lab. & Clin. Med. **52**, 176 (1958).

[36] Van Rymenant, M., and H. J. Tagnon: Enzymes in Clinical Medicine. New Eng. J. Med. **261**, 1325–1330 (1959).

[37] Boger, W. P., G. M. Bayne, S. C. Strickland, and L. D. Wright: Studies of Serum B_{12} Concentrations in Man. Copyrighted Brochure, 1957.

[38] Rachmilewitz, M., J. Aronovitch, and N. Grossovicz: Serum Concentrations of Vitamin B_{12} in Acute and Chronic Liver Disease. J. Lab. Clin. Med. **48**, 339–344 (Sept.) 1956.

[39] Stone, C. M., jr., J. M. Rumball, and C. P. Hassett: An Evaluation of Serum Iron in Liver Disease. Ann. Int. Med. **43**, 229 (1955).

[40] Popper, H., and F. Schaffner: Fine Structural Changes of the Liver. Annals of Int. Med. **59**, 674–691 (Nov.) 1963.

[41] Janssen, P.: On pharmacology of analgesics and neuroleptics used for surgical anesthesia. European Congress of Anaesthesiology, Vienna 1962.

[42] Yelnosky, J., and J. F. Gardocki: A study of some of the pharmacological actions of fentanyl citrate and droperidol. Toxicol. & Appl. Pharmacol. **6(1)**, 63–70 (Jan.) 1964.

[43] Yelnosky, J., R. Katz and E. Dietrich: A Study of Some of the Pharmacological Actions of Droperidol. Toxicol. & Appl. Pharmacol. **6(1)**, 37–47 (Jan.) 1964.

[44] Gardocki, J. F., and J. Yelnosky: A Study of Some of the Pharmacological Actions of Fentanyl Citrate. Toxicol. & Appl. Pharmacol. **6(1)**, 48–62 (Jan.) 1964.

[45] Dobkin, A. B., J. S. Israel, and P. H. Byles: Innovan-N_2O Anaesthesia in Normal Men. Can. Anes. Soc. J. **11**, 41 (Jan.) 1964.

Vergleichende Serumcholinesteraseaktivitätsbestimmungen nach Barbituratnarkosen und Neuroleptanalgesie

Von **A. Doenicke**

Aus der Anaesthesie-Abteilung (Leiter: Priv.-Doz. Dr. A. Doenicke)
der Chirurgischen Poliklinik der Universität München
(Direktor: Prof. Dr. F. Holle)

Bevor wir auf unsere Ergebnisse eingehen, muß die Frage geklärt werden, was erwarten wir von einer Veränderung der Cholinesteraseaktivität im Serum nach Narkosen und weiterhin, welche Folgerungen können wir aus den vergleichenden Untersuchungen der Cholinesteraseaktivität nach Barbituratnarkosen und nach Neuroleptanalgesie ziehen.

In früheren Untersuchungen, insbesondere mit Holle [8] untersuchten wir das Verhalten der Serumcholinesterase nach operativen Eingriffen. Die Beeinflussung des Enzyms durch Medikamente und Narkosen wurde dabei nicht berücksichtigt. Es wurde versucht, damals mit der prä- und postoperativen Serumcholinesterase-(SChE)-Bestimmung lediglich eine Aussage über die Belastung der Leber durch die Operation zu machen. Die beobachteten Veränderungen, regelmäßiger postoperativer Esterasesturz mit parallelem Anstieg des Bromsulfaleintests [5], sind eng mit den intra- und postoperativen Durchblutungsverhältnissen der Leber in Zusammenhang zu bringen. Daher ist dieser Test als eine empfindliche Leberfunktionsuntersuchung anzusehen. Gürtner [7] konnte diese klinisch beobachteten Veränderungen vor kurzem auch am enzymhistochemischen Verhalten der Cholinesterase in der normalen und durchblutungsgestörten Leber des Menschen bestätigen.

Nicht nur aus unseren klinischen Beobachtungen, sondern auch von Carruther u. Mitarb. [2] sowie von Remmer [10] aus seinen elektronenoptischen Fraktionsuntersuchungen der Leberzelle wissen wir, daß die Cholinesterase ein mikrosomales Enzym ist. Zum anderen ist uns aus den Untersuchungen der Pharmakologen Axelrod [1], Cooper und Brodie [3] bekannt, daß die Hauptentgiftung der Barbiturate und Thiobarbiturate durch Seitenkettenoxydation in den Lebermikrosomen erfolgt.

Eine Inaktivierung der verwendeten Substanzen (Thiobarbiturat – Dehydrobenzperidol – Fentanyl) durch die Serumcholinesterase ist aufgrund der chemischen Struktur nicht zu erwarten.

Wie wir wissen, sind ja die Esterasen in erster Linie zur Spaltung von Monoestern und Triglyceriden mit kürzeren Alcylketten befähigt. Daß die unspezifischen Gewebsesterasen bei dem Abbau von Narkosemitteln (die eine Estergruppe besitzen) eine Rolle spielen, zeigten unsere Untersuchungen über das Kurznarkotikum Propanidid [6], denn diese Substanz wird in erster Linie von der A-Esterase, die vor allem Carboxylester spaltet, abgebaut.

Da eine Beteiligung der Leber an der Entgiftung der Barbiturate angenommen wird, und wir aufgrund früherer Untersuchungen auch das Verhalten der Serumcholinesterase nach Barbituratnarkosen kennen, erschien es lohnend, diesen Ergebnissen das Verhalten der SChE-Aktivität nach Neuroleptanalgesie gegenüberzustellen.

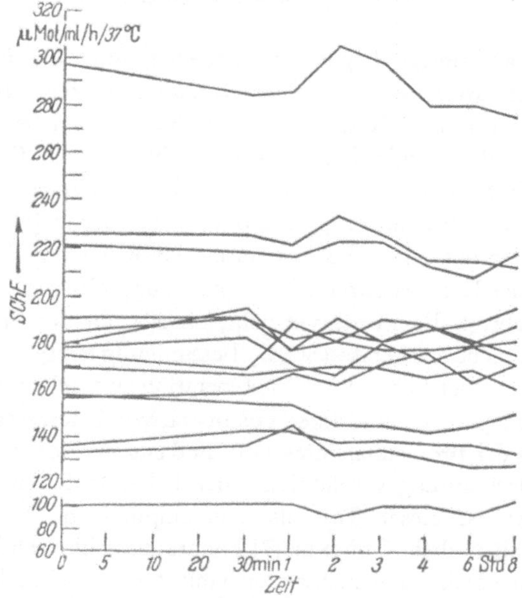

Abb. 1. Tagesprofil SChE-Aktivität bei Versuchspersonen ohne medikamentöse Belastung (14 Vpn)

Damit eine endgültige Beurteilung der SChE-Aktivität nach Arzneimitteln, speziell nach Narkotika, erfolgen kann, wurde zuerst ein Tagesprofil der SChE-Aktivität bei 14 gesunden Versuchspersonen (Vpn) ohne vorherige Einnahme von Medikamenten angelegt.

Abb. 1: Diese 14 Tagesprofilkurven, durch 8malige Bestimmung gewonnen, zeigen keine stärkeren Veränderungen im Tagesverlauf. Unter Berücksichtigung des Meßfehlers von $\pm$ 8 μ mol/ml/h/37° bei der Bestimmungsmethodik nach Kalow [9] mit dem Substrat Benzoylcholin bleibt die Aktivität praktisch immer gleich und ändert sich auch nach Nahrungszufuhr nicht.

Stellen wir diesem gleichmäßigen Esteraseverlauf ohne Medikamenteinnahme zuerst den Verlauf von 5 gesunden Vpn nach 200 mg Pentobarbital oral gegenüber, so ist die Veränderung mit Abfall und Anstieg im Aktivitätsverlauf mehr als deutlich (Abb. 2).

Nach Thiobarbituratnarkose – in einer Dosierung von 250 bis 1000 mg – ist unabhängig von der Applikationsmenge (Abb. 3) auffallend, daß schon in den ersten Minuten Schwankungen über 30 μ mol/ml/h/37° auftreten

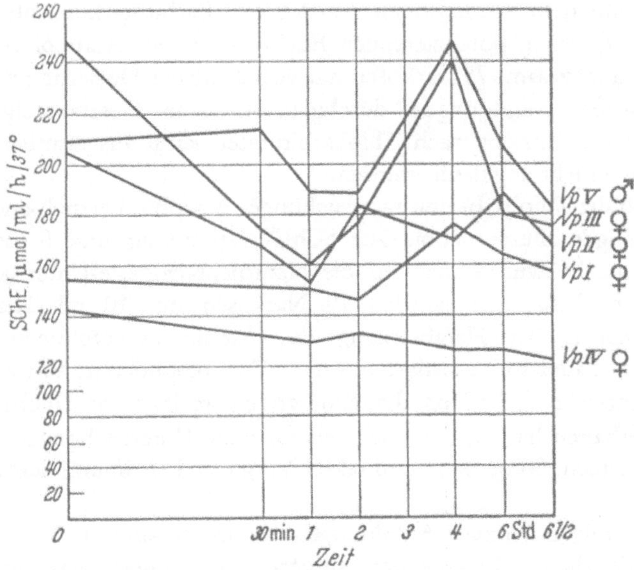

Abb. 2. SChE-Aktivitätsverlauf nach 200 mg Pentobarbital oral bei 5 Vpn

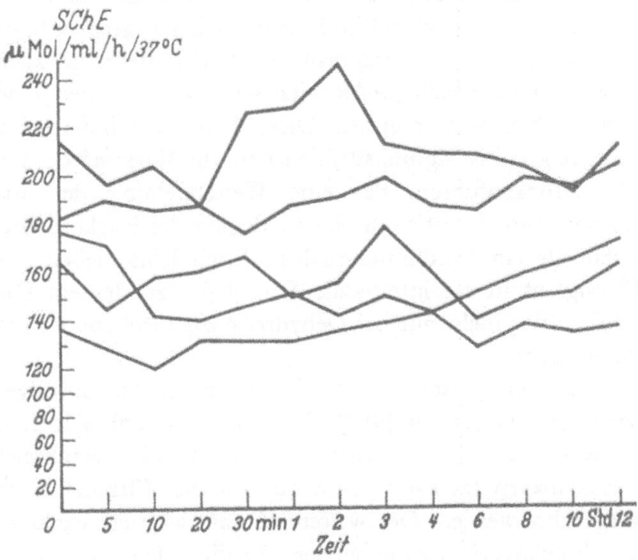

Abb. 3. SChE-Aktivitätsverlauf nach 250 mg Thiobutabarbital bei 5 Vpn

können. In den späteren Stunden hält die starke Unregelmäßigkeit der SChE-Aktivität an, die auch mit dem „hang-over" nach Barbituratgaben in Einklang stehen. Wir möchten in diesem Zusammenhang die EEG-Untersuchungen mit den protrahierten Schlafstadien in den Nachmittagsstunden und dem wiederholten Anstieg der Barbituratkonzentration im Serum sowie einen potenzierenden Effekt gegenüber Alkohol erwähnen. Es wurden insgesamt 75 Narkosen mit verschiedener Dosierung und unter verschiedenen Bedingungen durchgeführt. Eine Gesetzmäßigkeit im Verhalten des Enzyms nach Thiobarbituraten kann aus sämtlichen Verlaufskurven nicht abgelesen werden.

Die für die Thiobarbituratuntersuchungen erprobte Versuchsanordnung mit 16maliger Blutentnahme zur SChE-Bestimmung und fortlaufender EEG-Kontrolle wurde auch für die Neuroleptanalgesie-Untersuchungen beibehalten. Insgesamt wurden 19 Narkosen mit 10 ml Thalamonal vorgenommen. Bei Herabsetzung des Atemminutenvolumens wurde mit reinem Sauerstoff assistiert beatmet. Von besonderem Vorteil erwies sich die Tatsache, daß 8 Vpn, die schon vor einem Jahr eine Thiobarbituratnarkose erhalten hatten, uns nochmals für diese Untersuchungen zur Verfügung standen. Somit war ein direkter Vergleich bei ein und derselben Vp möglich.

In den folgenden zwei Abbildungen (4a und b) sind die SChE-Aktivitätsverläufe dieser 8 Studenten aufgezeichnet. Zuerst das uns schon bekannte Bild nach Thiobarbituratnarkosen mit den starken Enzymschwankungen. Dann (Abb. 4b) nach Neuroleptanalgesie mit 10 ml Thalamonal. Es fällt sofort auf, daß die SChE-Aktivität sich kaum verändert und die Verlaufskurven sehr dem Bild 1, nämlich den Tagesprofilkurven der 14 Studenten ohne Medikamenteinnahme, ähneln. Beim genaueren Betrachten der Kurven ist jedoch ein Aktivitätsabfall von wenigen μ mol/ml/h/ 37° in den ersten 5 min zu erkennen. Diese Aktivitätsminderung erfolgte bei jedem Versuch und ist signifikant, sie ist auf die Wirkung des Dehydrobenzperidols zurückzuführen, das eine Weiterstellung der arteriellen Strombahn hervorruft. Es ist somit der zu Beginn der Narkose erfolgende Aktivitätsabfall als ein Verdünnungseffekt durch Einschießen der interstitiellen Flüssigkeit in die intravasale Strombahn zu deuten. Diese Beobachtung haben wir nicht nur bei Dehydrobenzperidol sondern auch bei Haloperidol gemacht.

In diesem Zusammenhang erinnere ich an meine Ausführungen beim Neuroleptanalgesie-Symposium [4] 1962 in Wien (Abb. 5). Vor Beginn der Operation wurde nur das Neurolepticum Haloperidol verabreicht, der Abfall der Enzymaktivität kann somit nur auf die Wirkung dieser Substanz zurückgeführt werden. Der weitere Verlauf ist nicht exakt zu beurteilen, da eine Enzymveränderung bei den damaligen Untersuchungen auch durch die Operation erfolgen kann.

SChE / μ Mol / ml / h / 37 °C
340
320
300
280
260
240
220
200
180
160
140
120
100
80
0 5 10 20 30 min 1 2 3 4 6 8 10 12 Std
Vp 9 ♂
Vp 2 ♂
Vp 22 ♂
Vp 23 ♂
Vp 10 ♂
Vp 16 ♂
Vp 24 ♂
Vp 15 ♂
SChE-Aktivitätsverlauf nach 500 mg Thiopental i.v. bei 8 Vpn.

Abb. 4a.

SChE / μmol / ml / h / 37°
300
280
260
240
220
200
180
160
140
120
100
80
60
40
20
0 2 5 10 20 min 30 1 2 3 4 6 8 10 Std 12
Vp 2 ♂
Vp 22 ♂
Vp 23 ♂
Vp 9 ♂
Vp 10 ♂
Vp 24 ♂
Vp 16 ♂
Vp 15 ♂
SChE-Aktivitätsverlauf nach 10 ml Thalamonal i.v.= (25 mg Dehydrobenzperidol + 0,5 mg Fentanyl) bei 8 Vpn.

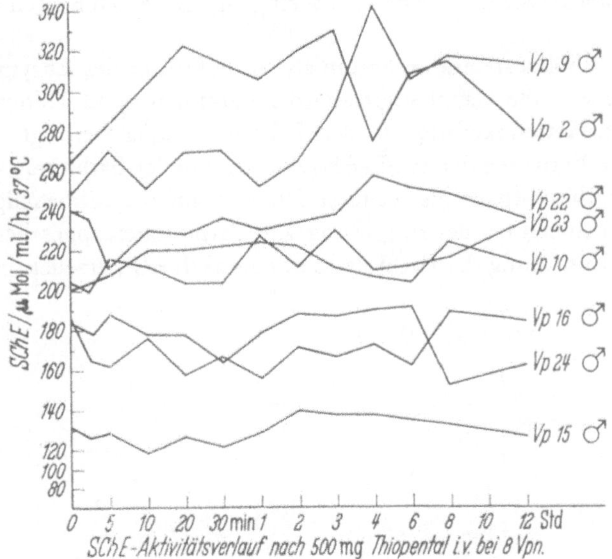

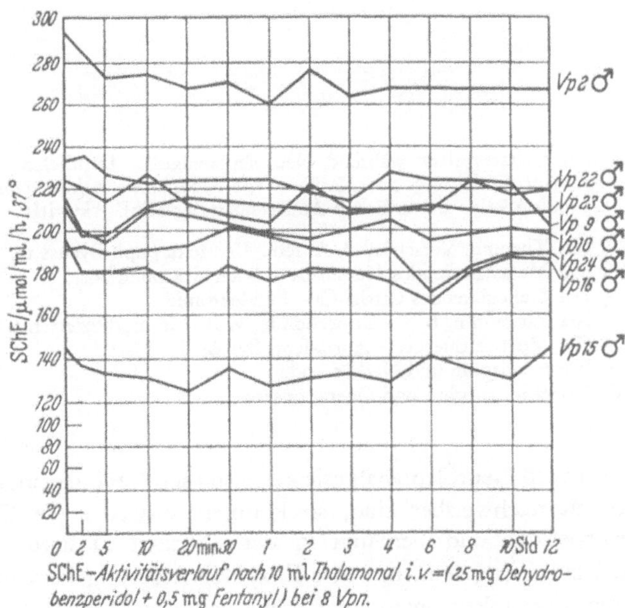

Abb. 4b.

Zusammenfassend läßt sich auf die eingangs gestellten Fragen folgendes sagen:

Da die Cholinesterase im Serum als ein mikrosomales Enzym bekannt ist, andererseits die Hauptentgiftung der Barbiturate und Thiobarbiturate durch Seitenkettenoxydation in den Lebermikrosomen erfolgt, kann das wechselnde Verhalten der SChE-Aktivität nach oraler Barbiturat- und nach i.v. Thiobarbituratgabe als weiterer Hinweis auf die Mitbeteiligung der Lebermikrosomen bei der Entgiftung von Barbituraten angesehen werden oder: Die Entgiftung der Barbiturate ist eine aktive Leberzelleistung.

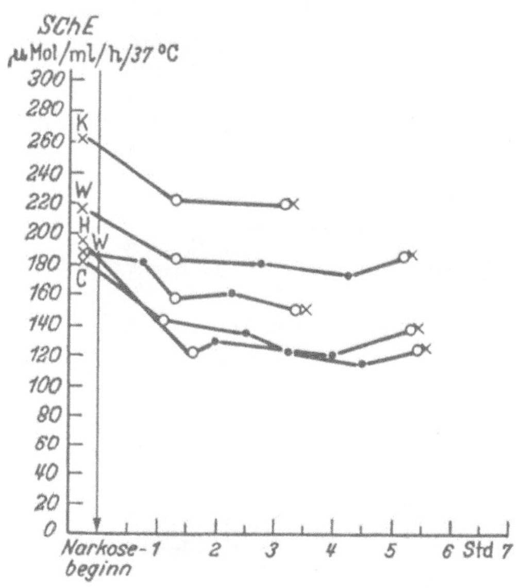

Abb. 5. SChE-Aktivitätsverlauf während Neuroleptanalgesie. Deutlicher Abfall der SChE-Aktivität nach Einleitung der Narkose vor Operationsbeginn. Während der Operation keine wesentlichen Änderungen der SChE-Aktivität

K.♂ 51a Thromb. Verschluß d. A. fem. – A. fem. popl. Bypass re.
W.♀ 35a Metastasierendes Mammaca – Adrenalektomie bds.
H.♂ 71a Stenosierendes Cardia-Ca – Fundektomie
W.♂ 56a Zustand n. B II – Umwandlung v. B II in modifizierten B I
C.♂ 62a Morbus Buerger – Aorta-fem. Bypass li.
  × Narkosebeginn und Narkoseende
  O Operationsbeginn und Operationsende.

Wenn nun nach Neuroleptanalgesie keine starken Veränderungen in der SChE-Aktivität nachweisbar sind, so könnten entweder die Pharmaka Dehydrobenzperidol und Fentanyl in der üblichen Dosierung (10 ml Thalamonal) zu gering sein, um eine Enzymveränderung hervorzurufen, oder aber die Lebermikrosomen werden überhaupt nicht tangiert, d. h. die Substanzen werden in den Lebermikrosomen nicht entgiftet.

Für die letztere Deutung sprechen auch unsere klinischen Beobachtungen, da ja gerade Patienten mit schwerstem Leberschaden – Zirrhose – eine Operation von 4–6 Std. komplikationslos überstehen und nach der Operation immer einen frischen Eindruck machen. Mit anderen Worten: Eine Belastung der Leber ist von Seiten der Pharmaka Dehydrobenzperidol und Fentanyl mit diesen Untersuchungen nicht feststellbar.

Literatur

[1] AXELROD, J.: The enzymatic N-Demethylation of narcotic drugs. J. Pharmacol. exp. Ther. 117, 322 (1956).

[2] CARRUTHERS, C., D. L. WOERNLEY, A. BAUMLER, and K. LILGA: The Distribution of Cytochrome Oxidase, Glucose. G-phosphatase and Esterase in the Tractions of Liver Cells prepared from Glycerol Homogenats. Arch. of Biochemistry and Biophysics 87, 266 (1960).

[3] COOPER, J. R. and B. B. BRODIE: Enzymatic oxidation of pentobarbital and thiopental. J. Pharmacol. exp. Ther. 120, 75 (1957).

[4] DOENICKE, A.: Das Verhalten der Serumcholinesterase bei der NLA. Diskussionsbemerkung beim Symposium für Neuroleptanalgesie. 1. Europ. Kongr. f. Anaesth. Wien 5. Sept. 1962.

[5] DOENICKE, A. und F. HOLLE: Das Verhalten der Leberfunktion im postoperativen Schock. Fortschr. Med. 80, 253 (1962).

[6] DOENICKE, A., TH. GÜRTNER, J. KUGLER, A. SCHELLENBERGER und W. SPIESS: Experimentelle Untersuchungen über das Ultrakurznarkotikum Propanidid mit Serumcholinesterasebestimmungen, EEG, psychodiagnostischen Tests und Kreislaufanalysen. Anaesthesiologie und Wiederbelebung Bd. 4, 249 (1965), Springer-Verlag Berlin, Heidelberg, New York.

[7] GÜRTNER, TH. und G. KREUTZBERG: Enzymhistochemisches Verhalten der Cholinesterase in der normalen und durchblutungsgestörten Leber des Menschen. III. Lebertagung der Sozialmediziner Bad Mergentheim. Thieme Verlag, S. 247 (1964).

[8] HOLLE, F. und A. DOENICKE: Cholinesterase in der Chirurgie. Erg. Chir. 43, 77 (1961).

[9] KALOW, W. and H. A. LINDSAY: A comparison of optical und manometric methods for the assay of human serum cholinesterase. Canad. J. Biochem. Physiol. 33, 568 (1955).

[10] REMMER, H.: Hemmung und Steigerung mikrosomaler Oxydation durch körpereigene und körperfremde Stoffe. Dtsch. Ges. f. Phys. Chem. u. d. Öster. Biochem. Ges., Wien 1962, S. 75.

Über das Verhalten des Blutzuckerspiegels während und nach Neuroleptanalgesie

Von **I. München**

Aus der Allgemeinen Anaesthesieabteilung der Städt. Krankenanstalten Bremen
(Leitender Arzt: Dr. W. F. Henschel)

Die verschieden große blutzuckersteigernde Wirkung von Narkotika, die teilweise sehr hohe Werte erreichen kann, bei gleichzeitiger Verminderung der Glykogenreserven in der Leber mit Anstieg des Milchsäurespiegels im Blut ist seit langem in der Literatur bekannt.

Die graduellen Unterschiede der Blutzuckerspiegelerhöhung werden allgemein mit der chemischen Konstitution und Organtoxizität der einzelnen Narkotika in Zusammenhang gebracht, wobei Konzentration und Dauer ihrer Einwirkung mit berücksichtigt werden müssen.

Die Ansichten über den Entstehungsmechanismus der Narkose-Hyperglykämien sollen hier wegen der späteren kritischen Betrachtung unserer Ergebnisse kurz gestreift werden.

Im Hinblick auf die feine hormonell und vegetativ gesteuerte Regulierung des Blutzuckerspiegels kann die Narkose-Hyperglykämie durch Adrenalin-Ausschüttung infolge Sympathicusreizung erklärt werden, wie sie auch nach jedem chirurgischen Eingriff oder anderem Trauma beobachtet wird.

Sie tritt jedoch ebenfalls nach Entfernung der Nebennieren und Entnervung der Leber auf.

Wenn man bedenkt, daß der Kohlehydratabbau im Organismus hauptsächlich oxybiotisch verläuft – bei Sauerstoffmangel sich aber vermehrt unter anaeroben Bedingungen mit Bildung von Milchsäure abwickelt – und ferner die beim Abbau und Aufbau von Kohlehydraten sich abspielenden Phosphoryllierungsprozesse berücksichtigt, die von Fermenten, Hormonen und Vitaminen gesteuert werden, so wird verständlich, daß bei inadäquater O_2-Versorgung auch diese Vorgänge gestört werden und pathologische Zwischenprodukte im Kohlehydratstoffwechsel entstehen können.

Die mehr oder weniger große respiratorische Hypoxämie, hervorgerufen durch unterschiedliche zentrale atemdepressive Wirkung der einzelnen Narkotika, muß demnach als auslösende Ursache für Störungen im Kohlehydrat-Stoffwechsel mit verantwortlich gemacht werden.

Dementsprechend haben Fuss und Derra bei verschiedenen Narkosen den Zusammenhang von Sauerstoff-Defizit und Hyperglykämie untersucht. Ihre Ergebnisse zeigten, daß der Grad der Narkosehyperglykämien auch von unterschiedlichen Sauerstoffmangelzuständen während des Narkoseablaufes abhängt, auf den ferner das Lebergewebe selbst mit seiner Funktion empfindlich reagiert und es zu einer vermehrten Glykogenausschüttung,

Tabelle 1

Übersicht der Wirkungen der Narkotika auf die Leber und den Blutzuckerspiegel

	Leber	Zuckerspiegel im Blut
N_2O	Funktion unverändert. Glykogenvorrat unverändert, keine histolog. Änderung ohne Hypoxie. Bei Hypoxie Gewebsschäden und Minderung Gallensekretion	nur bei Hypoxie erhöht. (Glykogenmobilisierung)
Äthylen	desgl.	30 % erh., bes. n. Hypoxie, n. d. N. norm.
Cyklopropan	keine Dysfunktion und histologische Änderung. Gallenfluß gesteigert	*8–30* % erhöht
Äther	Funktionshemmung. Gallensekret vermindert. Aktivität des Reticulo-Endothel herabgesetzt. *Glykogendepots um 50 %* vermindert, erst rasch, dann langsam. Harnstoffsynthese unverändert. Keine organischen Änderungen	*100–200* % erhöht, steiler Anstieg in den ersten 15', später langsamer
Vinethen	Gallensekrete vermindert nach N. normal oder Hypersekretion, besonders bei Hypoxie zentrale Nekrosen	unverändert
Chloroform	starke Funktionsstörung je nach Dosis u. Dauer. Glykogenverlust ¾ in 30', später langsamer. Gallenproduktion u. Fluß vermindert. Harnstoffprodukt. gesenkt. Hypinose, Gallenfarbstoff im Blut erhöht. Organ. Änderungen bis zur schweren Hepatitis und Atrophie (Leber-Coma)	*etwa 200* % erhöht und mehr
Trilen	Funktionsstörg. u. histolog. Änderung. d. fettige Degeneration u. Hepolitis mögl. (Exp. u. klin.) bei Recidiv-N. u. langem Gebrauch, teilw. Entgiftung in der Leber	angeblich keine Änderung
Chloräthyl	Funktionsstörungen, evtl. organ. Schädigungen	—
Isoprophylchlorid	—	—
Avertin	leichte Funktionsstörungen, Glykogenabgabe u. Gallensaft vermindert. Entgiftung in der Leber (Glukuronsäurepaarung). Hepatitis nur nach Lebererkrankung und Zersetzung, Gallensekr. vermehrt, Bilirubinausscheidung unverändert	*um 30 % in* 30 min erhöht, später langsamer
Pentothal	im allgemeinen keine Funktionsstörungen, Glykogengehalt abnehmend. Ikt.-Index unveränd. Entgiftg. d. Oxydation. Kumulation u. Gewöhng. mögl., b. chronisch. Gabe org. Leberschäden	*leicht erhöht* am Normalen u. Diabetiker

Tabelle 2

Nr.	Name	Alter	Operation	nücht.	n. Praem.	i. Op.	i. Op.	post Op.	post Op.	post Op.	post Op.	1. Tag	1. Tag	2. Tag	Infusion	Fenta-nylm.	Nark.	Op.
								Blutzuckerwerte (mg %)									Dauer in Min.	
1.	J. ♀	43	Adnexkontr. Appendekt.	98		110		155	135		108				Haemaccel.	0,6	90	70
2.	T. ♀	39	abdom.T.E.	98	100	120		141	125	135	140				Haemaccel.	0,7	113	100
3.	S. ♀	41	abdom.T.E.	98	98	100	150	140			110				Haemaccel.	0,7	133	125
4.	B. ♀	42	abdom.T.E.	98		122		135	170		112				Blut	0,75	120	105
5.	D. ♀	29	Cutisplastik (Bauchn.br.)	105	100	102	110	128			100				Haemaccel.	0,7	165	150
6.	P. ♀	69	Abl. mammae	100		180		200			125				Laev. 5 % Haemaccel.	0,7	120	108
7.	H. ♀	28	Cholecystekt. + T-Drain	105	98	120		132	140		140				Haemaccel.	0,5	92	77
8.	v. A. ♂	68	abdom.-sacr. Rectumamp.	80		185		185			175				Laev. 5 % Blut	0,6	175	157
9.	St. ♂	58	abdom.-sacr. Rectumamp.	125		185		180			130				Laev. 5 % Blut	1,25	205	188
10.	B.	66	Lap.P.E.Leb. (Magen-Ca)	120		130		180	150		170	110			Haemaccel.	0,5	60	40
11.	S. ♂	59	Lap. (große Leb.)	100	105	110		148	150		128				Haemaccel.	0,75	48	33
12.	St. ♂	59	Gastrotomie	95		140		160			160				Laev. 5 %	0,7	85	50

Tabelle 2 (Fortsetzung)

Nr.	Name	Alter	Operation	Blutzuckerwerte (mg %)										Infusion	Fenta-nylm.	Dauer in Min.	
				nücht.	n. Praem.	i. Op.		post Op.			1. Tag			2. Tag			Nark.	Op.
13.	M. ♂	42	Magenresekt. + Relap. a. gl. Tg.	90	100	152 (180)		160			165			145	Haemaccel.	0,7 0,3	115 100	95 50
14.	B. ♂	59	Magen.res.	100		210		215	225		155	140			Lösg. B. Blut	0,6	120	102
15.	Sch. ♂	62	Magen.res. (Ca)	95		175		210	310		140	170	225	160	Laev. 5 % Blut	0,6	95	77
16.	H. ♂	51	Ureterolith.t.	100		190		100			115				Laev. 5 %	0,5	45	30
17.	J. ♂	51	Nephrektom.	90		180		150			155				Laev.5 %Blut	0,5	65	50
18.	S. ♂	52	Ureterolith.t.	120		140		100							Laev. 5 %	0,5	90	78
19.	N. ♂	59	Prostatektom.	95		115		120							Laev. 5 %	0,5	75	60
20.	K. ♀	44	Pyelolithot.	135		165		220	220		170				Laev. 5 %	0,5	60	42
21.	S. ♂	78	Prostatekt.	100		160		160			190				Laev. 5 %	0,5	45	35
22.	R. ♂	74	Schenkelhals-nagelung	110		125		120			120				Blut	0,5	75	62
23.	M. ♀	70	Schenkelhals-nagelung	115		118		175	135		120				Haemaccel.	0,7	175	155
24.	A. ♂	58	Oberschenk.-nagelung + Draht. um.	135	145	145	165	195			145				Haemaccel.	1,1	154	118

einer Oxydationshemmung und mangelnder Resynthese der Milchsäure zu Glykogen kommt.

Außerdem aktiviert ein Sauerstoffmangel im Blut die Sympathicuszentren in der Medulla oblongata und Hypothalamus, mittels der Chemorezeptoren, wodurch eine Glykogenolyse ausgelöst wird, da das Nebennierenmark über den Splanchnicus stimuliert wurde und eine Adrenalinausschüttung erfolgte.

Nach den Untersuchungen von Pflüger bewirkt aber selbst alleinige Kohlensäure-Retention (d. h. bei genügender Sauerstoffsättigung des Blutes) eine Blutzuckersteigerung, die über die Chemorezeptoren in der gleichen Weise wie bei Sauerstoffdefizit zustandekommt und die während der Narkose durch Hyperventilation und Wechseldruckbeatmung mit daraus resultierenden normalen PCO_2-Werten verhindert werden kann.

Als mit beeinflussender Faktor ist schließlich die Art des operativen Eingriffes auf den Grad der Narkose-Hyperglykämie zu erwähnen und die Tatsache, daß schon Kälte und Auskühlung Hyperglykämien auszulösen vermögen.

Diese hier nur angeschnittenen Probleme zeigen schon, daß die bei Narkosen beobachteten Blutzuckerspiegelveränderungen ursächlich nicht immer leicht zu erfassen sind und daß die verschiedenen Narkotika nicht allein die entscheidende Rolle für das Zustandekommen einer Hyperglykämie spielen, sondern daß auch die Sauerstoffversorgung und eventuelle CO_2-Retention während des Narkoseablaufes sowie die Leberfunktion bei der Beurteilung berücksichtigt werden müssen.

So haben wir nach diesen Ausführungen Blutzuckeruntersuchungen im Hinblick auf das Narkotikum stets kritisch zu bewerten, da selbst bei Anwendung nur eines Anaesthesieverfahrens die Ergebnisse von Patienten mit differierenden Lungen- und Leberfunktionen, die sich nicht immer genügend objektivieren lassen oder überhaupt nicht erfaßt wurden, verglichen werden.

Tab. 1 zeigt eine Aufstellung über den Grad von Hyperglykämien, verursacht durch verschiedene Narkotika, sowie ihre Wirkung auf die Leberfunktion und andere Einflüsse auf den Stoffwechsel. Beim Halothan, das hier nicht angeführt ist, fand Gaudissart regelmäßig Blutzuckeranstiege, wenn auch wesentlich niedriger im Vergleich mit anderen flüchtigen Narkotika.

Das Verhalten des Blutzuckerspiegels während und nach Neuroleptanalgesien wurde von uns bei 28 Patienten untersucht, und zwar bei verschiedenartigen chirurgischen Eingriffen (s. Tab. 2).

Die Narkose- und Operationsdauer schwankte zwischen 45 und 33 und 205 und 188 min.

Im Durchschnitt ergab sich eine Zeit von 105 min. Das Alter der Patienten lag zwischen 28 und 78 Jahren, wobei wir 10 Patienten zwischen 50 und 60 und 8 Untersuchte mit über 60 Jahren finden. 24 Patienten

Tabelle 3

Blutzuckerwerte vor, während und nach Neuroleptanalgesie bei Pat. mit Diabetes

Nr.	Name	Alter	Operation	Blutzuckerwerte (mg %)						Blutz. 1. Tag	2. Tag	3. Tag	Insulin-Dos. Op. Tg.	Infus.	Nark. + Op. Dauer in Min.
				nücht.	n. Praem.	i. Op.		post Op.							
1.	H. ♀	42	Lap. Lösg. v. Adhaes.	130	100	152		135		150	140	140	16 E Dep.	Laev. 5 % (500 ml)	70 50
2.	T. ♀	61	Schenkelhals-verschraubg.	198		320		345		295 320 298	258	250	32 E Alt 16 E Alt 20 ED	Laev. 5 % (500 ml) Blut 300 ml	120 85
3.	J. ♀	58	Cholecyst-ektomie	115		180		215	175	165	202		12 E Alt 20 E Dep.	Laev. 5 %	60 50
4.	M. ♀	42	Cutisplastik (Bauchnar-benbruch)	168	135	140	172	225		232	235		%	Haemaccel	125 115

wiesen anamnestisch und nach unseren hiesigen Voruntersuchungen keine Störung im Kohlehydratstoffwechsel auf. Bei 4 untersuchten Patienten war ein Diabetes mellitus bekannt, von denen drei unter Insulin-Behandlung standen und ein Patient diätetisch eingestellt war.

Als Infusionen verwandten wir bis auf 8 Fälle, die 5%ige Laevulose erhielten, Haemaccel oder Blut. Zur Prämedikation erhielten die Patienten 1–2 ml Thalamonal und $^1/_4$ mg Atropin etwa 40 min vor Narkosebeginn. Die Einleitung der Narkose erfolgte in allen Fällen mit 20 mg Dehydrobenzperidol und anschließender sofortiger Injektion von 0,5 bzw. 0,4 mg Fentanyl. Nach 80–100 mg Pantolax® wurde intubiert und die Spontanatmung für die Dauer der Operation anschließend mit Curare ausgeschaltet. Sämtliche Patienten beatmeten wir mit Wechseldruck bei leichter Hyperventilation mit Sauerstoff und Lachgas im Verhältnis 1:3. Nachinjektionen von Fentanyl richteten sich nach der Dauer der Operation. Die Fentanyl-Gesamtdosis pro Patient lag bis auf einen Fall stets unter 1 mg (Tab. 2).

Die Blutentnahmen zur Blutzuckerbestimmung erfolgten bei allen Patienten morgens nüchtern am Operationstag um 8.00 Uhr und ebenfalls regelmäßig 20–25 min nach der Einleitung der Narkose, wobei die Operation in den meisten Fällen schon begonnen hatte.

In 9 Fällen wurde nach Wirkung der Prämedikation und bei 4 Patienten 95–120 min nach Narkoseeinleitung bei länger dauernden Eingriffen zusätzlich Blut abgenommen. Die weiteren Entnahmen erfolgten bei sämtlichen Patienten postoperativ 1–2mal und am Tage nach der Operation.

Die Blutzuckerbestimmung wurde nach der Methode von Creselius Seifert durchgeführt.

Uns ist bekannt, daß die sogenannte enzymatische Untersuchung für die Bestimmung der D(+)-Glukose spezifisch ist und unsere auf die reduzierende Eigenschaft der Glukose gegenüber Metallionen in alkalischer Lösung beruhende Methode auch die anderen Zucker im Blut erfaßt, sowie gleichfalls weitere reduzierende Substanzen, die sich nicht exakt trennen lassen, wodurch der wirklich gefundene Wert beeinflußt wird, und zwar im Sinne einer Erhöhung um etwa 15–20 mg% im Vergleich mit der enzymatischen Methode und photometrischer Messung.

Da wir aus labortechnischen Gründen bei unserer Bestimmung bleiben mußten und die in der Literatur bisher angewandten Blutzuckeruntersuchungen bei Narkosen hauptsächlich noch auf dem gleichen Prinzip beruhten, erlaubten unsere Befunde eine Gegenüberstellung und wir halten unsere Ergebnisse zur Zeit noch für brauchbar, zumal die Werte nicht niedriger als jene mit der enzymatischen Methode ermittelten Werte ausfallen.

Ergebnisse: (siehe Tab. 3)

A) Der Blutzuckerspiegel war durch die Prämedikation bis auf einen Fall, wo schon der Ausgangswert 135 mg% betrug und jetzt 145 mg%, nicht erhöht worden. Alle Werte lagen eher niedriger als die morgens um 8.00 Uhr abgenommenen Nüchternwerte, was durch die zeitlich spätere Abnahme nach noch länger anhaltendem Nüchternzustand auch zu erwarten war.

B) Nun zu den weiteren Ergebnissen 20–25 min nach Einleitung der Narkose:

I. Hier wurde in 9 Fällen keinerlei Anstieg des Blutzuckers über den normalen Grenzwert von 120 mg% beobachtet.

II. Bei 6 Fällen verzeichneten wir eine geringgradige Erhöhung, und zwar einmal um 5 und 10 mg%, zweimal um 20 mg%, und je einmal um 25 und 32 mg%. Bei der Erhöhung um 25 mg% handelte es sich um den schon erwähnten Fall, der nach der Prämedikation von einem Nüchternwert von 135 auf 145 mg% angestiegen war und diesen Wert auch jetzt zeigte, somit nach der Einleitung überhaupt nicht beeinflußt worden war.

III. Neun Patienten wiesen Blutzuckererhöhungen zwischen 40 und 90 mg% auf. Im einzelnen: 40, 45, 55, 60, 60, 2×65, 70 und 90 mg%. Es handelte sich hauptsächlich um ältere Patienten mit über 55 und 60 Jahren und um eine 78jährige Frau.

C) Postoperativ fanden wir bei 1–2 Blutentnahmen am Operationstag und am Tage nach der Operation bei den eben zusammengefaßten drei Gruppen bei den neun Patienten, die nach der Einleitung normale Blutzuckerwerte zeigten, in einem Falle auch jetzt einen Normalwert und bei zwei Untersuchten einen kaum bemerkenswerten Anstieg von 8–12 mg% (über den Grenzwert). Sonst ergaben sich Erhöhungen von 15, 21, 28, 30, 35 und 55 mg%. Bei in 3 Fällen erfolgten zweiten Abnahmen wurden schon erheblich niedrigere Werte verzeichnet.

Am Tage nach der Operation wiesen bis auf zwei Befunde mit 128 und 148 mg%, diese Patienten alle normale Blutzuckerwerte auf. Hierzu ist vor allem bemerkenswert, daß eine Frau (70 Jahre) mit einer Schenkelhalsnagelung und einem Normalwert, nach der Einleitung postoperativ zunächst einen Anstieg von 55 mg% erfuhr, bei einer zweiten Untersuchung nur 135 mg% besaß und sich der Blutzucker am Tage nach der Operation völlig normalisiert hatte.

Bei den sechs Fällen mit geringen Erhöhungen nach der Einleitung fanden wir postoperativ zweimal Normalwerte. Die einzelnen Befunde sind aus der Tab. 2 zu ersehen. Hierunter befindet sich ein Patient mit einem initialen Anstieg um nur 10 mg%, bei dem wir dann postoperativ zunächst eine Zunahme um 50 mg% beobachteten und bei einer zweiten Abnahme schon wieder 150 mg% fanden. Am Tage nach der Operation fand sich auch hier ein Normalwert. Es handelte sich um einen Patienten mit einer Probe-Laparotomie, wobei sich eine große Leber und Milz fanden.

Schließlich muß noch erwähnt werden, daß bei der Patientin Nr. 14 mit einer Magenresektion wegen eines ins Pankreas penetrierten Ulcus duodeni die postoperative Blutabnahme mit einem Wert von 180 mg% nach einer Relaparotomie erfolgte, die kurz nach Beendigung der ersten Operation vorgenommen werden mußte, da auf der Station versehentlich Sauerstoff in die Magensonde insuffliert worden war und sich Magen und Darm massiv aufgebläht hatten.

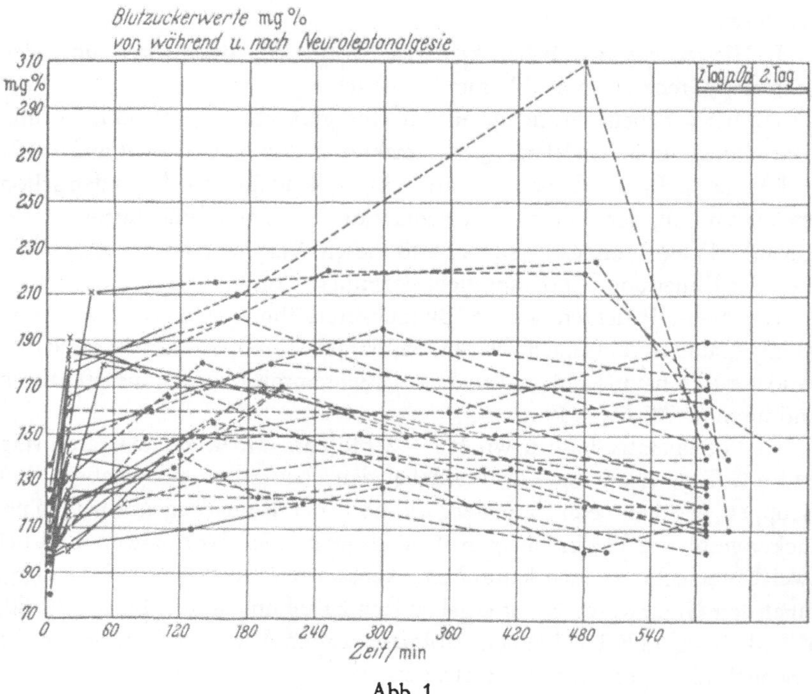

Abb. 1.

Bei den 9 Patienten mit Blutzuckerwerten von 40–90 mg% nach der Einleitungsphase, verzeichneten wir postoperativ bei schon höheren Initialwerten nur noch leichtere weitere Anstiege:

5–10 mg% bei einem Patient mit einer Magenresektion, der damit 225 mg% erreicht hatte und am Tage nach der Operation 150 mg% besaß.

20 mg% bei einer Patientin mit Ablatio mammae, die jetzt einen Blutzuckerwert von 220 mg% zeigte, der sich am Tage nach der Operation völlig normalisierte.

55 mg% wies ein 44jähriger Patient mit Pyololithotomie auf, so daß wir 220 mg% fanden und am Tage danach noch 175 mg% beobachteten.

Zwei Patienten von dieser Gruppe zeigten postoperativ gleichbleibende Werte (185 mg%), von denen der eine am Tage nach der Operation noch 175 mg% betrug und der andere auf 130 mg% absank.

Auffallend waren die Befunde bei einem 62jährigen Patienten mit einer Magenresektion und einer Initialerhöhung um 55 mg%, der nach einem ersten postoperativen Anstieg um 45 mg% mit einem nochmaligen von 100 mg% einen Wert von 310 mg% erreichte und damit den überhaupt höchsten von uns ermittelten Befund darstellt. Am Tage nach der Operation fanden sich bei dreimaligen Blutabnahmen 140, 170 und 225 mg% Blutzucker.

Zu erwähnen ist demgegenüber ein 51jähriger Patient (bei dem eine Pyololithotomie durchgeführt wurde), der einen Einleitungswert von 190 mg% besaß und postoperativ wieder 100 mg% – einen Normalwert, den er am folgenden Tage behielt.

Die Blutzuckeruntersuchungsergebnisse von den 4 Diabetikern sind auf Tab. 3 angegeben.

Bewertung der Ergebnisse

Da es sich beim Fentanyl um ein synthetisches Morphinderivat handelt, scheint folgendes für die Beurteilung von Blutzuckerwerten während und nach der Neuropeltanalgesie von Bedeutung zu sein.

Der blutzuckersteigernde Effekt des Morphins ist schon mehrfach beschrieben worden. Über den Wirkungsmechanismus des hyperglykämischen Morphineffektes bestehen aber noch unterschiedliche Ansichten. Als sicher kann gelten, daß dem adrenergischen System eine Mittlerrolle für die Auslösung der Blutzuckersteigerung zukommt, da Sympathikolytika, Sympathektomie und Adrenalektomie die hyperglykämische Wirkung des Morphins aufheben.

In Tierversuchen konnte BRÄUNLICH die Erhöhung des Blutzuckerspiegels durch Morphin bei gleichzeitiger Gabe des Sympathikolytikums Dihydroergotamin verhindern und nachweisen, daß die Morphinantagonisten wie Lorfan und Nalorphin den hyperglykämischen Effekt des Morphins ebenfalls auslöschen. Wegen des morphinanalogen Aufbaus der Antagonisten wirken diese aber in hohen Dosen auch blutzuckersteigernd und atemdepressiv. Ihre Antagonisierung auf die blutzuckersteigernde Wirkung des Morphins wird übrigens erst durch 10fach höhere Dosen erreicht im Vergleich zu ihrer Wirkung auf die Atemdepression.

Nach dem Gesagten konnten wir bei unseren bisherigen Untersuchungen von Blutzuckerwerten während und nach Neuroleptanalgesien keine regelmäßigen und außergewöhnlichen Hyperglykämien finden, wie sie nach den theoretischen Angaben über die Morphinwirkung vielleicht erwartet werden durften.

Die Blutzuckerwerte bei Neuroleptanalgesien werden wahrscheinlich durch die starke adrenolytische Wirkung des Dehydrobenzperidols maßgeblich beeinflußt, besonders zur Zeit der Einleitungsphase, in dem es eine Stress-Reaktion als Antwort des Organismus auf den Eingriff verringert, ja teilweise auch blockieren kann.

Entscheidend wird sich in diesem Stadium aber auch die schon anfangs bestehende meist gute Analgesie auswirken und die Tatsache, daß die Patienten nach der Prämedikation bereits eine gute psychische und motorische Sedierung aufweisen, da, wie bekannt, aufgeregte Patienten gerade in der Einleitungsphase und bei Operationsbeginn mit starken Hyperglykämien reagieren. Dementsprechend haben wir neun Fälle ohne und sechs mit unwesentlichen Blutzuckererhöhungen nach der Einleitung gefunden.

Das Dehydrobenzperidol wird aber auch, wenn man an die spezifische Aufhebung des hyperglykämischen Morphineffektes durch Sympathikolytika denkt – gleichsinnig einer morphinähnlichen hyperglykämischen Komponente des Analgetikums während der Dauer der Narkose entgegenwirken.

Die gute Kreislaufstabilisierung bei Neuroleptanalgesien und die kontrollierte Beatmung, die eine optimale Sauerstoffsättigung des Blutes zur Folge hat und eine zirkulatorische Hypoxie gar nicht erst aufkommen läßt, wird unsere guten Ergebnisse ebenfalls beeinflußt haben.

Die neun ermittelten mäßigen und höheren Blutzuckerwerte nach der Einleitung sind sicher durch die noch nicht ausreichende Anfangsdosierung zu erklären, und teilweise mit noch nicht optimal eingestellter Beatmung, besonders in Seitenlage. Die leichten Anstiege bei zwei Blutabnahmen nach längerer Operationsdauer müssen auch von diesem Standpunkt aus kritisch betrachtet werden.

Sicher sind aber die einzelnen postoperativen Blutzuckeranstiege vor allem mit der Ventilation in Zusammenhang zu bringen. Die Beatmung mit Wechseldruck, die neben einer guten O_2-Versorgung auch die Abrauchung der Kohlensäure gewährleistete, wurde nämlich jetzt durch die Spontanatmung des Patienten abgelöst, die aus vielerlei Gründen postoperativ beeinträchtigt werden kann und unter besonderen Umständen auch nach Neuroleptanalgesien.

All die mitbeeinflussenden Faktoren für Narkose-Hyperglykämien sind in der Einleitung ausführlich erwähnt worden und müssen bei unseren Auswertungen mit in Betracht gezogen werden. Puls- und Blutdruckkontrolle sowie postoperative Beobachtung des Patienten waren uns eine gewisse Stütze, doch sind PCO_2-Messungen in der postoperativen Phase zur Fundierung unserer Annahmen notwendig.

Offensichtlich scheint uns aber schon jetzt gerade das Verhalten des Blutzuckerspiegels bei der Einleitung und in der postoperativen Phase nach den bisherigen Untersuchungen, wie auch in der Beurteilung der Ergebnisse erläutert wurde, ein einfacher Indikator dafür zu sein, ob eine Neuroleptanalgesie mit allen ihren Vorteilen, die sie bietet, wirklich optimal durchgeführt wurde oder noch Dosierungsfehler vorliegen.

Literatur

BRÄUNLICH, H.: Acta Biol. med. german. **12**, 176–186 (1964).
FUSS, H. u. E. DERRA: Zbl. exper. Med. **72**, 313–336 (1930).
GAUDISSART, M.: Acta Anaesthesiolog. belg. Nr. 1 Juillet et Août (1962) **41–47**.
HUNTER, A. R.: Brit. J. Anaesth. 31 ,490–492 (1959).
LAZARITS, E. u. N. HORVATH: Zbl. f. Chirurg. **12**, 411–416 (1964).
PFLÜGER, H.: Anaesthesist 13, 4, 129–132 (1964).
PILOT, P. u. W. HÜGIN: Praxis 42, 644 (1953).
RAVDIN, THOREGOOD u. a.: J. Amer. Med. Ass. 121, 322 (1943).
WEIMANN, H. u. J. SCHNEEWEISS: Anaesthesist 4, 214 (1957).
ZIMMERMANN, L. M., und R. LEVINE: Physiologic. principles of Surg. Philadelphia und London 299 (1957).

Herabsetzung der Sauerstoffaufnahme in Normothermie durch Neuroleptanalgesie

Von M. Gemperle

Aus dem Experimentallaboratorium der Chirurgischen Universitätsklinik A
(Direktor: Prof. Dr. A. SENNING)
und den Anaesthesieabteilungen der Universitätskliniken Zürich
(Leiter: Privatdozent Dr. G. HOSSLI)
und Genf (Chefarzt: Dr. M. GEMPERLE)

Immer wieder beeindruckt vom niedrigen per- und postoperativen Atem-Minutenvolumen bei gleichzeitig normaler Kohlensäurespannung, welches wir fast konstant bei Spontanatmung in Neuroleptanalgesie beim Menschen beobachteten, sahen wir uns veranlaßt, näher auf dieses Problem einzugehen. Das Zusammentreffen dieser beiden Tatsachen konnten wir uns nur durch eine massive Drosselung des Gesamt-Stoffwechsels erklären.

Um diese Behauptung belegen zu können, schritten wir zu den nun folgenden tierexperimentellen Untersuchungen. An Hand von Messungen am Hund sollte untersucht werden, ob eine medikamentöse Herabsetzung der Sauerstoffaufnahme unter Neuroleptanalgesie wirklich besteht.

Methodik

Die kontinuierliche Messung und Registrierung der Sauerstoffaufnahme wurde mit dem von ENGSTRÖM, HERZOG und NORLANDER entwickelten Spirometer [2, 3, 4] durchgeführt. Dieses Spirometer hat den großen

Vorteil, daß die Sauerstoffaufnahme nicht nur während der Spontanatmung, sondern auch während der Beatmung mit verschiedenen Inhalationsnarkotika mittels des ENGSTRÖM-Narkose-Respirators gemessen werden kann.

Die arterielle Blutentnahme wurde bei allen Untersuchungen an der Arteria femoralis vorgenommen und mittels der Astrup-Micro-Methode durch dieselbe Laborantin untersucht: direkte Messung des aktuellen pH mittels Kapillarelektrode, Berechnung des pCO_2 aus dem aktuellen pH und dem pH zweier mit verschiedenen bekannten pCO_2 äquilibrierten Blutproben, Ableiten der Werte für Standardbikarbonat, Pufferbasen und Baseüberschuß aus dem Nomogramm nach ASTRUP, ANDERSEN und ENGEL [12]. Die Sauerstoffsättigung wurde mit dem Hämoreflekter (Kipp) bestimmt.

Versuchsanordnung

Einleiten der Narkose mit Pentothal (400–600 mg), Intubation ohne Muskelrelaxantien.

Hyperventilation mit dem Engström-Narkose-Respirator mit einem Lachgas/Sauerstoff-Gemisch 1:1.

Sauerstoffaufnahmemessung mit dem EHN-Spirometer, nachdem die Barbiturnarkose bei gleichzeitiger Hyperventilation das „steady state" erreicht hat.

Beginn der Neuroleptanalgesie* vom Typ I oder Typ II (5–11), gleichzeitig kontinuierliche Sauerstoffaufnahmemessung und regelmäßige Puls- und Blutdruckkontrollen.

Unterhalten der Narkose mit Neuroleptanalgesie je nach Sauerstoffaufnahme.

Beendigung der Narkose: Beatmung mit Luft an Stelle des Sauerstoff-Lachgas-Gemisches. Nach Erwachen der Tiere Spontanatmung. Bei ungenügender Eigenatmung Lethidron® (5–10 mg).

Bei guter Spontanatmung nochmalige Sauerstoffaufnahmemessung, dann Extubation.

Diskussion

Es ist eine bekannte Tatsache, daß der Grundumsatz während einer Narkose sinkt. In der vorliegenden Arbeit wurde im Tierexperiment an neun Hunden eine medikamentöse Einschränkung der Sauerstoffaufnahme nach Neuroleptanalgesie erreicht. Die in der Abb. 1 angegebenen 100% entsprechen dem Normalruhewert in oberflächlicher Barbituratnarkose, welcher in unseren Fällen 5,9 ml O_2-Aufnahme/min/kg (STPD) beträgt und

---

* Da die Hunde auf Nor-Pethidin-Derivate sehr unterschiedlich reagieren, ist die Dosierung ebenfalls sehr variabel. Sie richtet sich nach den üblichen klinischen Gesichtspunkten der Narkoseführung.

mit den Literaturangaben [15] übereinstimmt, indem dort die Einschränkung der Sauerstoffaufnahme in reiner Barbituratnarkose auch mit etwa 10–20% angegeben wird. Diese Werte sind, wie aus der Tab. 1, erste Kolonne, ersichtlich ist, sehr instabil, da die Analgesie nicht tief genug ist, um Schmerzreaktionen völlig zu unterdrücken. Die Schmerzreaktionen ihrerseits führen jedoch zu einer Erhöhung des Grundumsatzes. Diese Abwehrreaktionen kommen in Neuroleptanalgesie wegen der tiefen Analgesie nicht vor. Bei sieben von neun Hunden wurde während des Versuches im Abdomen oder im Thorax operiert. Die Operation wurde jeweils nur während der Registrierung der Sauerstoffaufnahme unterbrochen.

Wie aus der Abb. 1 hervorgeht, wurde 10 min nach Beginn der Neuroleptanalgesie eine weitere Reduktion der Sauerstoffaufnahme gegenüber der Barbituratnarkose erzielt. Die tiefe Phase der Sauerstoffaufnahme konnte beliebig lang aufrechterhalten werden. Bei unseren Versuchen legten wir eine Untersuchungszeit von 30 min fest und die Narkose wurde dementsprechend geführt. Der Sauerstoffverbrauch sank innerhalb von 10 min auf 50–40% des Normalruhewertes und konnte während den aufgezeichneten 30 min in diesem Bereich gehalten werden. Bei zwei Hunden, die schon zu Beginn (Tab. 1) einen erhöhten Grundumsatz aufwiesen, konnte die Herabsetzung der Sauerstoffaufnahme

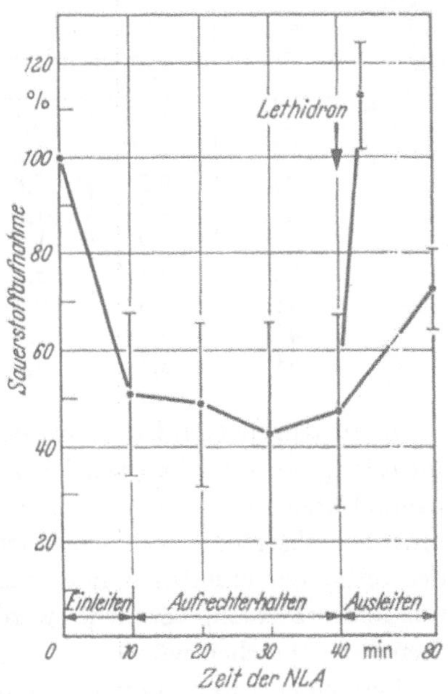

Abb. 1: Mittelwerte der Sauerstoffaufnahme nach Neuroleptanalgesie (NLA) mit Standardabweichung. 100% entspricht dem Normalruhewert in oberflächlicher Barbiturnarkose.

mit Neuroleptanalgesie nicht in dem gewünschten Ausmaße erzielt werden. Die Streubreite der einzelnen gemessenen Werte der Reduktion der Sauerstoffaufnahme ist wie bei der Oberflächenhypothermie sehr groß. Nach 40 min Neuroleptanalgesie wurden vier Hunden (Gruppe 1) 5–10 mg Lethidron verabreicht, bei den restlichen fünf Hunden (Gruppe 2) ließen wir die Neuroleptanalgesie ausklingen. Die Gruppe 1 zeigte sofort nach der intravenösen Injektion von Lethidron eine starke Exzitation, die nach 1–2 min sistierte. Die nach weiteren 5 min durchgeführte Registrierung der Sauerstoffaufnahme liegt 12% über dem Normalruhewert in leichter Barbituratnarkose. Diese letzte Messung wurde an fast wachen Hunden ausgeführt. Bei der Gruppe 2 wurde lediglich das Lachgas-Sauerstoff-Gemisch durch

Zimmerluft ersetzt, die künstliche Beatmung jedoch aufrechterhalten. Die Kontrollmessung der Sauerstoffaufnahme nach insgesamt 80 min zeigte immer noch eine Einschränkung der Sauerstoffaufnahme von 72% des Normalruhewertes. Dieser Mittelwert, der nur noch eine geringe Streubreite aufweist, geht parallel mit dem Verschwinden der verabreichten Medikamente aus dem Kreislauf.

Tabelle 1. *O_2-Aufnahmewerte während Neuroleptanalgesie*

Hund-Nr.	O_2-Aufnahme (ml/min/kg) während NLA (min)				
	0	10	20	30	40
27	5,7	3,1	3,2	3,2	3,1
28	8,4	6,2	6,2	6,5	6,5
29	10,2	7,8	7,8	7,4	7,4
30	3,9	1,5	1,7	1,0	1,0
31	4,2	1,7	1,7	1,2	1,4
32	5,6	3,1	1,7	1,7	2,9
41	3,6	0,9	1,0	0,4	0,8
46	5,6	2,2	2,2	1,6	1,7
55	6,7	3,4	3,4	3,4	3,4

Interessant jedoch ist die Beobachtung, daß mit Lethidron die medikamentös gesteuerte Sauerstoffeinschränkung sofort aufgehoben werden kann. Daraus kann geschlossen werden, daß die hervorgerufene Grundumsatzherabsetzung wahrscheinlich zentral gesteuert werden muß. Bei decerebrierten Hunden konnte nach Neuroleptanalgesie nie eine Grundumsatzherabsetzung erreicht werden, was ebenfalls für eine zentrale Steuerung sprechen würde.

Betrachtet man nun die Kurve in Abb. 1 insgesamt und addiert man zu der schon beträchtlichen Sauerstoffeinschränkung nach Neuroleptanalgesie diejenige der Barbituratnarkose hinzu, so erhält man Sauerstoffaufnahmewerte, die selbst bei sehr tief geführter Oberflächenhypothermie nicht mehr erreicht werden kann.

In sechs Fällen führten wir parallel der Registrierung der Sauerstoffaufnahme Blutgasanalysen (Tab. 2) durch. Das Auftreten einer metabolischen Acidose war selbst bei Extremwerten wie z. B. 0,4–1,7 ml O_2/min/kg nur sehr gering. Auf der respiratorischen Seite fällt nur die tiefe Kohlensäurespannung auf, welche durch die künstliche, absichtlich herbeigeführte Hyperventilation verursacht wird. Nur in einem Fall kam es zu einer respiratorischen Acidose, die verursacht wurde durch eine schwere doppelseitige, später autoptisch verifizierte Pneumonie. Die Sauerstoffsättigung war durchwegs ideal.

Geradezu phantastisch mag die Blutgasanalyse nach 15 min Kreislaufunterbruch anmuten: Die Blutentnahme erfolgte genau 5 min nach

Wiederherstellung des Kreislaufes, wobei sich außer einer geringen metabolischen Acidose normale Werte ergaben.

Der Hund ist 14 Std. später an einem akuten Lungenödem gestorben.

Tabelle 2. *O_2-Aufnahmewerte bei gleichzeitig durchgeführten Blutgasanalysen*

Hund-Nr.	Sauerstoff-Aufnahme ml/min/kg	pH	pCO_2 mm Hg	Stand. bic. mval/l	Basen-Überschuß mval/l	Puffer-Basen mval/l	O_2-Sättg. %
	4,2	7,48	27,6	21,7	− 1,5	44,1	96
31	1,7	7,47	27,7	21,0	− 2,5	41,5	94
	1,7	7,47	28,4	26,6	− 1,7	42,0	92
	1,2	7,50	19,5	20,0	− 4,1	44,0	96
	3,9	7,53	16,8	20,4	− 3,8	46,0	99
	1,5	7,50	21,8	20,0	− 4,0	41,3	98
30	1,7	7,49	23,0	20,1	− 3,7	40,2	98
	1,0	7,50	23,6	20,3	− 3,6	39,6	95
	10,7*	7,36	29,2	20,9	− 2,8	41,0	94
46	1,6	7,22	52,8	19,0	− 5,0	40,0	96
	5,6*	7,33	44,0	22,2	− 1,0	43,5	94
41	0,4	7,66	17,0	24,8	+ 2,8	49,2	97
32	3,1	7,39	29,5	19,8	− 4,6	43,2	94
	1,7	7,33	39,0	20,4	− 3,5	43,5	96
	6,7	7,45	25,7	21,6	− 1,9	48,1	98
55	9,4	7,42	24,5	19,3	− 5,1	43,0	98
	3,4	7,38	28,0	18,8	− 6,0	41,6	97
	0,8**	7,39	29,0	19,9	− 4,6	45,3	98

Zusammenfassung

Die tierexperimentellen Untersuchungen am Hund zeigen eine eindeutige Einschränkung der Sauerstoffaufnahme unter Neuroleptanalgesie. Die Sauerstoffaufnahme-Registrierung wurde mit dem von ENGSTRÖM, HERZOG und NORLANDER entwickelten Spirometer gemessen.

Schon nach 10 min wird mittels Neuroleptanalgesie eine Herabsetzung der Sauerstoff-Aufnahme von 45–50% des Normalruhewertes erreicht. Diese Reduktion kann über längere Zeit aufrechterhalten, aber jederzeit sofort aufgehoben werden.

Diese tierexperimentellen Untersuchungen haben gezeigt, daß mittels Neuroleptanalgesie in Normothermie eine Herabsetzung der Sauerstoffaufnahme erreicht wird, die mit Oberflächenhypothermie nicht mehr gefahrlos erlangt werden kann.

Literaturverzeichnis

1. GEMPERLE, M. u. B. GRÜNINGER: Blutgasanalysen nach NLA Typ II: Anaesthesist **13**, 6 (1964).
2. ENGSTRÖM, C. G. and P. HERZOG: Acta Chir. Scand., Suppl. **245**, 37 (1959).

3. ENGSTRÖM, C. G. and O. P. NORLANDER: Acta anaesth. Scand., Suppl. VI, 63 (1961), Acta anaesth. Scand. **5**, 115 (1961).
4. HOSSLI, G.: Anaesthesist **11**, 136 (1962).
5. DE CASTRO, J. u. P. MUNDELEER: Acta Chir. Belg. **58**, 689 (1959).
6. DE CASTRO, J. u. P. MUNDELEER: Anaesth. **11**, 10 (1962).
7. DE CASTRO. J. u. P. MUNDELEER: Symposium über Neuroleptanalgesie, Wien, 5. 9. 1962.
8. HENSCHEL, W. F.: Symposium über Neuroleptanalgesie, Wien, 5. 9. 1962.
9. JANSSEN, P.: Arzneim. Forsch. **11**, 819 (1962).
10. JANSSEN, P.: Anaesthesist **11**, 1 (1962).
11. JANSSEN, P.: Symposium über Neuroleptanalgesie, Wien, 5. 9. 1962.
12. ASTRUP, P., A. SIGAARD ANDERSEN u. L. ENGEL: Lancet (im Druck).
13. WIEMERS, K.: Thoraxchirurgie, Stuttgart **6**, 145 (1958).
14. LABORIT, H. et P. HUGUENARD: Pratique de l'Hibernothérapie en Chirurgie et en Médecine. Masson & Co., Paris (1954).
15. DENNIS, C., P. DAVID, P. HALL, J. R. MORENO, and A. SENNING: Circulation Research **10**, 298 (1962).

Das Verhalten der Körpertemperatur
während Operationen in NLA

Von **G. Otte**

Aus der Allgemeinen Anaesthesieabteilung der Städt. Krankenanstalten Bremen
(Leitender Arzt: Dr. W. F. HENSCHEL)

Es ist uns aufgefallen, daß Patienten nach dem Erwachen aus einer Neuroleptanalgesie (NLA) häufig frösteln und unter deutlichem Kältezittern bei sonst vollkommener Schmerzfreiheit über ein lästiges Kältegefühl klagen. In diesem Zusammenhange wurde die Vermutung laut, die NLA kühle besonders stark aus und verursache auf diese Weise die beschriebenen Störungen.

Zur Klärung dieser nicht unwichtigen Frage haben wir mit einer Reihe von vergleichenden Messungen begonnen, die uns Aufschluß über die Temperaturentwicklung unter dem Einfluß der NLA im Vergleich zur Halothan-Narkose geben sollte, bei der die eingangs erwähnten Störungen fast nie beobachtet worden sind.

Beim Literaturstudium fiel uns auf, daß zwar schon seit der Mitte des vorigen Jahrhunderts Temperaturmessungen während der Narkose wiederholt durchgeführt und veröffentlicht worden sind. Jedoch sind diese Messungen erstens als Einzelmessungen mit dem Quecksilberthermometer und damit in ziemlich großen Zeitabständen durchgeführt worden, die nur eine rohe Orientierung erlaubten und zweitens hat man bei diesen Untersuchungen lediglich die Temperaturentwicklung während der Operation selbst berücksichtigt, ohne die prä- und postoperative Phase mit einzubeziehen.

Wir benutzten für unsere Untersuchungen ein Mehrfachschreibgerät von HARTMANN und BRAUN, das ohne großen zeitlichen und personellen Aufwand eine fortlaufende Messung über viele Stunden hinweg gestattet. Unter gleichmäßigem Papiervorschub wird alle 2 min ein neuer Wert registriert. Diese so gewonnenen Kurven gliederten wir in die einzelnen Phasen: präoperativ, während der Narkose und postoperativ.

Wir begannen die Messungen im allgemeinen ¼ Std. vor Verabreichung der Prämedikation und setzten sie bis zur postoperativen Temperaturstabilisierung fort. Sie dauerten in einzelnen Fällen bis zu 9 Std.

Bisher liegen uns im ganzen 35 verwertbare Messungen vor (wir stehen also erst am Anfang unserer Untersuchungen). Ich möchte aber dennoch versuchen, einige Tendenzen zu demonstrieren, die sich jetzt schon deutlich abzeichnen und über die bereits einige Aussagen möglich sind.

Dies gleich vorweg: Nach unseren bisherigen Ergebnissen kommt es unter der NLA nicht zu einer vermehrten Temperatursenkung gegenüber der zum Vergleich herangezogenen Halothan-Narkose (Tab. 1).

Der durchschnittliche Temperaturabfall pro Operation betrug 0,85° C (Halothan) bzw. 0,78° C (NLA). Der stündliche Temperaturabfall erfolgte mit 0,54° C/h (Halothan) bzw. 0,51° C/h (NLA) in annähernd gleicher Geschwindigkeit. Es ist evident, daß diese kleinen Fallzahlen eine statistische Signifikanz dieses hier zum Ausdruck kommenden Unterschiedes nicht zulassen; aber sicherlich kann man aus dieser ungereinigten Aufstellung entnehmen, daß offenbar eine NLA-bedingte vermehrte Auskühlung nicht vorliegt (Tab.).

	10 Fälle Halothan	25 Fälle – NLA –
Mittlerer stündl. Temperaturabfall	0,54°/h	0,51°/h
Durchschnittl. Temperaturabfall/Op	0,85°	0,78°
Max. Temperaturabfall (Dauer dieser Op)	2,2° (248′)	1,8° (108′)
Min. Temperaturabfall (Dauer dieser Op)	0,3° (30′)	0,0° (85′)

Daß es während der Narkose überhaupt zu einer Erniedrigung der Körpertemperatur kommt, ist spätestens seit den Veröffentlichungen von LABORIT und HUGUENARD in den allgemeinen Kenntnisbereich des Anaesthesisten getreten. Bekannt war diese Erscheinung schon seit mehr als 100 Jahren. Bekannt ist ferner, daß der gesunde Organismus über Regelmechanismen verfügt, die ihn in die Lage versetzen, die Körpertemperatur auf konstanter Höhe zu erhalten. Experimente an Tieren und auch an Freiwilligen haben gezeigt, daß im Hypothalamus gelegene Regulationszentren durch thermische Reize angetrieben werden können. Im Falle einer Abkühlung wird bekanntlich auf dem Wege über eine Vasokonstriktion der Hautgefäße die Wärme*abgabe* durch die Haut *verringert* und gleichzeitig über eine Erzeugung von Zusatzwärme durch Kältezittern und durch eine Anregung der gesamten Stoffwechselvorgänge die Wärme*bildung erhöht*. So kommt es dann unter Kältebelastung zu einer Vermehrung des O_2-Verbrauchs bei gleichbleibender Kerntemperatur, die auch als Ausdruck einer überschießenden Gegenregulation geringgradig ansteigen kann.

Wir haben (Abb. 1, a) drei gesunde Versuchspersonen zu Demonstrationszwecken einmal ohne irgendwelche medikamentöse Beeinflussung

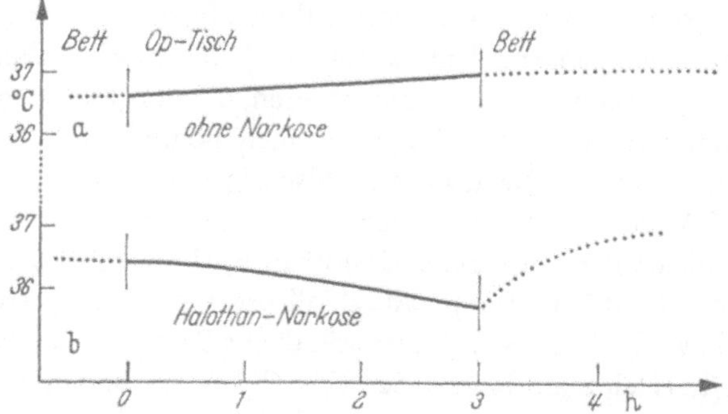

Abb. 1. a: Temperaturverlauf unter operationsmäßigen Bedingungen ohne Prämedikation und ohne Narkose. b: Temperaturverlauf vor, während und nach einer normalen Halothan-Narkose.

den bioklimatischen Bedingungen unterworfen, die gewöhnlich in unseren Operationssälen herrschen. Sie wurden in unbekleidetem Zustande in gleicher Weise wie ein zu operierender Patient drei Stunden lang auf einem Operationstisch in einem der Operationssäle aufgestellt, lediglich mit einem Operationstuch bedeckt. Die dabei gemessenen Kurvenverläufe entsprechen einander fast vollkommen. Sie sehen, daß die oberflächliche Abkühlung auf dem Op-Tisch zu einer reaktiven leichten Steigerung der Kerntemperatur geführt hat.

So reagiert der Temperaturverlauf bei einem der Temperaturregulation fähigen Organismus. Anders verhält sich die Kerntemperatur, wenn die Regulationsmöglichkeiten durch die Einwirkung eines Narkosemittels, beispielsweise des Halothans, eingeschränkt sind (Abb. 1, b). Dann nähert sich die Körpertemperatur derjenigen der Umgebung an, sinkt also im kühlen Operationssaal ab. Es erfolgt ein im großen und ganzen ziemlich konstanter Abfall bis zu einem Minimum am Operationsende. Mit Absetzen des Halothans wird dann das Narkotikum sehr rasch ausgeschieden, und als Folge des Wiedererwachsens der thermoregulatorischen Zentren erfolgt eine prompte Erwärmung oft über den Ausgangswert hinaus. Man beobachtet dann ein initiales Kältezittern, das aber von den Patienten nicht bewußt erlebt wird, da sie zu diesem Zeitpunkt noch nicht zum Bewußtsein erwacht sind.

Doch zurück zu den Verhältnissen bei der NLA! Wir haben schon vorher gesehen, daß im Ausmaß und der Geschwindigkeit des Temperaturabfalles ein wesentlicher Unterschied zwischen der NLA und der Halothan-Narkose nicht besteht, die NLA also nicht zu einer vermehrten Auskühlung des Körpers führt.

Wenn also unsere Patienten – und davon sind wir ausgegangen – nach dem Erwachen aus einer NLA frösteln oder gar frieren, so kann dies nicht

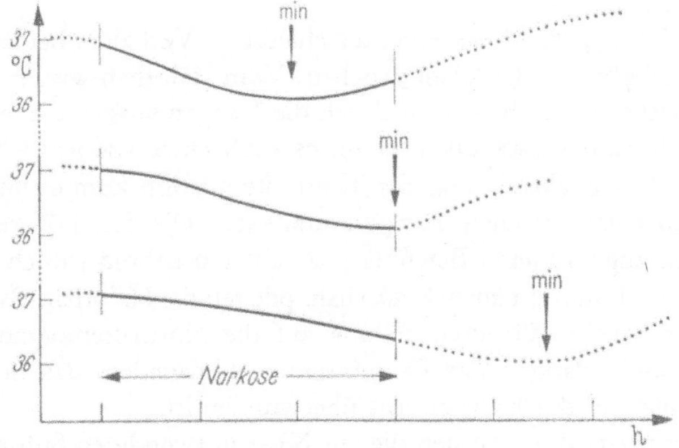

Abb. 2: Drei typische Temperaturverläufe vor, während und nach der NLA. Je nach der Beziehung des Temperaturminimums (min) gibt es ein terminales, ein prä- und ein postterminales Minimum.

einer vermehrten Auskühlung angelastet werden, sondern wir müssen uns um eine andere Erklärung für dieses Phänomen bemühen.

Betrachtet man nun die Temperaturkurven während der NLA, so finden wir hier einen ähnlichen Verlauf vor, wie wir ihn schon von der Halothan-Narkose her kennen: Kurz nach der Prämedikation, mit üblicherweise 2 ml Thalamonal und ¼ mg Atropin, bleibt die normale Körpertemperatur vorläufig unverändert gleich. Oft gibt es dann, wenn der Patient aus seinem warmen Bett auf den Op-Tisch aufgelegt wird, durch die damit verbundene Abkühlung einerseits und durch die durch die Prämedikation bedingte Regulationshemmung andererseits einen schon jetzt eintretenden Temperaturabfall, der sich dann während der Narkose fortsetzt. Abgesehen von jenen Schwankungen im Temperaturverlauf, die von zusätzlichen intraoperativen Abkühlungen (größere Mengen kalter Infusionsflüssigkeit, Durchfeuchtung der Haut oder der Op-Tücher, Eröffnung großer Körperhöhlen), oder aber durch akzidentelle Erwärmungen durch heiße Tücher, auch durch die Körperwärme der Operateure, sehen wir immer wieder ein ziemlich gleichmäßiges Absinken der Körpertemperatur bis zum Minimum. Erlaubte es die Halothan-Narkose, einen typischen Kurvenverlauf herauszuarbeiten, so stoßen wir jetzt auf einen deutlichen Unterschied, diesen nämlich, daß es einen so typischen Kurvenverlauf für die NLA in diesem Maße nicht gibt (Abb. 2).

Bei der Halothan-Narkose ist das Ende der Operation schon aus dem Kurvenverlauf der Temperatur an dem akzentuierten terminalen Minimum und dem sofortigen und recht steilen Wiederanstieg ganz charakteristisch markiert (Abb. 1, b). Bei der NLA dagegen zeichnet sich der Übergang in die postoperative Phase durch eine meist nur sehr langsame Wiedererwärmung aus, die zudem in dem Zeitpunkt ihres Eintretens nicht konstant ist.

Die Erklärung für dieses so unterschiedliche Verhalten beider Narkosearten ist verhältnismäßig leicht gegeben: Vom Halothan wissen wir, daß es leicht steuerbar ist, d. h. schnell durch die Lungen ausgeschieden wird. Es erscheint deshalb verständlich, wenn es nach einer Halothan-Narkose zu einer schnellen Reaktivierung der Thermoregulation kommt und in deren Gefolge zu einem raschen Temperaturanstieg. Die den höheren Gehirnabschnitten zugeordneten Bewußtseinsqualitäten kehren jedoch erst später zur normalen Funktion zurück. Deshalb pflegen die Halothan-Patienten die ja oft sehr brüske Wiedereinstellung auf die Normaltemperatur zu verdämmern und erlangen das Bewußtsein erst, nachdem das Stadium des Kältegefühls und des Kältezitterns überwunden ist.

Im Gegensatz dazu werden die zur NLA notwendigen Substanzen, das DHBP und das Fentanyl, nicht so schnell eliminiert – offensichtlich auch nicht unter der Wirkung des gelegentlich als Fentanyl-Antidot verwandten Lorfan – so daß eine ähnlich krisenhafte Normalisierung wie beim Erwachen aus der Halothan-Narkose, hier nicht eintreten kann. Im Gegensatz zu den tiefer gelegenen Regulationszentren gibt die NLA aber das Bewußtsein schon sehr frühzeitig frei, die Patienten sind auffallend schnell wieder voll orientiert und im Besitz ihrer intellektuellen Fähigkeiten, erfreuen sich einer vollkommenen Analgesie bei gleichzeitig erhaltenen Reflexen. Sie sind auf diese Weise aber auch in der Lage, die Phase der Wiedererwärmung und das damit verbundene Frostgefühl bewußt mitzuerleben.

Ich sprach vorher von dem ungleichen Eintreten der Wiedererwärmung während der NLA. Man kann hier zwanglos drei verschiedene Typen unterscheiden (Abb. 2), und dann je nach dem Eintritt der Wärmeregulation im Verhältnis zum Narkose-Ende von einem terminalen, einem prä- und einem postterminalen Minimum sprechen. Bei der Sichtung des bisherigen Materials entsteht der Eindruck, als sei von diesen drei Typen, die etwa alle in der gleichen Verteilung vorkommen, der Typ des postterminalen Minimums besonders zum postoperativen Frösteln präterminiert.

Bei dem Versuch einer Erklärung des Zustandekommens dieser verschiedenen Verlaufsarten sind wir noch nicht zu einem befriedigenden Ergebnis gelangt. Erst aus größeren Reihen wird erkennbar werden, welche Rolle beispielsweise der Dosierung, der Art der Operation, oder anderen physikalischen, konstitutionellen oder Stoffwechselgegebenheiten zuerkannt werden muß. Bis jetzt ist ja nicht einmal bekannt, in welcher Weise die beiden Substanzen, DHBP und Fentanyl, auf die Temperaturregulation Einfluß nehmen. Diese Frage zu klären, bedarf es noch weiterer detaillierter Untersuchungen, zu denen wir bisher noch erst die Vorarbeiten zu leisten haben. Diese Frage leitet über zu dem Problem, welche zentralen Angriffspunkte diesen beiden Substanzen zuzuordnen sind, und geben vielleicht einen Hinweis zu weiteren gezielten Untersuchungen in dieser Richtung.

Zum Schluß möchten wir noch einmal darauf hinweisen, daß wir mit unseren Untersuchungen erst an einem Anfang stehen, so daß hier und jetzt noch keine statistisch signifikanten Ergebnisse vorgelegt werden können. Es sollte hier lediglich ein Résumé über die bisherigen Ergebnisse vorgelegt werden.

Erste Erfahrungen über die Langzeitbehandlung von Tetanuskranken mit hohen Dosen THALAMONAL

Von **R. Schorer, D. Kettler** und **J. Stoffregen**

Aus der Anaesthesie-Abteilung der Universität Göttingen
(Leiter: Professor Dr. J. STOFFREGEN)

Seit Anfang des Jahres führen wir künstliche Dauerbeatmungen aus verschiedenen Indikationen, die eine zentrale Dämpfung erfordern, bei Erwachsenen wie auch bei Kindern in Neuroleptanalgesie durch. Dazu verwenden wir Thalamonal in seiner Zusammensetzung von 2,5 mg Dehydrobenzperidol und 0,05 mg Fentanyl pro ml in Form einer Dauertropfinfusion.

In dieser Weise hat sich uns das Thalamonal besonders bei der Behandlung mehrerer Tetanuskranker bewährt. Als Beispiel sei hier eine Tetanusbehandlung über fünf Wochen mit insgesamt 6,22 l Thalamonal mitgeteilt. Unglücklicherweise starb der 15jährige Patient nach Überstehen des eigentlichen Tetanus an einem Herz-Kreislaufversagen, so daß wir in der Lage sind, an Hand des Obduktionsbefundes über Organveränderungen, insbesondere über Veränderungen der Leber zu berichten. Unseres Wissens liegen bisher keine vergleichbaren Mitteilungen vor. Über die Behandlung des Tetanus wird hier nur soweit berichtet, als Zusammenhänge mit den hier mitzuteilenden Organveränderungen erkennbar sind und als auslösende Ursache zur Diskussion gestellt werden können.

Aus der Abb. 1 sind die Mengen an Thalamonal, lytischer Mischung und Succinylcholin im Verlauf der 35tägigen Behandlung zu ersehen. Insgesamt wurden 6,22 l Thalamonal verabreicht. Das entspricht 15,55 g Dehydrobenzperidol und 0,311 g Fentanyl. Die Gesamtmenge an lytischer

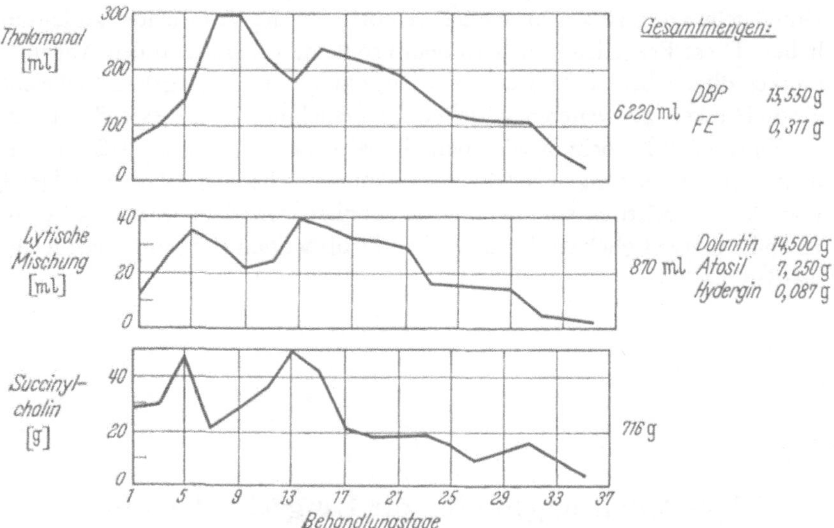

Abb. 1.: Tägliche Dosierungen und Gesamtmengen nach 35 tägiger Behandlung von Thalamonal, lytischer Mischung und Succinylcholin bei einem 15jährigen Tetanuspatienten.

Mischung betrug 870 ml, das sind 14,5 g Dolantin, 7,25 g Atosil und 87 mg Hydergin. An Succinylcholin wurden 716 g benötigt. Außerdem wurden etwa 5 g Pentothal und gelegentlich Dominal forte gegeben.

Schließlich haben wir insgesamt 5 l Blut, 16 l Plasmaexpander, 22 l Aminosäuren, 12,5 l Fettemulsionen und verschiedene Elektrolytlösungen infundiert.

Im Dauertropf betrug die maximale Konzentration von Thalamonal pro 500 ml Traubenzuckerlösung 60 ml, die 24-Stundenmenge das Vier- bis Fünffache, also bis zu 300 ml Thalamonal täglich*.

Bei der Obduktion fand sich eine erheblich vergrößerte Leber mit einem Gewicht von 2600 g, eine Splenomegalie, sowie eine trübe Schwellung der

---

* Inzwischen wurden bei einem schweren Tetanus maximal täglich bis zu 5 × 120 ml Thalamonal benötigt.

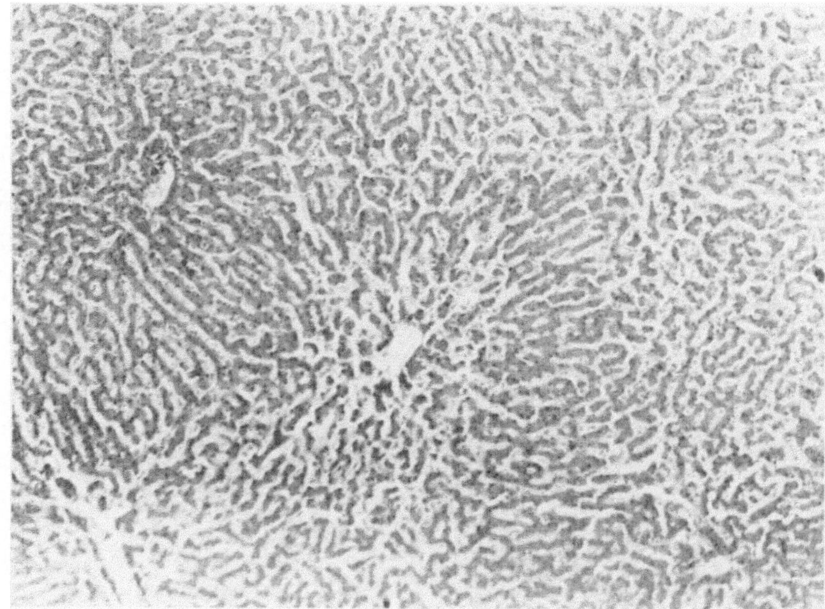

Abb. 2.: siehe Text.

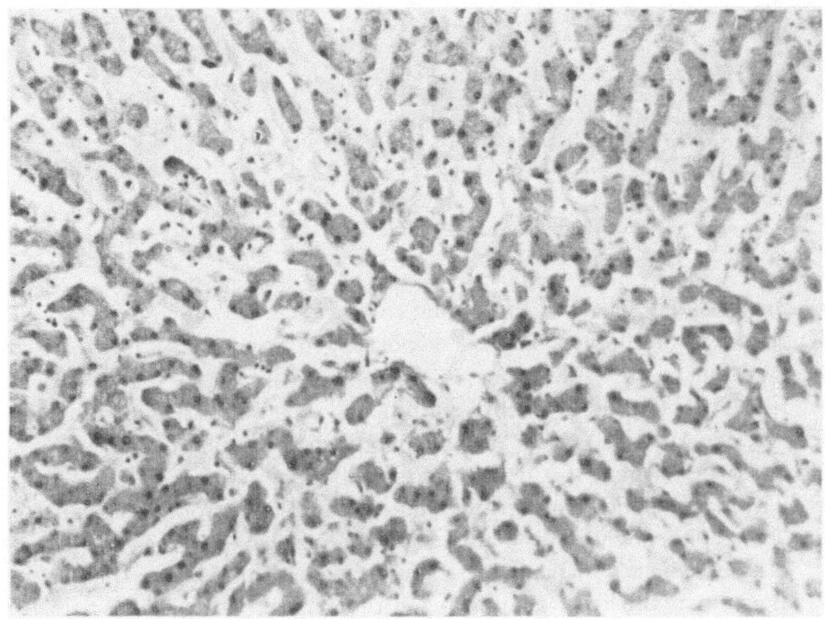

Abb. 3.: siehe Text.

Nieren. Von besonderem Interesse sind in unserem Zusammenhang die Veränderungen der Leber.

Die Abb. 2 zeigt in der Übersicht ein Leberläppchen. Die normale Läppchenstruktur ist zum größten Teil erhalten. Die zentralen und die zentroazinären Sinus sind erweitert.

In der Vergrößerung der Abb. 3 ist deutlich das interstitielle Ödem mit auseinandergedrängten Leberzellbalken und Drucknekrosen der Leberzellen selbst zu sehen, vor allem im Zentralbereich. Die in der Masse

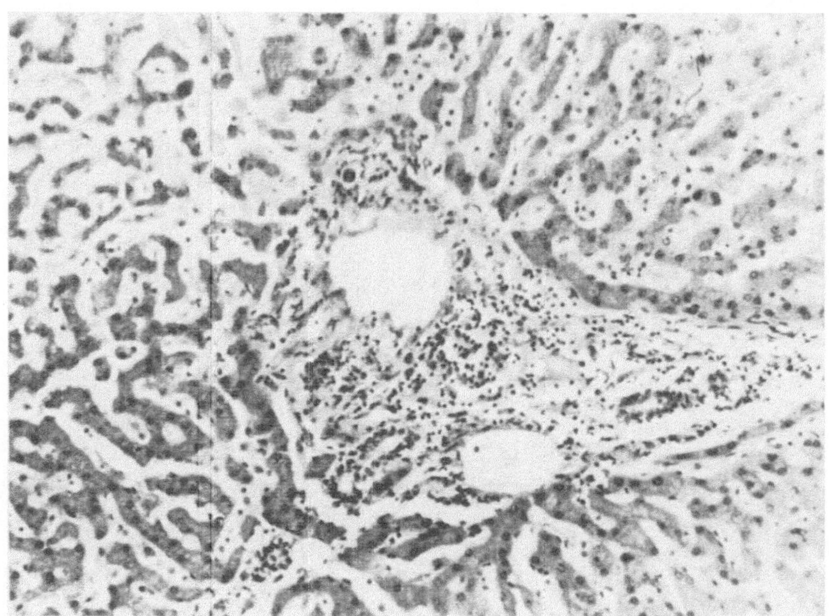

Abb. 4.: siehe Text.

erhaltenen Leberzellen zeigen das Bild einer trüben Schwellung, ebenso die Kupferschen Sternzellen. Diese Veränderungen können z. T. autolytisch bedingt sein.

In der Abb. 4 sind in einem Periportalfeld dichte rundzellige, und auch leukozytäre, zum Teil periduktulär angeordnete Zellinfiltrate nachweisbar. In dieser Fettfärbung (in der Schwarz-weiß-Abbildung nicht erkennbar) erkennt man lediglich eine geringgradige, diffuse, feinsttropfige Verfettung der Leberepithelien und der Kupferschen Sternzellen.

Zusammengefaßt handelt es sich um eine seröse Hepatitis mit hochgradigem interstitiellen Ödem, mäßiger Cholangiohepatitis, trüber Schwellung und andeutungsweise diffuser, feinsttropfiger Verfettung der Leberepithelien.

Die Vergrößerung der parenchymatösen Organe – besonders der Leber – ist bedingt durch eine erhebliche Wassereinlagerung, die wir als Folge der intensiven Therapie mit hochmolekularen Infusionslösungen betrachten möchten. Solche infusionsbedingten Veränderungen sind dem Morphologen bekannt und auch im Tierversuch reproduzierbar nachgewiesen worden.

Die Cholangiohepatitis ist als die Folge einer vorübergehenden, allerdings nie bedrohlichen Darmatonie mit vermutlicher Aszension von Darmkeimen durch die Gallenwege anzusehen. Ausdrücklich sei erwähnt, daß diese verminderte Darmperistaltik nicht dem Thalamonal zur Last zu legen ist, sondern mit großer Wahrscheinlichkeit dem Dolantin.

Offensichtlich führt Thalamonal in hohen Dosen, über längere Zeit verabreicht, nicht zu einer derartigen Schädigung der Leber, wie sie sonst für Arzneimittel-Intoxikationen typisch ist. Das deckt sich mit den Normalwerten der klinischen Funktionsproben der Leber.

Infolge dieser guten Eigenschaften in bezug auf Organtoxizität, nicht zuletzt aber wegen der fehlenden Beeinträchtigung der Magen-Darmfunktion und des Blutkreislaufes, scheint uns Thalamonal für diese und ähnliche Aufgaben besonders geeignet zu sein.

III. wissenschaftliche Sitzung: Round-table-Gespräch über klinische Fragen der Neuroleptanalgesie

Vorsitz: Dr. W. F. Henschel

Henschel: Ich eröffne unsere wissenschaftliche Sitzung und freue mich, daß Sie trotz des schönen Wetters wieder so zahlreich hierher gekommen sind. Wir haben gestern der Hoffnung Ausdruck gegeben, daß uns die Vorträge mit genügend Diskussionsstoff aufladen mögen. Ich glaube, daß sich diese Hoffnung durchaus erfüllt hat.

Wir haben bei den Themen und bei den Punkten, die wir als Leitfaden für dieses Round-table-Gespräch aufgestellt haben, einige Fragen hineingenommen, die gestern nicht ausführlich in Vorträgen abgehandelt wurden, jedoch nicht weniger wichtig erscheinen.

Wenn wir uns nun zuerst den Kreislaufveränderungen bei Einleitung der Neuroleptanalgesie (NLA) zuwenden, so haben wir gleich am Anfang einen außerordentlich diskussionswerten Punkt. Es haben sich doch verschiedenartige Anschauungen herauskristallisiert, wobei besonders die Meinung von

Herrn Schmidt bemerkenswert erscheint. Zu seinen Resultaten möchte – Herr Horatz bat mich, dies zu ermöglichen – zuerst eine Mitarbeiterin der Eppendorfer Anaesthesieabteilung, die auf dem Gebiet der Neurochirurgie arbeitet, Stellung nehmen. Frau Otto, die auf dem gleichen Indikationsgebiet wie Herr Schmidt Beobachtungen mit der NLA angestellt hat, kann uns dabei vielleicht die eine oder andere Aussage gerade zu dem Punkte eventueller Kreislaufveränderungen machen.

Otto: Den besonderen Forderungen der Neurochirurgie an die Anaesthesie – Verminderung der Durchblutung des Operationsfeldes bei ausreichender Sauerstoffversorgung und Kohlensäureabtransport, Vermeidung intrakranieller Drucksteigerung – stehen die allgemein bekannten, gestern von vielen Vortragenden gewürdigten Vorzüge der NLA gegenüber. Dabei sind folgende Eigenschaften von besonderem Interesse: Als periphere Kreislaufwirkung die Dilatation der Gefäße mit mäßigem Blutdruckabfall durch das Dehydrobenzperidol, eine periphere Gefäßtonisierung durch das Fentanyl, Wirkungen, die (evtl. kombiniert mit Lageveränderungen des Patienten) geschickt genutzt werden müssen, um optimale Durchblutungsverhältnisse im Operationsfeld zu schaffen. Eine zusätzliche Anwendung von Ganglienblockern zur Blutdrucksenkung erübrigt sich auf diese Weise meistens. Diesen Vorzügen stehen gewisse Sekundäreffekte des Fentanyl entgegen, die durch das Dehydrobenzperidol nicht immer ganz neutralisiert werden können: Muskelstarre, Bronchospastik, starke Gefäßverengerung und Erhöhung des intrakraniellen Druckes. Bei gebräuchlichen Fentanyl-Gaben läßt sich unseres Erachtens eine intrakranielle Drucksteigerung nur unter Curarisierung und regulärer Wechseldruckbeatmung bei vollständiger CO_2-Absorption vermeiden. Daraus ergeben sich zwangsläufig folgende Konsequenzen: Sauerstoffinsufflation während der Einleitung der NLA bei den Patienten, die wegen akuter Hirndrucksymptome und vor allem mit Einklemmungserscheinungen zu uns kommen. Verzicht auf die Vorzüge der NLA bei voraussichtlichen Belüftungsschwierigkeiten, wie z. B. bei ausgeprägtem Emphysem oder Asthma bronchiale. Dabei spielt die Bauchlagerung für die Freilegung der hinteren Schädelgrube eine zusätzliche ungünstige Rolle. Hypothermien werden bei uns nicht in NLA durchgeführt.

Die prinzipielle Eignung der NLA für die Neurochirurgie darf ich Ihnen an Hand eines Narkoseprotokolles (Abb. 1) demonstrieren. Es handelt sich um einen 57jährigen Patienten, bei dem in einer 7stündigen Sitzung unter großen operationstechnischen Schwierigkeiten ein mandarinen-großes Falx-Meningeom exstirpiert wurde. Zur Volumensubstitution bzw. Hämostase waren 15 Blutkonserven (3 davon postoperativ), 500 ml Plasmaexpander und 500 ml Glukoselösung sowie 3 g Fibrinogen und Epsilon-amino-Capronsäure erforderlich. Trotz dieses großen, ungleichmäßig erfolgenden Blutverlustes zeigt die Blutdruckkurve eine bemerkens-

werte Konstanz. Da ich mir selbst das Kompliment eines derartig exakten
Volumenausgleiches versagen möchte, kann nur die Stabilisierung des

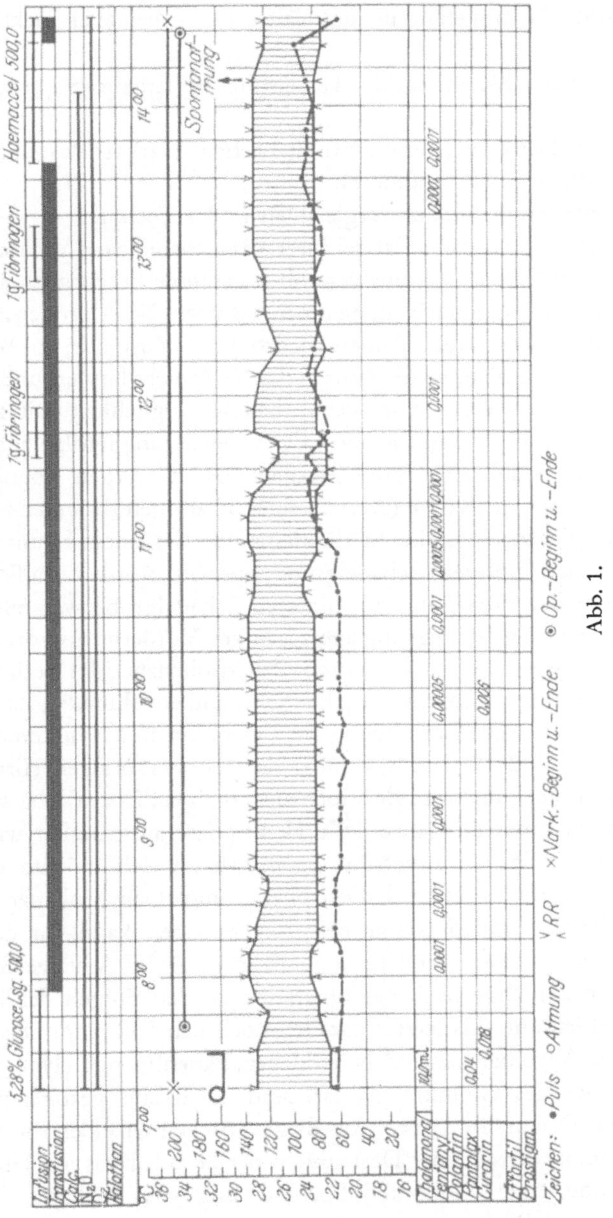

Abb. 1.

Kreislaufs unter NLA dafür verantwortlich zeichnen. Es ergibt sich daraus
die Forderung eines besonders sorgfältigen Blutersatzes zur Vermeidung
einer intraoperativen Hypoxie sowie eines postoperativen hypovolämischen

Schockes. In diesem Zusammenhang darf ich zwei Fragen an Herrn Schmidt stellen: Ich habe richtig verstanden, daß Sie die NLA unter Beatmung mit einem Sauerstoff-Lachgas-Halothan-Gemisch durchgeführt haben?

Schmidt: Ja, ungefähr in der Hälfte der Fälle, aber nicht mehr als 0,5 Vol. %.

Otto: Na ja, aber immerhin. Haben Sie die Ergebnisse besonders berücksichtigt.

Schmidt: Das ist bei der Barbiturat-Lachgas-Narkose dasselbe gewesen.

Otto: Das ist ja etwas anderes.

Schmidt: Ich meine nur vergleichbar in der Technik.

Otto: Dann noch etwas: Ist bei Ihrer Versuchsreihe ein Volumenmangel sicher auszuschließen? Wie aus dem oben gesagten hervorgeht, scheint die Gefahr eines unerkannten Volumenmangels unter NLA größer zu sein, als unter anderen Verfahren. Andere bedrohliche Zustände, z. B. cerebral bedingte Tachycardien, werden durch die NLA nicht larviert und bilden zu Beginn ihres Auftretens eine Verwechslungsmöglichkeit mit zu flacher Analgesie, wenn Hypovolämie und CO_2-Anreicherung infolge unzureichender Belüftung oder Absorption ausgeschlossen werden können. Dann möchte ich Ihnen die Kurve (Abb. 2) eines 39jährigen Patienten zeigen, der unter den Zeichen einer akuten Einklemmung dei einem raumfordernden Prozeß in der hinteren Schädelgrube operiert werden mußte. Einige Stunden vor der Freilegung der hinteren Schädelgrube war mittels eines Bohrloches eine Entlastungsdränage des linken Vorderhorns vorgenommen worden. Intraoperativ trat bei durch Dehydrobenzperidol gering gesenktem Blutdruck eine zunächst unerklärliche, unbeeinflußbare, zunehmende Tachycardie auf. Nach Beendigung der Operation an der hinteren Schädelgrube fiel eine fußballharte Spannung der supratentoriellen Hirnteile auf. Eine breite Freilegung vom Bohrloch aus ergab ein 2 cm tiefes, subdurales Hämatom, das über die ganze linke Hemisphäre ausgebreitet war und zu einer schweren Hirnkompression geführt hatte. Ich möchte die Frage stellen, ob die Erweiterung der Peripherie unter Dehydrobenzperidol zur Bildung dieses Hämatoms mit beigetragen haben kann. In der neurochirurgischen Literatur sind analoge Fälle ohne NLA verzeichnet. Der Patient kam am Tage nach der Operation an den Folgen der Hirnkompression ad exitum. Als letztes darf ich noch den Fall einer 58jährigen in sehr gutem Allgemeinzustand befindlichen Patientin mit Hypertonie und einem Tumor des Glomum jugulare und die daraus gezogenen Konsequenzen zur Diskussion stellen. Aus diagnostischen Gründen sollte aus dem großen Tumor, der zu einer Destruktion der Schädelbasis mit Hirnnervenausfällen und einer Liquorabflußbehinderung geführt hatte, in Lokalanaesthesie eine Probeexzision vorgenommen werden. Während des Eingriffs wurde vom Operateur eine zusätzliche Sedierung erbeten. Da 2 ml Thalamonal intravenös keinerlei Effekt erzielten, wurden zwei weitere ml nachinjiziert. Darauf kam es unter Blutdruck- und Pulsfrequenzanstieg zu einer durch Anrufen nicht beeinflußbaren Atemdepression. Da wegen der Lagerung eine Intubation nicht möglich war und vom Operateur auch

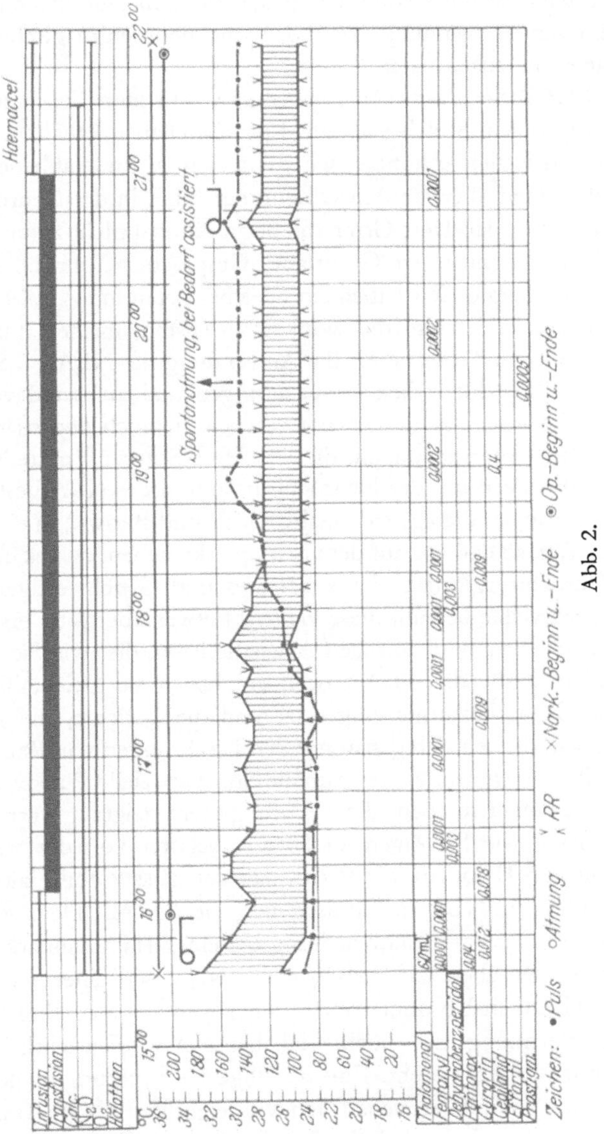

nicht gewünscht wurde, injizierten wir 2 ml Nalorphin, worauf unter Sauerstoff-Zufuhr prompt eine ausreichende Atmung eintrat. Die Patientin, die sich noch zwei Tage lang sehr müde fühlte, gab an, die wiederholten Aufforderungen zum Atmen gehört zu haben, ihnen jedoch nicht Folge zu leisten vermochte und dabei unverminderte Schmerzen verspürt habe. Unseres Erachtens ergibt sich daraus die Kontraindikation der Anwendung der NLA bei intrakraniellen Prozessen für diagnostische Eingriffe ohne Intubation. Ich habe mir erlaubt, einige der Probleme, die sich mir während der $1^1/_2$ jährigen Anwendung der NLA für neurochirurgische Eingriffe gestellt haben, herauszustellen.

Henschel: Vielen Dank. Wir haben zwar nur zum Teil eine Antwort auf das Kernproblem, welches wir angesprochen haben, erhalten, wir haben aber auch, und vielleicht können wir das gleich zu Ende abhandeln, einen Bericht bekommen über die Anwendung der NLA in der Neurochirurgie. Ich bedaure sehr, daß Herr Gött aus Bonn diesmal nicht zu uns kommen konnte. Wir haben mit Herrn Gött lange Gespräche geführt über die NLA in der Neurochirurgie. Wir haben ein Gleiches getan mit Allan Brown in Edinburgh und beide, also die wohl Erfahrensten, meinen nun, daß die Neurochirurgie eine Domäne für die Anwendung der NLA ist. Sie meinen das aufgrund ihrer klinischen Beobachtungen und aufgrund von Untersuchungen, die – man muß es wohl sagen – ziemlich gegensätzlich sind gegenüber den Untersuchungen, die uns Herr Schmidt mitteilte. Unsere eigenen Erfahrungen mit der Neurochirurgie und der NLA bestätigen die großen Erfahrungen dieser beiden, also Gött und Brown, in einer bemerkenswerten Art, so daß wir auf dem Standpunkt stehen, daß es im Moment für die Neurochirurgie fast nichts Besseres und Gleichwertigeres als die NLA gibt. Ich wähle bewußt diese vielleicht etwas überspitzt erscheinende Formulierung. Die amerikanischen Anaesthesisten, die, wie Sie wissen, in zunehmendem Maße die NLA anwenden, haben sie gleichfalls auf dem Gebiete der Neurochirurgie eingesetzt und die Berichte, die wir bisher erhalten haben, decken sich genau mit den Erfahrungen von Brown, Gött und uns selbst. Vielleicht sollte man auf einige spezielle Punkte näher eingehen: Die Untersuchungen, die Sie uns gestern zeigten, Herr Schmidt, waren einmal – wie Sie sagen zu 50% – belastet von der zusätzlichen Anwendung von Halothan. Sie sagen, daß der Zusatz von Halothan zum Barbiturat und zur NLA methodisch vergleichbar sei. Dem möchte ich widersprechen. Die Barbiturateinleitung bei einer Halothannarkose ist die Regel. Wir wissen aber, daß zwischen der NLA und einer auch noch so schwachen Halothan-Konzentration – auch wenn es nur Ihre 0,5 Vol.% sind, unter Beatmung, das möchte ich betonen – offensichtlich ein sehr potenzierender Effekt besteht. Eine zufällige Beobachtung in der eigenen Abteilung kann das unterstreichen: Ich wurde gerufen, als ein Assistent eine NLA durchführte und plötzlich der Blutdruck wesentlich stärker abgefallen war, als man erwarten konnte. Die Dosierung stimmte, die Beatmung stimmte, es war kein Volumenmangel aufgetreten. Da entdeckten wir, daß der in den Narkoseapparat eingebaute Halothan-Verdampfer, mit dem zuvor eine Halothan-Narkose durchgeführt worden war, auf 0,5 Vol.%

(also exakt Ihre Dosierung) eingestellt war. Der in NLA befindliche Patient war ¼ Std. lang mit einem Gemisch von Lachgas-Sauerstoff im Verhältnis 3:1 mit 0,5 Vol.% beatmet worden! Wir haben das abgestellt und 5 min später war dieser Blutdruckabfall ohne irgendeine andere therapeutische Maßnahme beseitigt und für die weiteren $2^1/_2$ Std. der Anaesthesie fiel er auch nicht einmal um 10 mm Hg.

Wenn ich Sie recht verstanden habe, sprachen Sie gestern davon, daß der periphere Widerstand bei Ihren Untersuchungen mit der NLA anstieg. Das entspricht aber doch wohl nicht dem, was Sie, Herr BUHR, bei Ihren Untersuchungen gesehen haben. Bei Ihren Analysen nahm der periphere Widerstand doch wohl ab bzw. blieb gleich. Das ist auch viel wahrscheinlicher, denn es ist ja so, daß das Dehydrobenzperidol eine Gefäßdilatation hervorruft. Diese führt zwar zu keinem starken Tonusverlust, ist jedoch sehr deutlich in jedem Plethysmogramm zu beobachten, zumindestens bei der üblichen Technik der NLA. Ich kann mir diesen Unterschied nicht erklären, vielleicht kann Herr BUHR dazu Stellung nehmen.

Buhr: Darf ich vielleicht zunächst etwas Grundsätzliches sagen. Die Untersuchungen und Ergebnisse von Herrn SCHMIDT – z. B. und gerade bei der Barbituratnarkose, – die Sie ja zum Vergleich mit der NLA hinstellen – gaben mir einen etwas sonderbaren Eindruck. Wenn ich zurückdenke an die vorwiegend tierexperimentellen Untersuchungen von WETZLER, THAUER und GREVEN, so war immer das Dominierende die Tatsache der Verminderung der Fördervolumina des Herzens und ein starker, ich möchte sagen exzessiver Anstieg des peripheren Gesamtströmungswiderstandes. Es waren zwar primär tierexperimentelle Untersuchungen, die aber auch Anlaß waren, vor einigen Jahren vor einer großen Kreislauftagung in Bad Nauheim über das Thema „Narkose und Kreislauf", daß diese Dinge stark in den Vordergrund gerückt wurden: Verkleinerung des Schlagvolumens, Minutenvolumens, Verkleinerung der Amplitude und starke Aszendenz des peripheren Strömungswiderstandes. Dann sind Untersuchungen von DUISBERG und SCHRÖDER schon während der Kriegszeit gemacht worden, und zwar nicht nur tierexperimentell, sondern auch speziell an Patienten, und diese haben dieses Ergebnis bestätigt. Ich habe in den Jahren 1949–52 – ich möchte sagen, wohl als erster – umfangreiche Untersuchungen am Menschen gemacht und war überrascht (ich kannte die tierexperimentelle Literatur gar nicht), daß alles wunderbar übereinstimmte. Umso verwunderlicher und unerklärbar erscheinen mir Ihre Ergebnisse mit der Barbituratnarkose.

Weiter war mir sehr interessant, von Herrn KREUSCHER zu hören, daß sich im Rahmen der NLA die dynamischen Zeitwerte nicht nennenswert verändern. Ich habe früher Untersuchungen gemacht im Rahmen meiner anderen kreislaufdynamischen Untersuchungen mit der Barbituratnarkose, wobei sich herausstellte, daß da die Anspannungszeit stark verlängert ist und auch deutliche EKG-Veränderungen auftraten. Ich möchte eigentlich sagen, daß sich unter der Barbituratnarkose doch erhebliche Beeinträchtigungen des Kreislaufs darbieten. Auch ausländische Autoren aus den amerikanischen, skandinavischen und nordischen Ländern haben immer wieder diese Symptomatologie der Barbituratnarkose bestätigt, manchmal mit ganz anderen und vor allem viel moderneren Methoden. Ich bin nun kein Anaesthesist im engeren Sinne, ich meine aber, daß Sie eine sehr ausgedehnte Prämedikation gaben, und ich weiß nicht, wie weit diese Tatsache in Ihre so ganz anderen Ergebnisse hineinspielt.

Ich glaube, Sie manipulieren sehr mit dem Begriff des mittleren arteriellen Druckes. Dazu möchte ich sagen: Der mittlere arterielle Druck braucht sich nicht nennenswert zu verändern. Das Charakteristikum aus meinen Untersuchungen war eine Erniedrigung des systolischen und eine Aszendenz des diastolischen Druckes, d. h. also, daß sich der mittlere Druck nicht nennenswert verändern muß, dennoch aber ganz beträchtliche hämodynamische Umstellungen resultieren könnten. Auf jeden Fall steht bei unseren Beobachtungen ganz exzessiv im Gegensatz zur Barbituratnarkose bei der NLA die Tatsache, daß sie sich in jeder Hinsicht kreislaufmäßig stabil benimmt. Mit gleicher Methodik, wie wir sie vor 15 Jahren anwandten, aber auch mit ganz neuen Methoden sahen wir immer wieder eine Erweiterung der Peripherie ohne einen Tonusverlust, keine Verminderung der Herzleistung und stabile Blutdruckverhältnisse.

Henschel: Herzlichen Dank, Herr Buhr. Bezüglich der Prämedikation möchte ich Ihnen zustimmen. Soweit ich gesehen habe, gibt Herr Schmidt zur Prämedikation u. a. Hydergin und mit dem Hydergin kommen wir schon auf eine Beeinflussung der Gefäß-Peripherie.

Zur Frage der Kreislaufveränderungen bei Einleitung der NLA hat sich nun aber Frau Drasche gemeldet.

Drasche: Ich möchte nur eine prinzipielle Frage stellen, die uns in Wien einigermaßen zugesetzt hat, und zwar wird geraten, zur Prämedikation auch Atropin zu geben. Wir machten nun folgende Erfahrungen: Mit $^1/_2$ oder 1 mg Atropin hatten wir eher eine anti-analgetische Wirkung und einen zentral stimulierenden Effekt beobachtet. Ich glaube nicht, daß bei einer Dosierung von $^1/_4$ bis zu $^1/_2$ mg Atropin die vagolytische Wirkung in irgendeiner Weise wesentlich beeinflußt werden kann. Wir haben 500 Narkosen ohne Atropin gemacht und hatten dabei wesentlich bessere Kreislaufverhältnisse, vor allen Dingen in der Einleitungszeit, wo wir bei Atropin bei einer Dosierung von $^1/_2$–1 mg eine gewisse Unruhe sahen. Und nun möchte ich fragen, ob wir das Atropin aus diesen Gründen in der Prämedikation nicht evtl. weglassen können.

Henschel: Wir haben uns über die Frage des Atropins in der Prämedikation vor einem Jahr in Beerse unterhalten, als einige Anaesthesisten aus Europa und Amerika zusammenkamen. De Castro sagte uns damals, daß er in einer großen Serie von Fällen auf Atropin verzichtet hat. Ich möchte auch fast meinen, daß man darauf verzichten kann. Wir haben in Deutschland jedoch nicht darauf verzichtet, weil hier seit einem vor Jahren – ich glaube, von Herrn Just – gehaltenen Vortrag die Meinung aufgebracht wurde, daß bei jeder Art von Narkose, wo kein Atropin gegeben wird und es dann zu einem Zwischenfall kommt, der Jurist von einem Kunstfehler sprechen kann. Es ging damals um Kurznarkotika, bei denen man tatsächlich auf Atropin verzichten kann, aber die Sache ist nun einmal fixiert. Daher die vielleicht psychologisch verständliche Situation, daß wir kein Exempel statuieren wollten. Wir haben daher zunächst $^1/_2$ mg Atropin gegeben und bekamen dabei heraus, daß die Pulsfrequenz bei der NLA dann immer zwischen 90 und 100 Schlägen pro Minute liegt. Wir haben dann einmal gewagt, bei einigen wenigen Fällen das Atropin wegzulassen und bemerkten, daß nach der Fentanyl-Injektion (von 0,4–0,6 mg) mitunter eine Bradycardie von weniger als 60 Schlägen pro Minute auftrat. Wir kamen dann auf die mittlere Menge von ¼ mg und nun spielt sich die Pulsfrequenz um 70 Schläge pro Minute ein. Deswegen sind wir dabei geblieben.

Die Frage ist jedoch sehr wertvoll und ich möchte Sie fragen, wer aus Ihrem Kreise zum Verzicht auf Atropin etwas sagen kann.

Schweder: Ich kann meine Stellungnahme natürlich nur auf Kinder beziehen. Wir haben seit einiger Zeit die NLA beim Kind immer ohne Atropin durchgeführt, und zwar aus zwei Gründen: das eine ist die Indikation zur Durchführung der NLA beim Kind überhaupt, das sind nämlich die „feuchten Lungen". Wenn man in diesen Fällen Atropin gibt, kann man das Sekret nicht mehr hinreichend absaugen. Zweitens: Meine Neugeborenen mit Ösophagotrachealfistel, die eine spezielle Indikation zur NLA darstellen, haben an sich eine sehr hohe Schlagfrequenz von 100 bis 140 Schlägen pro Minute. Wenn ich denen noch Atropin gebe, kann ich die Herzfrequenz kaum noch kontrollieren. Ich brauche aber diese Kontrolle, denn ich muß ja einen Anhaltspunkt haben, wann ich eine neue Injektion von Fentanyl zur Schmerzausschaltung vornehmen muß. Wir übersehen jetzt 58 Fälle von Ösophagusatresie, bei denen kein Atropin gegeben wurde. Wir haben nichts Nachteiliges zu berichten.

Henschel: Vielen Dank für diesen Hinweis.

Shkedi: Ich habe zufällig ein paar Fälle mit Glaukom anaesthesiert, wo man ja auf Atropin verzichten muß. Dabei erschien es mir, als ob die NLA etwas kreislaufstabiler durchführbar war als nach Atropin·Prämedikation. Und seit der Zeit habe auch ich bei allen NLA-Fällen die Dosis von Atropin reduziert.

Henschel: Herzlichen Dank.

Was aber nun unbedingt besprochen werden muß, ist die Tatsache, daß zweierlei Kreislaufveränderungen bei Einleitung der NLA beobachtet werden können. Einmal ein gewisser Blutdruckabfall, der bei unserer Technik nie mehr als 20 mm Hg beträgt, also praktisch in dem Bereich bleibt, den man auch bei einer Barbiturateinleitung hat. Dabei muß gesagt werden, daß dies vielleicht gar keine realen Werte sind, denn der Blutdruck, den wir beim Patienten messen, ist oft – auch bei bester Prämedikation – durch eine gewisse Aufregung stimuliert. In dem Moment, wo nun die Entspannung in Form der Anaesthesie kommt, wird der Blutdruck etwas abfallen und dann evtl. auf diesem, sagen wir, Ruhe-Wert bleiben. Also auf der einen Seite ein gewisser Blutdruckabfall, bemerkenswerterweise zusammen mit einem Abfall der Pulsfrequenz und auf der anderen Seite ganz gegenteilige Kreislaufveränderungen bei Einleitung der NLA, indem – wenn die Patienten intubiert oder gelagert werden – Blutdruck und oft auch Pulsfrequenz ansteigen. Wir haben die Erklärung für letzteres darin gesehen, daß dann eben noch keine genügende Neurolepsie, vor allem aber Analgesie erreicht ist. Oft sind das Veränderungen, die man normalerweise in einem Narkoseprotokoll gar nicht sieht, denn der Durchschnitts- anaesthesist mißt ja in dem Moment, wo intubiert oder gelagert wird, keinen Blutdruck, sondern dieser Blutdruck wird erst gemessen, wenn der Patient wieder im Operationssaal ist. Nur wenn man fortlaufend registriert – und das hat Herr Buhr bei uns getan – bemerkt man diese ganz kurz- fristigen, aber immerhin eine Unruhe ergebenden Veränderungen, wobei in unseren Fällen die Abweichung nach oben viel häufiger eintritt als eine echte Blutdrucksenkung zu bemerken ist.

Rittmeyer: Diese Blutdrucksenkung, die doch immerhin in einer gewissen Anzahl von Fällen nach Einleitung mit Dehydrobenzperidol vor- handen ist, kann sich natürlich gerade in der Risiko-Anaesthesie bei Patienten mit Coronarsklerose deletär auswirken. Bei diesen Kranken genügt ja unter Umständen eine Blutdrucksenkung um 20 mm Hg systo- lisch, um eine akute Coronarinsuffizienz hervorzurufen. Deshalb empfehlen wir, bei einem Risikopatienten das Dehydrobenzperidol etwa eine ¾ Std. vor der Einleitung intramuskulär zu geben. Danach haben wir nie einen Blutdrucksturz gesehen.

Henschel: Herr Rittmeyer, das ist ein sehr wertvoller Hinweis, den Sie uns geben und der beherzigt werden sollte.

Langrehr: Wenn ich zu diesen initialen Blutdruckschwankungen nach oben und nach unten etwas sagen soll: Was man gestern in den Kurven sehen konnte, ist natürlich durchaus nicht aufregend und ich würde sagen, das ist die Norm bei sämtlichen Narkosen, die auf dieser Erde gemacht werden. Immer, wenn man rasch intravenös oder über die Atmung ein Narkotikum anflutet, bekommen Sie solche Blutdruckeffekte. Sie müssen ja erst in eine Narkose kommen. Sie messen diese natürlich nie, wie Herr Henschel ganz richtig gesagt hat. Machen Sie sich die Mühe und legen einen Katheter in die Arteria radialis, machen Sie dann 10 Narkosen mit

Äther, Chloroform, Halothan, Penthrane oder womit Sie wollen, dann bekommen Sie bei jeder dieser Narkosen im Initialstadium eine Unruhe. Das ist ganz selbstverständlich und das ist auch für das Dehydrobenzperidol gar nichts Aufregendes. Natürlich sind diese initialen Blutdruckänderungen verschieden. Sie können Anstiege bekommen, wie wir sie vom Äther kennen, und Sie können Abfälle erhalten, wie sie bei einer Reihe von intravenösen, peripher dilatierenden Narkotika, z. B. bei den Phenoxyessigsäurederivaten vorkommen. Wenn Sie Succinyl injizieren, bekommen Sie immer einen Blutdruckabfall mit der entsprechenden Tachycardie, häufig gibt es eine kurze bradycarde Phase. Ich würde sagen, daß einen die initiale Unruhe nie so sehr beunruhigen sollte, da wir bei jeder Form einer Narkose damit rechnen müssen. Wenn Sie Risikopatienten haben, können Sie das nur dadurch umgehen, daß die Konzentration, die Sie heranbringen, nicht so steil ansteigt, also durch präoperative Vormedikation oder sehr langsame Injektion der Mittel. Dadurch sind derartige Schwankungen, die sicherlich nicht uninteressant sind, zu vermeiden. Ich möchte aber jetzt noch ein Wort zum Atropin sagen. Auf der einen Seite ist es an der Zeit, endlich einmal klarzulegen, daß man für jeden Eingriff Atropin nehmen sollte, und das bezieht sich im wesentlichen auf die ambulant durchgeführten Narkosen. Ich denke, man sollte jetzt nicht sagen, dieses und jenes Mittel braucht kein Atropin, sondern man sollte vielleicht etwas vorsichtiger formulieren und sagen, daß man auch mit der Atropin-Dosis natürlich variieren soll. Wenn Sie mit Ihrer Atropin-Dosis von $^1/_2$ oder 1 mg heruntergehen auf $^1/_4$ mg, dann werden Sie die unangenehmen Effekte nicht mehr sehen. Umso mehr bei einem Mittel, das schon dazu neigt, eine Bradycardie zu machen, ganz gleich ob das nun eine Succinylinjektion ist oder ob das eine NLA ist, die die Tendenz hat, eine gewisse bradycarde Frequenz einzustellen. Ich persönlich würde daher nicht empfehlen, auf das Atropin zu verzichten, sondern – wenn man solche Unruhen sieht und unangenehm berührt ist von der Atropinmedikation – mit der Dosis zurückgehen.

Crul: Ich habe zu dem Bericht über die fortlaufende Registrierung vom arteriellen und venösen Blutdruck zu sagen, daß wir unsere letzten vier Fälle, die mit dem extrakorporalen Kreislauf operiert wurden, fortlaufend während der Einleitung registriert haben. Alle vier waren von seiten des Herzens ziemlich große Risikofälle, zwei Mitralinsuffizienzen und zwei Fallots. In allen vier Fällen war während der Einleitung der NLA, wenn man nur langsam vorgeht, keine Änderung des arteriellen Blutdrucks und vor allem, was uns noch wichtiger erscheint, keine Änderung des venösen Druckes – als Ausdruck einer Insuffizienz des rechten Ventrikels – zu sehen. Immer haben wir bei den Penthotal-Curare-Narkosen gesehen, daß schon nach der Induktion der zentralvenöse Druck ziemlich hoch war und wir wußten nicht, ob das ein normaler Zustand dieser Herzfehler-Patienten war oder ein Einfluß der Narkoseeinleitung. Bei diesen vier NLA-Patienten blieb der zentralvenöse Druck immer während der Einleitung und auch während der Eröffnung des Thorax normal, etwas unter oder eben um Null. Das hat uns doch etwas zu denken gegeben. Wir haben noch keine Erklärung dafür, aber es muß doch ein Unterschied der Einwirkung der NLA sein, weil die andere Technik, das Intubieren nach Gaben von Succinylcholin und die kontrollierte Respiration bei allen Fällen dasselbe sind. Zweitens möchte ich noch etwas zum peripheren Widerstand sagen. Wir wissen doch, daß der periphere Widerstand pharmakologisch gesehen immer bedingt wird durch das lokalsezernierte und zirkulierende Arterenol. Nun kann man pharmakologisch sehen, daß bei einer Probe, wie man sie meistens macht, über die Aktivität des Noradrenalins auf die Kontraktion des Vas deferens bei der Ratte in den Fällen, wenn man spezifisch adrenolytische und noradrenolytische Substanzen dazu gibt, sich die Aktionskurve parallel nach rechts verschiebt. Wir haben bei Versuchen mit unserer pharmakologischen Abteilung gesehen, daß diese Verschiebung am ausgeprägtesten bei Hinzufügung von Dehydrobenzperidol, selbst in extrem niedriger Konzentration, war. Unsere Pharmakologen meinen, daß das Dehydrobenzperidol das stärkste adrenolytisch wirkende Mittel ist, daß sie bis heute untersucht haben. Und das muß doch eine Wirkung auf den peripheren Gefäßwiderstand haben.

Kreuscher: Ich habe bei meinen Untersuchungen bisher das Dehydrobenzperidol allein angewandt. Dabei fiel mir auf, daß der elastische Widerstand, vielmehr der Gesamtwiderstand, sehr wenig beeinflußt wurde. Wenn, dann im Sinne einer Abnahme. Aber das konnte statistisch gar nicht einmal gesichert werden. Es ist nun die Frage, ob nicht die Kombination von Dehydrobenzperidol und Fentanyl Veränderungen macht, was uns bisher noch verborgen geblieben ist. Sind irgendwelche Untersuchungen bekannt, ob die Kombination von Dehydrobenzperidol mit Fentanyl ein anderes Bild ergibt, als wenn man Dehydrobenzperidol allein verabreicht. Ich war eigentlich etwas erstaunt darüber, denn wenn irgendwelche Kreislaufveränderungen zu erwarten wären, hätte ich sie vom Dehydrobenzperidol erwartet.

Henschel: Eine gewisse antagonistische Gefäßwirkung ist vom Fentanyl bekannt, nämlich eine Verengerung der peripheren Gefäße. Dabei halten sich beide Wirkungen bei der richtigen Dosierung offensichtlich die Waage, so daß keine nennenswerten Kreislaufveränderungen resultieren.

Rittmeyer: Ich möchte eine Frage an Herrn Crul stellen: Eine gefürchtete Komplikation der Chirurgie mit dem extrakorporalen Kreislauf sind Gerinnungsstörungen. Haben Sie unter Anwendung der Pharmaka der NLA Beeinflussungen des Gerinnungssystems in der offenen Herzchirurgie gesehen?

Crul: Nein. Nach Herzoperationen werden bei uns alle Arten von Gerinnungsuntersuchungen durch einen speziellen Hämatologen gemacht und der hat keine Veränderungen gesehen.

Henschel: Das entspricht auch einer persönlichen Mitteilung von Corssen aus Ann Arbor über seine Herz-Lungen-Maschinen-Fälle mit NLA.

Schmidt: Eine kleine Bemerkung zu diesen Gerinnungsstörungen. Praktisch jeder Schock macht eine Gerinnungsstörung. Wir haben das jetzt bei uns im Vergleich mit und ohne Harnstoffgabe untersucht. Es gibt einen Additionseffekt und man sieht, daß das Prothrombin absinkt, allerdings nicht in bedrohlichen Größenordnungen. Daß das Antithrombin ansteigt und das Fibrinogen vermindert wird, also das, was man sonst im Schock sieht, sieht man auch in der Narkose, das macht auch die Hypothermie und das Trauma bei Operationsbeginn. Das macht auch der Harnstoff, auch Sorbit und Plasmaexpander . . .

Henschel: Bitte, so interessant all das ist, ich muß Sie doch wieder auf das eigentliche Thema lenken und es hatte sich Herr Herden zu Wort gemeldet.

Herden: Ich möchte an die Bemerkungen von Herrn Rittmeyer anknüpfen. Wir sahen auch diese Blutdruckabfälle bei der Einleitung und ich glaube nicht, daß man sie so ganz auf die leichte Schulter nehmen sollte, denn gerade bei den Risikofällen, die zur NLA kommen, ist das teilweise nicht unerheblich. Wir haben nun nicht eine intramuskuläre Injektion gegeben, sondern wir haben nach de Castro die NLA mittels Thalamonal-Dauertropf durchgeführt – und dabei diese Blutdruckirretation bei der Einleitung nicht, zumindest nicht so ausgeprägt gesehen. Wir haben wiederholte Male bei der Einleitung fortlaufend gemessen und sahen nur ganz selten und ganz geringfügige Abfälle.

Henschel: Ich darf Sie einmal beruhigen, daß keiner unter uns ist, der irgendwelche Veränderungen bei der Einleitung einer Narkose „auf die leichte Schulter nimmt". Zum anderen entspricht das, was Sie sagen, völlig dem, was Herr Langrehr meint, wenn er sagt, daß eine schnelle intravenöse Injektion natürlich derartige Veränderungen stärker bewirken kann, als eine langsame Anflutung.

Prinzhorn: Wir sprechen doch hier vor allem über die initiale Unruhe der Blutdruckwerte überhaupt und wie Herr Langrehr schon betonte, ist es nicht nur ein Charakteristikum der NLA, sondern aller Narkoseverfahren. Wir haben angeordnet, daß die Patienten auch bei einer NLA vor Beginn der Einleitung etwa 30 sec oder 1 min vorher reinen Sauerstoff zu atmen bekommen und ich muß sagen, daß wir seither eine geringere Unruhe in diesen anfänglichen Blutdruckwerten sehen, was wohl eigentlich darauf hinweist, daß das ganze ein komplexer Vorgang ist, in den viele Dinge eingreifen.

Drasche: Ich möchte zur Debatte stellen, ob man nicht bei ganz schlechten Patienten die eben angegebene Infusion zur Einleitung der NLA doch in Erwägung ziehen sollte. Auch wir haben damit bei einer größeren Anzahl von Patienten ganz geringe Kreislaufschwankungen gesehen. Wir machen es aus „taktischen Gründen", weil wir viele Schüler haben, die nicht so vertraut mit der Methode sind, und weil uns die Dauertropf-Methode etwas sicherer erscheint. Auch beim unerfahrenen Anaesthesisten sahen wir seltener einen Blutdruckabfall als mit der fraktionierten Dosierung.

Henschel: Ich kann ihnen sagen, daß wir den Tropf auch bei poor-risk-Patienten nicht anwenden und keinerlei Schwierigkeiten haben, vielleicht, weil wir tatsächlich über NLA-erfahrene Mitarbeiter verfügen. Warum wir den Tropf ablehnen, habe ich an anderer Stelle schon wiederholt hinreichend begründet, ich möchte mich nicht noch einmal wiederholen.

Crul: Ich wollte noch betonen, daß nach der Einleitung der NLA nach der Injektion von d-Tubo-Curarin sehr oft – wenn man fortlaufend registriert – ein deutlicher Blutdruckabfall zu verzeichnen ist. Wir sind in den letzten Jahren auf Alloferin zur Relaxierung übergegangen und haben keine Blutdruckabfälle in diesem Ausmaße mehr gesehen.

Henschel: Das ist eine Beobachtung, die ich persönlich nur bestätigen kann. Auch wir beschäftigen uns mit dem Diallyl-Nortoxiferin und sehen wie Sie sehr konstante Blutdruckverhältnisse. Doch nun möchte Herr Schmidt noch ein letztes Wort sagen.

Schmidt: Ich bin dankbar für die vielen Anregungen, die ich bekommen habe, denn ich muß sagen, ich hatte die Ergebnisse, wie ich sie gezeigt hatte, nicht erwartet. Vieles, was Sie mir jetzt entgegengehalten haben, habe ich mir selbst entgegengehalten. Andererseits ist es aber so, daß es doch ganz gut gesicherte Ergebnisse sind, um die wir nicht herumkommen. Wir müssen also nachdenken, was steckt dahinter und wie können wir zu einer Synthese aller dieser Meinungen kommen. Ich glaube, das ist gar nicht so schwer. Wir werden uns schon einigen können. Es kommt doch meiner Ansicht nach darauf an zu beachten, ob die Herz-Zeit-Volumen-Verminderung in Korrelation zum Energiestoffwechsel steht, d. h. ob wir also einen vermehrten Abfall des Herz-Zeit-Volumens gegenüber dem Energiestoffwechsel haben. Auffällig war gestern bei all diesen Untersuchungen, die gezeigt worden sind, daß eine Periode – sagen wir von der 10.–40. min – abweicht von der übrigen Zeit, also nach der 40. min der NLA. Wir haben sicher in der ersten Stunde einen Sonderfall vor uns. In dieser Zeit, ich erinnere an die Untersuchungen von Herrn Gemperle, die sehr interessant waren, haben wir doch im Tierversuch Senkungen des Energiestoffwechsels von ungefähr 50% gesehen. Wenn ich an meine Herz-Zeit-Volumina denke, die von 5,2 auf 3 l pro Minute absinken, dann wäre sogar noch ein Plus von Herz-Zeit-Volumen da. Wir würden also nicht damit rechnen müssen, daß es zu einer Erhöhung der AV-Differenz, also zu einer vermehrten Ausschöpfung kommen muß. In dem Fall wäre ich vollkommen beruhigt und würde sagen, daß wir den Patienten, obwohl es zu einer so starken Herz-Zeit-Volumen-Senkung kommt, nicht schädigen. Ich habe in meinen einleitenden Worten zum Vortrag gesagt, warum uns das so unerhört wichtig sein muß, denn das Herz-Zeit-Volumen und die Hirndurchblutung – das kann ich an sehr vielen Untersuchungen, die ich parallel gemacht habe, nachweisen – gehen doch sehr weitgehend parallel sowohl in der einen wie in der anderen Richtung. Veränderungen des Herz-Zeit-Volumens nach unten führen zu einer Verminderung der Hirndurchblutung und umgekehrt kann ich z. B. mit Rheomacrodex das Herz-Zeit-Volumen max. um ungefähr 120% steigern, wenn ich 1000 ml in $^1/_2$ Std. einlaufen lasse und wenn ich die Hirndurchblutung zu diesem Zeitpunkt messe. Dabei steigt dann die Hirnsauerstoffaufnahme bei Hirntumorpatienten, die also ein Defizit haben, um 35% an. Ich habe leider noch keine umgekehrten Untersuchungen gemacht, denn man scheut sich davor. Ich könnte mir aber sehr gut vorstellen, daß bei einem Absinken des Herz-Zeit-Volumens – nach dem, was wir klinisch sehen – eben auch die Hirnsauerstoffaufnahme entsprechend absinkt. Deswegen scheint mir der Kardinalpunkt dieser Betrachtung zu sein: Wir müssen die Relation zwischen Herz-Zeit-Volumen und Energiestoffwechsel für diese Periode genauer feststellen. Das wird uns nachher beruhigen oder beunruhigen. Ich kenne noch keine solchen Untersuchungen, wir haben sie vor. Wir haben gerade jetzt angefangen, die hirnvenöse AV-Differenz für den Sauerstoff zu bestimmen bei solchen Zuständen, und zwar auch wieder mit und ohne Kippen, um zu sehen, wie sich die AV-Differenz im Hirn verhält, wenn das Herz-Zeit-Volumen in der einen oder anderen Richtung verändert wird. Somit ist die Einleitungsperiode meines Erachtens ein Sonderfall. Was nachher passiert, weiß ich nicht, ich habe es nicht untersucht, es scheint jedoch wesentlich günstiger zu sein. Man sieht aber auch, daß der Stoffwechsel in der folgenden Periode erhöht wird. Ich erinnere mich an die Zahl, ich glaube nach 2 Std. hatten wir 75% und da muß dann auch wieder das Herz-Zeit-Volumen hoch, und wir müssen eine größere Amplitude sehen. Was den arteriellen Mitteldruck anbelangt, geht es ja in derselben Richtung. Ich spreche ja hier immer als Neurochirurg und wir haben es eben mit zum Teil exzessiven Erhöhungen des intrakraniellen Druckes zu tun und da ist die Kompensationsfähigkeit zum größten Teil erschöpft. Ich erinnere an die Untersuchungen von Herrn GEMPERLE, die das alles ja sehr eindeutig nachgewiesen haben. Wir können es uns also nicht leisten, einen Blutdruckabfall in Kauf zu nehmen, und zwar ganz besonders dann nicht, wenn eine reaktive Blutdrucksteigerung als Folge einer Hirnstammhypoxie schon vorliegt. Diejenigen von Ihnen, die auch neurochirurgische Anaesthesien machen, werden beobachtet haben, daß es bei tiefliegenden Prozessen oder bei einem tiefliegenden Ödem in sehr vielen Fällen zu sehr starken reaktiven Blutdrucksteigerungen kommt, wobei vor allen Dingen der diastolische Druck mit ansteigt. Das sehen wir bei der hinteren Schädelgrube, wo in 86% der Fälle postoperativ der Blutdruck außerhalb der „zweimal-Sigma-Grenze" des normalen Blut-

drucks liegt. Meiner Auffassung nach ist das ein Schutzreflex. Wir haben das
früher einmal unterbrochen und böse Erfahrungen gemacht: Die Patienten
hören mit einem Mal auf zu atmen, die Pupillen reagieren nicht mehr und es
ist nichts mehr zu retten, da eine irreversible Ischämie eingetreten ist. Meine
Betrachtungen zielen ja besonders auf diese Risikopatienten hin. Ich gebe
gerne zu, daß in 90% aller neurochirurgischen Operationen ein Blutdruckabfall von 10–20 oder gar 30 mm Hg gar keine Bedeutung hat. Das ist gar
nicht das Problem, sondern es geht darum, daß die Patienten, die gefährdet
sind, in schonender und richtiger Weise anaesthesiert werden.

Henschel: Ich glaube, daß wir Ihnen für diese erschöpfende Stellungnahme dankbar sein müssen. Ich möchte Ihnen aber sagen, daß wir mit der
NLA gerade bei den von Ihnen zitierten 10% Risikopatienten die im Ver-
gleich zu früher auffallendsten positiven Eindrücke gewonnen haben. Ich
stimme Ihnen zu, daß die Stoffwechselveränderungen, von denen Herr
Gemperle gesprochen hat, eine große Rolle spielen und wahrscheinlich der
Schlüssel für viele Erklärungen sind. Ich bin mit Ihnen einig, daß das unter-
sucht werden muß. Wenn unser Gespräch die Anregung für derartige
Untersuchungen gewesen ist, so ist der Zweck eines Gespräches im engeren
Kreise schon erfüllt.

Ich möchte nun zum nächsten Punkt übergehen, nämlich dem der
Neuroleptanalgesie mit Spontanatmung. Ich sagte gestern in meiner Ein-
leitung, daß, nachdem das Dehydrobenzperidol und das Fentanyl heraus-
gekommen waren, vor allem von de Castro gesagt wurde, daß nun der
Schlüssel gegeben sei, nur noch NLA in Spontanatmung durchzuführen.
Ich möchte Ihnen dazu meine persönliche Meinung zur Diskussion stellen.
Ich glaube, daß die kontrollierte Ventilation oder auch die assistierte
Ventilation, wobei ich jedoch aus bekannten Gründen der kontrollierten
Beatmung den Vorzug gebe, eine wesentlich bessere und sicherere NLA
ermöglicht.

Berkel: Als einige Publikationen und Hinweise erschienen waren, daß
man NLA mit Spontanatmung machen könne, habe ich das in einigen
Fällen versucht und dabei Registrierungen gemacht. Dazu möchte ich
Ihnen drei Narkoseberichte demonstrieren. Im ersten Fall (Abb. 3)
handelt es sich um eine Mamma-Ablatio unter einer zunächst einmal mit
Barbiturat eingeleiteten Halothan-Narkose, bei der dann wegen ungenügender Schmerzfreiheit 15 mg Dehydrobenzperidol und 0,05 mg Fentanyl
gespritzt wurden. Danach kam es zu einem Abfall des Atem-Minuten-
Volumens von 5,5 auf 2,25 l pro Minute und das Wiederauftreten einer
einigermaßen ausreichenden Ventilation war erst nach 30 min zu registrieren. Da während dieser Zeit die Kreislaufverhältnisse gut blieben, habe
ich das Experiment durchgeführt. In einem zweiten Fall habe ich eine reine
Halothan-Narkose (also auch mit Halothan-Einleitung) registriert (Abb. 4).
Es wurden ebenfalls später Dehydrobenzperidol und Fentanyl dazu

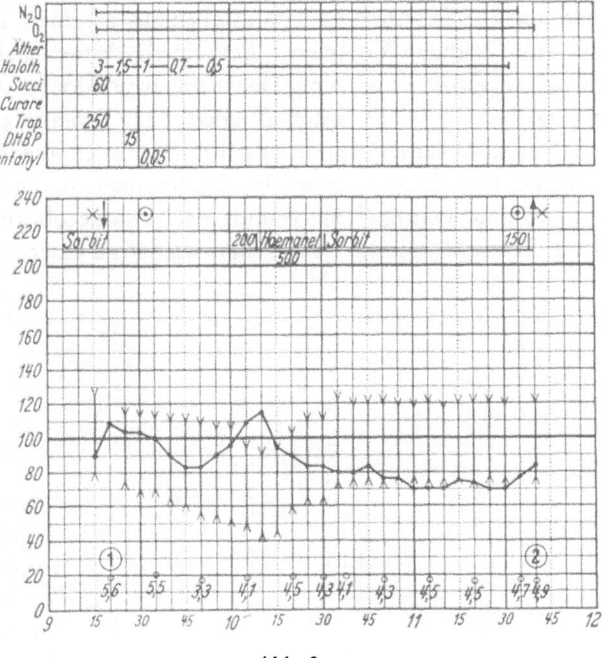

Abb. 3.

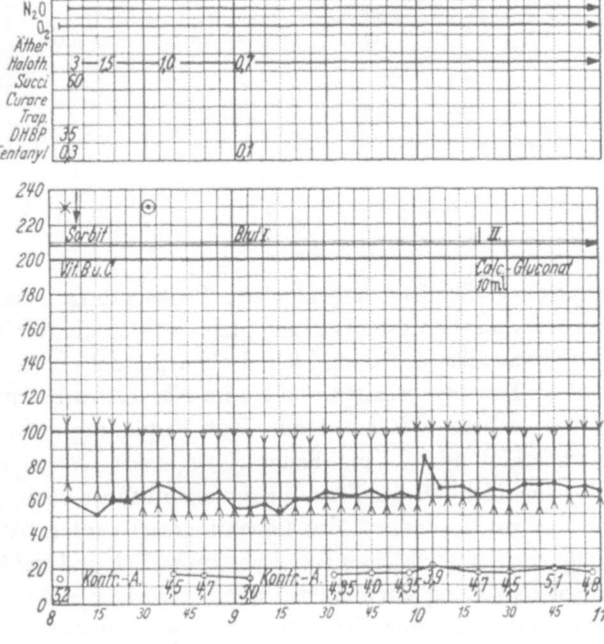

Abb. 4.

12*

gegeben und auch in diesem Falle kam es ebenfalls zu einem erheblichen Abfall des Atem-Minuten-Volumens. Bei einem dritten Fall (Abb. 5) leiteten wir die Anaesthesie mit 35 mg Dehydrobenzperidol (es war Anfang 1963, als wir noch etwas höher dosierten) und 0,3 mg Fentanyl ein. Es kam danach zu einer kompletten Apnoe und für 35 min mußte kontrolliert ventiliert werden. Erst danach war wieder eine Spontanatmung zu erzielen, die 4,5 l pro Minute betrug. Eine Stunde nach Narkosebeginn wurden erneut 0,1 mg Fentanyl injiziert und es kam wieder zu einer 30minütigen

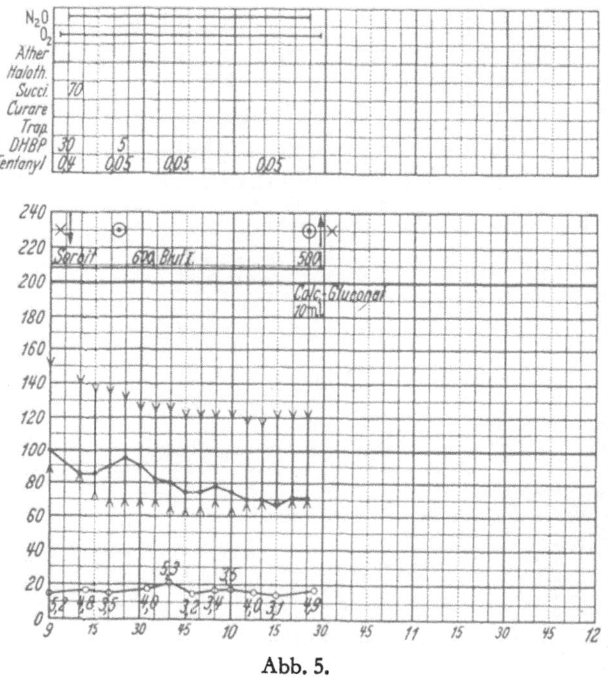

Abb. 5.

kompletten Apnoe. Schließlich eine vierte Beobachtung. Eine Patientin sollte wegen dauernder heftigster Gallenkoliken cholekzystektomiert werden. Sie hatte zur Prämedikation 10 mg Dehydrobenzperidol und 0,5 mg Atropin, jedoch kein Fentanyl erhalten und lag im Narkosevorbereitungsraum. Da traten erneut heftige Koliken auf. Zur Kupierung habe ich 5 mg Dehydrobenzperidol und 0,1 mg Fentanyl gegeben: sofortige Schmerzfreiheit. Ich habe mich mit der Frau, die gut ansprechbar blieb, 5 min lang unterhalten und mußte dann in den Operationssaal zurück. Als ich nach 3 min zurückkehrte, war die Frau apnoisch, zyanotisch und tief bewußtlos. Nach Sauerstoffbeatmung war binnen 1 min der vorherige Zustand wieder erreicht. Ich bin der Meinung, daß man auf die Spontanatmung verzichten sollte.

Henschel: Vielen Dank. Zu den ersten beiden Fällen ist zu sagen, daß hier sicherlich wieder ein potenzierender Effekt zwischen den verschiedenen Pharmaka vor allem zum Halothan, den ich vorhin bereits einmal nannte, vorliegt. Bei uns ist es jetzt so, daß die Spontanatmung unter NLA praktisch nicht mehr durchgeführt wird. Wenn wir jetzt ein Résumé ziehen über unsere 5000 Fälle, so macht die kontrollierte Beatmung 6/7 dieser Fälle aus. Die Unterschiedlichkeit der Ansprechbarkeit auf die Atemdepression des Fentanyl ist – wie von vielen anderen Analgetika – bekannt und Ihre letzten beiden Fälle dürften markante Beispiele sein.

Gemperle: Wir haben für den Wiener Kongreß im Jahre 1962 peroperative pCO_2-Bestimmungen durchgeführt mit verschiedenen Narkoseverfahren. Am besten schnitt dabei der Äther ab und diese Patienten hatten ein pCO_2 von etwa 50 mm Hg. Halothan war grauenhaft und wir hatten Werte bis zu 70 mm Hg pCO_2. Mit der NLA hatten wir zu dieser Zeit begonnen und die dabei erhaltenen Werte rangierten zwischen Äther und Halothan. Seit diesem Zeitpunkt habe ich meinen Mitarbeitern verboten, NLA in Spontanatmung durchzuführen und ich glaube, man sollte darauf insistieren, daß das einfach verboten werden muß!

Prinzhorn: NLA und Spontanatmung ist ein Thema, das uns gerade in der Bundeswehr sehr interessiert. Wir suchen ja für Massenkatastrophen nach einem Anaesthesieverfahren, das apparatunabhängig ist und wo wir praktisch nichts an Hilfsmitteln haben. Im Endeffekt müssen wir wieder mit einer Flasche Äther in der Hosentasche die Narkose durchführen. Aber da ist die Feuergefährlichkeit und die anderen unangenehmen Begleiterscheinungen der Äthernarkose. Also sind wir dabei, uns weiterhin – auch trotz Verbotes aus der Schweiz – mit der Spontanatmung bei der NLA zu beschäftigen, weil wir uns damit beschäftigen müssen, vielleicht mit einer einfachen kontrollierten oder assistierten Beatmung mit dem AMBU-Beutel. Aber auch den haben wir ja nicht immer dabei. In unseren HNO-Fällen mache ich weiterhin in Spontanatmung NLA. Ich gebe etwa 0,4 mg Fentanyl und komme bei unseren Patienten, die ja meistens kräftige junge Leute sind, mit 25 mg Dehydrobenzperidol aus. Um die apnoische Phase zu überbrücken, assistiere ich die Beatmung durchschnittlich 6–10 min, danach ist die Spontanatmung so da, daß wir ein Atem-Minuten-Volumen von 6–7 l pro Minute messen können, und ich habe nie etwas Gegenteiliges dabei gesehen. Ich meine, daß da auch eine Frage der Methodik mit hineinspielt.

Henschel: Das ist richtig. Sie demonstrieren uns durch Ihre Technik das, was ein Soldat haben muß: Mut.

Ich glaube eines: es ist eine der goldenen Regeln der Anaesthesie, daß man keine, auch noch so kurze Barbituratnarkose durchführen soll, wenn man nicht die Möglichkeit für eine Beatmung hat, und ich sage, man sollte eine NLA auch bei entsprechendem Mut und bei entsprechend kräftigen Leuten nur unter diesen Kautelen durchführen!

Kreuscher: Wir verwenden die NLA mit Spontanatmung bei HNO-Eingriffen als Zusatz zu einer Lokalanaesthesie. Ich muß aber auch sagen, daß wir erstens die Atmung sorgfältig kontrollieren und immer eine Möglichkeit zur Beatmung haben, und daß wir zweitens auch eine andere Technik anwenden. Wir nehmen in diesen Fällen nämlich nicht Fentanyl, sondern Phenoperidin und dosieren das außerordentlich niedrig. Vielleicht ist das eine Berechtigung für eine weitere Existenz des Phenoperidin.

Berkel: Bei urologischen, endoskopischen Eingriffen habe ich eine Peridural-Anaesthesie mit geringen Mengen Dehydrobenzperidol und minimalen Dosen Fentanyl kombiniert. Das geht, wenn man Kontakt mit den Patienten hält, recht gut.

Schmidt: Für die neurochirurgisch Interessierten: Der Anstieg des pCO_2 um 6 mm Hg kann schon bei einer Ausgangslage von 100 mm Liquordruck eine Steigerung auf 400 mm machen und wenn man Patienten hat, die bereits 300 mm haben, erreichen Sie 1000 mm. Das wird schon nach einer Apnoe von 1 min möglich. Sehr gefährlich also!

Rittmeyer: Meine Ansicht dazu ist: Der junge, kräftige Mensch hält viel aus. Nun handelt es sich aber bei Anwendung der NLA vorwiegend um Patienten mit einem erhöhten Narkoserisiko und diese Patienten sind schon durch eine geringe Hypoxie und eine geringe Hypercapnie aufs Äußerste gefährdet. Es gibt kein Anaesthesieverfahren, welches nicht mit einer Atemdepression verbunden ist und deshalb sollte man wirklich die kontrollierte Beatmung generell durchführen und gerade auch bei der Neuroleptanalgesie, wenn nicht in Ausnahmefällen eine besondere Indikation für die Spontanatmung, z. B. durch das Erfordernis einer aktiven Mitarbeit des Patienten besteht.

Henschel: Ich stimme Ihnen voll und ganz zu. Wozu haben wir heute in der Anaesthesie die Möglichkeit, sicher kontrolliert zu beatmen.

Bergmann: Gestern und heute war wiederholt die Rede davon, daß die NLA vornehmlich beim Risikofall ihre guten Seiten auszuspielen in der Lage ist. Ich stimme dem zu, halte es aber als Inkonsequenz, wenn man aus diesem Grunde dem Normalfall die NLA verwehren wollte. Wir stehen auf dem Standpunkt, daß zwei Kriterien für die Indikation zur NLA gelten können: Erstens eine Operationsdauer mit einem Minimum von etwa $^1/_2$ Std. und zweitens die Indikation zur kontrollierten Beatmung. Darüber sollte nicht diskutiert werden. Wir müssen, wenn wir eine neue Methode einführen wollen, daraus eine sichere Methode machen, um nicht diese Methode zu Unrecht in Mißkredit zu bringen, wenn sie nämlich Leute in die Hände bekommen, die unerfahren sind und in einem einzelnen Fall darüber stolpern und dieses Stolpern dann der Methode zur Last legen.

Drasche: Wir möchten uns den Ausführungen von Herrn Gemperle anschließen, vor allem bezüglich der Spontanatmung bei schweren Unfällen, also bei Schockpatienten. Bei diesen Fällen intubieren wir die Patienten und assistieren die Beatmung immer.

Gemperle: Es ist nur zu sagen, daß Sie eine assistierte Beatmung bei einem Assistenten, der vielleicht erst ein Jahr Anaesthesie ausübt, nicht verlangen können. Dann lieber spontan atmen lassen, als eine schlechte assistierte Beatmung.

Henschel: Nun, ich mache es mit meinen Assistenten auch so: entweder Spontanatmung oder kontrollierte Ventilation.

Stürzenbecher: Bei Eingriffen am Ohr (Stapes-Plastiken z. B.) machen wir die NLA bei intubierten Patienten in Spontanatmung. Man hat da den Patienten in der Hand, beobachtet ihn, dosiert ganz individuell und das geht eigentlich immer sehr gut, wo wir die Mitarbeit des Patienten brauchen. Natürlich muß man am Patienten sitzen und aufpassen.

Henschel: Das machen wir in diesen speziellen Fällen auch so. Es geht nur darum, ob man die NLA mit Spontanatmung generell empfehlen soll und ich möchte sagen, daß diese Variante der Technik dem Erfahrenen vorbehalten bleiben muß. Beim Unerfahrenen kommen die eben von Herrn BERGMANN genannten Zwischenfälle und es war dann niemals die eigene Unachtsamkeit, sondern die Methode. Bekanntlich zählen nicht 100000 positive Beobachtungen, sondern es fallen zwei negative ins Gewicht!

Schorer: Wir lehnen in Göttingen die assistierte Beatmung grundsätzlich ab, weil es zu einer Hebung des Beatmungsmitteldruckes um etwa 10 cm Wassersäule kommt. Und diese 10 cm vermindern das Herz-Zeit-Volumen um 30–40%. Also braucht man da wohl gar nicht weiter zu diskutieren.

Ritsema van Eck: Eine kleine Bemerkung nur: Wir haben die Sauerstoffsättigung gemessen bei richtiger Spontanatmung, also wenn man sagt, daß die Patienten doch gut atmen. Es war immer eine ungenügende Sättigung, etwa 85%, vorhanden, d. h. daß auch ein „gut atmender" Patient noch keine Sicherheit dafür ist, daß er auch gut oxydiert ist. Er hat praktisch immer eine Hypoxie.

Beyer: Wir haben bei gehörverbessernden Operationen nicht intubiert, sondern zur Lokalanaesthesie eine NLA gegeben, zum Teil im Dauertropf. Wir haben allerdings eins gemacht, nämlich einen Sauerstoffkatheter durch die Nase gelegt, um eine maximale Sauerstoffsättigung zu erreichen. Dabei haben wir Operationen von einer Dauer bis zu 6–7 Std. ohne Intubation in Spontanatmung durchgeführt ohne nennenswerte Kreislaufveränderungen zu beobachten.

Gemperle: Ich möchte nochmals warnen. Es ist allgemein bekannt, daß Adrenalin-Zugabe in Lokalanaesthesie mit Halothan sich nicht aushält. Sie verträgt sich auch nicht mit der NLA. Ich bin einfach der Meinung, daß sie auch mit Halothan möglich ist, wenn eine genügende Beatmung gewährleistet ist. Dasselbe gilt für die NLA und ich komme wieder auf die Forderung zur kontrollierten Beatmung zurück. Wir haben in Zürich einen ganz speziellen Fall beobachtet, wo ein Herzstillstand ganz eindeutig $2^1/_2$ min nach Verabreichung einer Lokalanaesthesie in die Mundschleimhaut aufgetreten ist. Dieser Patient war schlecht ventiliert und wir hatten pCO_2-Werte von über 50 mm Hg. Ich glaube, daß das Kreislaufstörungen und Herzstillstände auslösen kann und möchte absolut warnen.

Schmidt: Darf ich noch einmal einen Rückgriff auf den ersten Punkt machen? Ich habe immer mit 8 l in der Minute beatmet. Kann nicht bei manchen Patienten gleich ein gewisser Weckeffekt vorhanden sein, wenn man eine Blutdrucksenkung nicht in dem Maße sieht infolge CO_2-Anreicherung, wenn eine gewisse Hypoventilation da ist? Das würde auch zu dem passen, was Sie mir entgegengehalten haben,. daß das Halothan die Narkose vertieft, wodurch wir vielleicht eine verstärkte Parasympathikotonie sehen. Es ist wohl eine Frage der Dosierung, wieviel man im ganzen gibt und eine flache Narkose hat eben die Tendenz zur Blutdrucksteigerung und eine tiefe Blutdrucksenkung.

Henschel: Da Sie die Sprache auf das CO_2 bringen, möchte ich wiederholen, was ich immer sage. Es ist wichtig, bei jeder Anaesthesie und damit auch bei der NLA auf ein gutes Abrauchen des CO_2 zu achten, wenn man nicht Hyperreflexibilität und Kreislaufveränderungen haben will. Bei einer Atemdepression wird nun aber einmal als erstes eine CO_2-Retention auftreten. Deswegen möchte ich zusammenfassend sagen, daß bei der NLA der Beatmung der Vorzug zu geben ist. Ich glaube, daß wir uns in diesem Punkt alle einig sind.

Das nächste Thema kann vielleicht sehr schnell besprochen werden, nämlich die Frage des intraoperativen Singultus unter der NLA. Über diesen problematischen Punkt der Anaesthesie ist schon viel diskutiert worden und erst vor kurzem ist eine Arbeit von Lutz erschienen, in der ganz interessante Beobachtungen mitgeteilt und neue Hypothesen aufgestellt wurden. Ich möchte darauf nicht näher eingehen, darf aber aus unserem Erfahrungsgut berichten, daß wir unter der NLA ganz selten – vielleicht in einer Zahl von 1 oder 2:100 – bei Bauchoperationen noch einen Singultus beobachten. Wir haben nach Gründen gesucht und glauben, daß die Ursache für das Verschwinden des Singultus bei diesen Operationen vielleicht darin zu suchen ist, daß die Patienten durch das Fentanyl so komplett analgesiert sind. Die beste Therapie, die wir bisher beim intraoperativen Singultus – bei anderen Anaesthesieformen – hatten, war doch, daß man 50 mg Pethidin injizierte, was viel besser wirkte, als eine zusätzliche Gabe von Atropin oder eine vorübergehende Überdruckbeatmung. Wahrscheinlich tritt ein intraoperativer Singultus am ehesten bei einer zu flachen Narkose, d. h. bei einer ungenügenden Analgesie, auf, wenn durch Zug am Gallenblasenhals oder an der kleinen Kurvatur des Magens dieser Reflex ausgelöst werden kann.

Berkel: Ich kann Sie in Ihren Beobachtungen voll und ganz bestätigen. Singultus ist extrem selten geworden. Er kommt in den Fällen einmal vor, wenn lange Zeit kein Fentanyl mehr gespritzt worden ist und plötzlich ein verstärkter Zug am Peritoneum oder an der Mesenterialwurzel stattfindet. Wenn man dann schon vorher etwa 0,05 mg Fentanyl gespritzt hat, tritt der Singultus gar nicht erst auf.

Schweder: Es kommt manchmal ja vor, daß der Anaesthesist während seiner Ausbildung auch chirurgisch arbeitet und ich meine, man kennt dann diese neuralgischen Punkte einer Bauchoperation und weiß, wann Singultus kommen kann. Wenn man also rechtzeitig das Analgetikum nachinjiziert, kann man den Singultus weitgehend vermeiden.

Henschel: Dann darf ich übergehen zu der Frage der Funktion des Magen-Darmtraktes während und nach Operationen in NLA. Es ist ein sehr wichtiger Punkt, der gerade in Deutschland schon einmal eingehend diskutiert wurde, als nämlich an einer Klinik, wo man einige Patienten in NLA operiert hatte, und davon, ich glaube, zwei Patienten nach einer komplizierten Magen-Darm-Operation etwa eine Woche post operationem an einer postoperativen Darmlähmung verlor und nun behauptet wurde, daß diese Darmatonie eine Nachwirkung der NLA sei. Seither findet man tatsächlich immer noch ab und an die Auffassung, die NLA fördere eine postoperative Magen-Darm-Atonie, insbesondere nach Abdominal-Eingriffen. Wir kennen Untersuchungen von Sabathie, der sich mit dieser Frage befaßt hat und die ganz deutlich zeigen, daß die Darmmotilität unter NLA nicht nur gedämpft, sondern sogar stimuliert wird. Das ist ja auch eigentlich von der Pharmakologie her zu erwarten, denn Sie kennen alle den Effekt morphinartiger Stoffe auf den Darm des Hundes, ich brauche da nicht näher darauf einzugehen. Wir haben in Bremen immer wieder die Darmmotilität während und nach Operationen in NLA beobachtet und haben niemals irgendeine Beeinträchtigung im Sinne einer Hemmung verzeichnen können. Unsere Chirurgen sagen, daß die Darmfunktion dieser Patienten postoperativ nie so gut wieder in Gang gekommen ist, wie jetzt nach Eingriffen in NLA.

Bergmann: Ich glaube, daß man einige Dinge vorausstellen muß, wenn man sich mit der Frage der Magen-Darm-Funktion und der Anaesthesie beschäftigt. Das erste ist, daß es wohl allgemein anerkannt ist, daß die Einwirkung der bei der Narkose und zur Prämedikation verwendeten Substanzen auf eine etwaige postoperative Störung der Magen-Darm-Funktion nur einen ganz untergeordneten Teilfaktor darstellt. Das zweite ist die bekannte Tatsache, daß man dem Acetylcholin doch in der Funktion des Magen-Darm-Traktes eine wesentliche Bedeutung zumißt und das dritte ist die ebenso bekannte Tatsache, daß die Untersuchungsmethoden, die uns zur Verfügung stehen, um die Magen-Darm-Funktion zu beurteilen, zumindest problematisch sind. Im Tierexperiment haben wir beim Ganztier keine physiologischen Verhältnisse wie beim Menschen und das isolierte Organ ist noch weniger in seinen Beurteilungen für die Humanmedizin zu verwerten. Allerdings können Sie mit dem isolierten Organ quantitative

Untersuchungen anstellen. Wir haben uns bemüht, eine Untersuchungstechnik anzugeben, die die Vorteile sowohl beim Ganztierversuch als auch des isolierten Organs verbindet. Wir injizieren die zu testende Substanz dem Tier intraperitoneal, lassen das nun bei dem sonst unbeeinflußten Tier einwirken, testen das Tier nach verschiedenen Zeitintervallen und untersuchen dann in zweiter Instanz das isolierte Organ mit Hilfe einer Acetylcholin-Verdünnungsreihe. Bei einer bestimmten Acetylcholin-Konzentration kommt es zum Auftreten von Kontraktionen, die im Verlauf von weiteren 5–6 Verdünnungskonzentrationsstufen bis zu einer Maximalkontraktion ansteigen. Als Maß der Empfindlichkeit des Darmes gegen Acetylcholin haben wir nun diejenige Verdünnungs- bzw. Konzentrationsstufe von Acetylcholin genommen, die uns 50 % der Maximalkontraktion bietet. Wenn es nun zu einer Verminderung der Acetylcholin-Empfindlichkeit des Darmes kommt, so wird nun erst bei einer höheren Acetylcholinkonzentration dieser Darm ansprechen. Die Dosiswirkungskurven werden demnach auf der Abszisse sich nach rechts verschieben. Die Einwirkung verschiedenster, in der Narkose verwendeter Substanzen auf die Darmfunktion ist ja bekannt. Wir sind mit dieser Untersuchungsmethode auch in der Lage, den zeitlichen Wirkungsablauf dieser getesteten Substanzen quantitativ zu bestimmen. Unsere Untersuchungen über die in der NLA verwendeten Substanzen – Dehydrobenzperidol und Fentanyl – sind noch nicht abgeschlossen. Wir können aber bisher auf Grund unserer bisherigen Untersuchungsergebnisse sagen, daß mit keiner der beiden Substanzen eine Verminderung der Acetylcholinempfindlichkeit des Darmes zustande gekommen ist. Das ist auch auf Grund der pharmakologisch bekannten Eigenschaften dieser Substanzen nicht zu erwarten. Die klinischen Konsequenzen, die daraus gezogen werden müssen, die wir auch auf Grund unserer klinischen Erfahrungen an etwa 5000 Neuroleptanalgesien bestätigen können, gehen nun dahin, daß es erstens zu keiner Verminderung der wirklich ins Gewicht fallenden postoperativen Darmmotilität bei der NLA kommt. Das zweite ist die Bestätigung der HENSCHELschen Ausführungen, daß eben der Darm in seiner physiologischerweise verminderten Funktion in der ersten postoperativen Zeit gerade bei der NLA wesentlich besser und früher wiederkommt, als es sonst beobachtet werden konnte. Man muß also als Konsequenz daraus postulieren, daß die NLA für den darmvorgeschädigten Patienten, also für den Ileus, die Methode der Wahl darstellen müßte.

Henschel: Vielen Dank, ich glaube, das ist doch eine sehr eindeutige Antwort.

Der nächste Punkt betrifft die NLA und die Nierenfunktion. Damit kommen wir vielleicht auf etwas Neuland, denn es sind bislang meines Erachtens keine sicheren und ausführlichen Untersuchungen darüber gemacht worden. Das, was wir bisher wissen, sind die Mitteilungen einiger

Fälle, wo es nach NLA zu keinem Anstieg des Rest-N kam, daß die Miktion postoperativ gut in Gang kam, also alles nicht optimal objektivierte Beobachtungen. Dabei ist bemerkenswert, daß selbst – ich muß ihn zitieren – Herr HOHMANN, der einen bemerkenswerten Artikel über die NLA im „Krankenhausarzt" geschrieben hat, als eines der Positiva angibt, daß die Miktion nach der NLA sehr gut wieder in Gang kommt. Wir haben in Bremen zusammen mit der Isotopen-Abteilung und unseren Urologen Funktionsstudien auf dem Wege über das Radio-Nephrogramm vor.

Kreuscher: Ich glaube, daß man dieses Problem in Blasenmotilitäts- und Nierenfunktionsstörungen teilen muß. Unsere Beobachtungen bezüglich der Blasenmotilität waren die, daß wir den Eindruck hatten, seltener postoperative Miktionsstörungen zu sehen als bei den herkömmlichen Narkoseverfahren. Es ist jedoch nicht exakt zu belegen. Man sollte Wert darauf legen, bei weiteren Untersuchungen streng zwischen Nierenfunktions- und Blasenfunktionsstörungen zu unterscheiden.

Berkel: Bei Magenresektionen gibt es häufig eine Blasenentleerungsstörung. Wir haben nach Halothan- und Barbituratnarkosen sehr häufig gesehen, daß der größte Teil der Patienten am Nachmittag nach der Operation katheterisiert werden mußte. Das trat nach NLA in wesentlich geringerem Maße auf. Dieser Effekt wurde aber völlig zunichte gemacht, wenn die Patienten auf der Station Pethidin bekamen.

Schmidt: Ich wollte eine Frage stellen: Wenn ich recht verstanden habe, ging es jetzt mehr um's Erfolgsorgan, dessen Ansprechbarkeit auf Medikamente oder Acetylcholin. Wie stellen Sie sich zu der Frage der zentralen Veränderung der Funktion von Blase und Darm und Magen. Ist darüber etwas bekannt oder wie sind Ihre Ansichten?

Bergmann: Ich habe Ihre Frage nicht ganz verstanden.

Schmidt: Ich wollte fragen, ob nicht eine zentrale Komponente beachtet werden muß, daß vom Zentrum, vom zentralen Nervensystem her, die Funktion von Magen, Darm und Blase in verschiedenen Narkoseverfahren unterschiedlich beeinflußt werden kann, und somit nicht nur das Erfolgsorgan hinsichtlich seiner Empfindlichkeit auf Acetylcholin betrachtet werden muß.

Bergmann: Die Acetylcholinempfindlichkeit des Erfolgsorgans im Magen-Darm-Trakt peripher gesehen ist ja eine reine Teilfunktion des Ganzen. Nun steht aber im Vordergrund der Beherrschung der Magen-Darm-Funktion die Vaguswirkung und wenn sie nun vom zentralen Gesichtspunkt aus diese zu blockieren in der Lage sind, so können sie auf zentralem Wege genau dieselben Funktionsstörungen oder Nichtfunktionsstörungen hervorrufen.

Es hat sich gezeigt, daß in der Neurochirurgie Situationen vorkommen, wo sie zentral durch vegetative Beeinflussung auf die Peripherie in absolut derselben Form einwirken können, wie wenn sie sie direkt angreifen.

Schmidt: Ja, da ist ja etwas mit dem Acetylcholin zu machen. Wir sehen es bei der zentralen Tachycardie, die außerordentlich empfindlich auf intravenöse Acetylcholingaben ist und auf andere Medikamente, z. B. Cholinesterasehemmer, gar nicht anspricht. Das ist also einfach ein Ausfall der vagalen Funktion. Dahin ging auch meine Frage.

Rittmeyer: Die Einschränkung der Urinproduktion, besonders am ersten postoperativen Tag, beruht ja vor allen Dingen auf einer vermehrten Produktion des antiduretischen Hormons. Von Morphinderivaten ist bekannt, daß diese eine vermehrte ADH-Produktion verursachen. Vielleicht sollte man hier mit Nachforschungen einsetzen.

Henschel: Das ist eine gute Anregung.

Schorer: Ich wollte nur sagen, daß wir bei unseren langdauernden NLA's keine Störungen der Wasserausscheidung und auch der Elektrolytausscheidung beobachten konnten. Wir hatten immer eine sehr gute Elektrolytbilanz. Ebenso wollte ich noch sagen, daß Darmatonien wesentlich geringer geworden sind und daß sie überhaupt kein Problem mehr darstellen bei der Dauer-NLA, während sie früher ein wesentliches starkes Problem waren, eine unangenehme Komplikation.

Henschel: Ich danke Ihnen sehr für diesen Hinweis.

Kreuscher: Vielleicht kann ich noch einen Beitrag zur Frage der Nierenfunktion geben: Wir haben einen Tetanusfall ausschließlich in NLA ohne Zugabe von irgendwelchen anderen Substanzen behandelt und diesen Fall bilanziert und ausschließlich parenteral ernährt. Es traten keinerlei Störungen der Nierenfunktion auf. Wir konnten dies ganz genau über Wochen verfolgen. Vielleicht gäbe das, zusammen mit weiteren Fällen, einige Aufschlüsse, denn wir haben hier gewissermaßen Ruhesituationen.

Radacovic: Ich möchte auf zwei Beobachtungen aufmerksam machen: Seit einiger Zeit führen wir alle Cystoskopien unter Thalamonal durch und wir haben dabei niemals eine verzögerte Blauausscheidung gesehen. Das ist das eine. Und das zweite: vor kurzer Zeit haben wir einen Patienten operiert, bei dem es notwendig war, einen Ureter zu implantieren. Der Chirurg hat sehr lange diesen Ureter erfolglos gesucht. Wir haben dann während der Operation Indigocarmin gespritzt und binnen 4 min nach der Einspritzung hat der Chirurg den Ureter gefunden, weil die Farbausscheidung auch sehr prompt erfolgte.

Henschel: Wir können also sagen, daß die klinischen Eindrücke bezüglich der Nieren- und Blasenfunktion gut sind und wir sind uns darüber einig, daß es an der Zeit ist, große Untersuchungsserien zur Objektivierung dieses Eindrucks durchzuführen.

Dann möchte ich noch etwas zu den ausführlichen Untersuchungen der Herren Boger und Tornetta über die Leberfunktion unter NLA bemerken: Ich glaube, daß diese Untersuchungen äußerst wichtig waren. Daß sie in einem so großen Umfang durchgeführt wurden, hat uns sicherlich manche Arbeit erspart. Vielleicht – und das ist meine persönliche Meinung – sollten sie aber untermauert werden mit leberbioptischen Befunden. Was meinen Sie dazu, Herr DOENICKE?

Doenicke: Wir machen seit zwei Jahren regelmäßig bei allen Operationen im oberen Bauchraum Leberbiopsien, die wir histologisch und enzymhistochemisch untersuchen. Das ist aber sehr schwierig: wir stellten fest, daß ein kleiner Druck oder die Luxation der Leber schon erhebliche Störungen im Enzymsystem bringen. Und wir kommen eigentlich nicht recht weiter. Wir müssen also tierexperimentelle Untersuchungen machen, wir haben auch schon Halothan-Untersuchungen gemacht und ich kann Ihnen sagen, daß wir dabei einige Überraschungen erlebt haben. Wir werden das jetzt an Kleintieren mit reiner Barbituratnarkose und NLA fortsetzen. Bei unseren bisherigen enzymhistochemischen Untersuchungen haben wir keine wesentlichen Veränderungen festgestellt, auch nicht bei lang dauernden Operationen. Hier fehlt uns aber die Vergleichsmöglichkeit, weil wir diese seit 2–3 Jahren nur in NLA durchführen.

Henschel: Meine Damen und Herren, nun hat die ganze Zeit über, als wir diese im Verlauf einer NLA interessierenden Fragen als Kliniker besprochen haben, der Pharmakologe aufmerksam zugehört und ich möchte nun Herrn JANSSEN bitten, aus seiner Sicht etwas über den einen und anderen eben behandelten Punkt zu sagen.

Janssen: Was mir bei Besprechung der Kreislaufveränderungen aufgefallen ist, war, daß wir das Wichtigste in meinen Augen gar nicht besprochen haben, nämlich das Myocard. Wenn über das Myocard diskutiert wird, ist es vom pharmakologischen Standpunkt her bekannt, daß die Neuroleptika und die morphinähnlichen Körper dem Tier keinen Myocardschaden zufügen. Soweit mir bekannt ist, beim Menschen auch nicht, was aber zu messen wäre. Die meisten Änderungen am Blutdruck, die beschrieben worden sind, sind reflektorischer Art und vagoton oder adrenolytisch zu deuten. Sie haben, soweit ich das beurteilen kann, nur sehr wenig Bedeutung, obwohl wir natürlich, wie Herr SCHMIDT betonte, unter bestimmten Umständen nicht blind sein können für die Tatsache, daß Verschiebungen der Blutverteilung eine große Bedeutung haben können. Das ist etwas, was wir natürlich beim Tier nicht beurteilen können.

Die NLA wurde von uns in der Pharmakologie eigentlich entwickelt, weil wir beim Tier das Bedürfnis hatten nach einer Methode, die uns ohne Gefahr bei einer großen Dosisbreite ermöglichte, Tiere, wie Affen und Hunde, ohne weiteres zu anaesthesieren ohne von Zeit zu Zeit einmal einen Zwischenfall zu haben. Das ist bekanntlich mit den üblichen Mitteln nicht möglich. Man muß sagen, daß gerade hinsichtlich einer Myocarddepression der Unterschied zwischen den herkömmlichen Verfahren und den morphinähnlichen Substanzen und Neuroleptika sehr groß ist. Vielleicht kann man in der Zukunft mit genauen und neueren Methoden den Einfluß der einzelnen Substanzen auf das Myocard selbst untersuchen und nicht auf dem Wege über Blutdruckveränderungen als Folge von Myocardschäden. Was die Spontanatmung angeht, so glaube ich, daß uns allen klar ist, daß eine kontrollierte Beatmung beim Menschen selbstverständlich das Beste ist. Bei Tieren muß allerdings gesagt werden, daß die NLA eine sehr einfache Angelegenheit ist. Eine einfache intramuskuläre Gabe oder auch die perorale Verabreichung einer genügend hohen Dosis von Neuroleptika und Analgetika ermöglicht es bei den meisten Tierarten, Operationen durchzuführen, das ist z. B. in verschiedenen zoologischen Gärten an Affen in größerer Serie gemacht worden. Man löst da einfach Dehydrobenzperidol und Fentanyl in Milch, die Tiere trinken das und ¼ Std. später kann man etwa 1 Std. lang eine beliebige Operation durchführen, und zwar mit Dosen, die mindestens 10mal geringer sind als die gefährlichen Mengen. Die Mortalität bei diesen Tieren ist gleich Null, obwohl die Atmung ziemlich stark deprimiert ist. Das ist bei Tieren aber nicht so gefährlich, denn es handelt sich meistens um gesunde Tiere und so können wir vielleicht auch begreifen, was bei gesunden und kräftigen Soldaten vorgeht, die das auch vertragen.

Ich glaube, man sollte in bezug auf Nieren- und Darmfunktion weiterarbeiten, obwohl die Ergebnisse mit den in der Klinik angewandten Dosen wahrscheinlich negativ sein werden. Es ist bekannt, daß Neuroleptika auf die Darmfunktion nur dann einen hemmenden Einfluß haben, wenn es sich um Neuroleptika mit stark sedierenden Eigenschaften und stark ausgeprägter adrenalytischer Wirkung, wie z. B. bei Chlorpromazin, handelt. Beim Tier ist es allerdings klar, daß mit Dehydrobenzperidol hinsichtlich der Darmfunktion nichts passiert. Mit Fentanyl sieht man andererseits genau das, was man beim Kreislauf auch sieht, nämlich eine Neigung zu vagomimetischen Wirkungen, die allerdings sehr kurzfristig sind und nicht bei allen Tieren auftreten. Dazu braucht man aber meistens bei Tieren eine sehr hohe Dosis.

In bezug auf die Leber: es ist so, daß wir die Substanzen geprüft haben, indem wir sie bei verschiedenen Tierarten in sehr hohen Dosen 6–24 Monate lang verabreicht haben. Wir haben danach die Tiere – Ratten und Hunde, aber zum Teil auch Affen – histologisch untersucht und vergeblich nach Leberschäden geforscht. Bei Tieren ist es natürlich möglich, unter Umständen zu arbeiten, die beim Menschen ausgeschlossen sind. Es würde mich jedoch wundern, wenn jemand Leberschäden beobachtet.

Doenicke: Ich glaube aber, darauf hinweisen zu müssen, daß man tatsächlich auf histo-enzymatische Untersuchungen Wert legen sollte, denn man macht immer wieder die Erfahrung, daß man mit histologischen Untersuchungen nicht allein weiterkommt.

Henschel: Vielen Dank. Es ist schön, daß wieder Themen aufgezeigt werden konnten, die noch eingehend zu untersuchen sind.

Kreuscher: Ich möchte noch etwas zu den Bemerkungen von Herrn Janssen über das Myocard sagen. Wir sind dabei, dieses Moment zu untersuchen, denn man kann meines Erachtens nicht ohne weiteres die Befunde des Tierexperimentes auf den Menschen übertragen. Unsere Befunde beziehen sich bis jetzt nur auf die Verabreichung von Dehydrobenzperidol. Es wird unsere nächste Aufgabe sein, festzustellen, was passiert, wenn wir Fentanyl nachgeben. Erwarten Sie pharmakologisch überhaupt nichts?

Janssen: Bei Tieren passiert nichts und was mich immer wundert, ist, daß man z. B. bei Barbituraten oder bei Halothan scheußliche Veränderungen beobachten kann.

Kreuscher: Jawohl, da sind jetzt wieder neuere Untersuchungen im Mainzer pharmakologischen Institut gemacht worden, nämlich Vergleiche zwischen Thiobarbituraten und Barbituraten, wobei – nebenbei gesagt – die Thiobarbiturate erheblich schlechter abschneiden als die Barbiturate bezüglich der Kontraktilität der einzelnen Herzmuskelfaser als Maßstab.

Janssen: Was mir auffällt, ist folgendes: Einerseits – ich gebe zu, daß das richtig ist – wird immer wieder die Atemdepression betont. Auf ihre Gefahr für die Klinik wird immer wieder hingewiesen. Ist aber auf der anderen Seite noch eine andere Gefahr so klar definiert für Substanzen, die im Tierversuch einen erheblichen Myocard-depressiven Effekt haben? Ich will nicht einsehen, daß das in der Klinik ganz ohne Gefahr sein kann. Ich glaube, daß dieser Effekt lediglich nicht gemessen wird.

Henschel: Mir ist gestern bei einigen Vorträgen bezüglich des Myocards etwas aufgefallen: Aus hier nicht zu diskutierenden Gründen wurden zwei oder drei Kreislaufstillstände bei der Einleitung oder während der NLA erwähnt. Und bei all diesen Fällen fiel mir auf, daß eine unverzügliche Wiederbelebung durch einfache extrathorakale Herzmassage – also nicht die effektivste Behandlungsform – gelang. Muß man da nicht sagen, wenn das Myocard in irgendeiner Weise von den beiden zur NLA verwandten Pharmaka sehr in Mitleidenschaft gezogen worden wäre oder noch ist, würde die Herztätigkeit nicht wieder so prompt in Gang kommen? Als zweites fiel mir dabei noch auf, daß die wiederbelebten Patienten alle hinterher wieder in einen guten Zustand ohne zerebrale Ausfallserscheinungen kamen. Vielleicht ist dies wieder ein Hinweis auf die vermutete Stoffwechselerniedrigung. Es ist nach meiner Erfahrung doch so, wenn man auch sagt, eine Herztätigkeit kam unverzüglich wieder in Gang – wir wissen, wie schnell die Zeit bei solchen Zwischenfällen dahinrinnt – und wenn ein Anaesthesist sagt, daß nach 5 min alles wieder in Ordnung war, so wissen wir doch in den meisten Fällen, daß man immer eine längere Zeitspanne veranschlagen muß. Wenn wir also auch in diesen Fällen diese Zeitspanne dazuschlagen, und wenn dann

a) das Herz doch prompt wieder in Gang kommt und

b) die zerebrale Restitution in allen Fällen so gut ist,

so ist das doch meines Erachtens eine Beobachtung, die darauf hinweist, daß einmal nicht viel am Myocard passieren kann und daß zweitens wahrscheinlich sogar das Gehirn von einer gewissen Stoffwechselerniedrigung unter der NLA betroffen wird, so daß es solche Zwischenfälle besser toleriert.

Eunicke: Es waren zum Teil wohl auch Asystolien bei Patienten, die unter Überleitungsstörungen litten.

Henschel: Ja, ich glaube, daß bei diesen Fällen die Ursache des Kreislaufstillstandes reflektorischer Art gewesen sein kann, evtl. durch die vagotone Komponente des Fentanyl.

Rittmeyer: Ein großer Prozentsatz der Wiederbelebungsfälle bekommt nach unseren Beobachtungen nach der Wiederbelebung ein Lungenödem. Wir haben bei den Wiederbelebungen von Patienten, die mit der NLA anaesthesiert wurden, ein solches Ödem nicht gesehen. Es sind zwar nur zwei Fälle, die wir gesehen haben, aber es fiel uns auf.

Gemperle: Ich kann vielleicht auch noch etwas zum Myocard äußern. Wir haben Abklemmversuche gemacht bei halothanisierten Hunden. Wir haben 10 min abgeklemmt und hatten keinen einzigen Hund, der wieder reanimiert werden konnte. Aber wir haben mehrere Hunde, die wir unter NLA bei ebenfalls 10minütiger Abklemmung sofort wieder reanimiert haben. Ich glaube, daß das auch etwas mit einer fehlenden Myocarddepression zu tun hat – natürlich auch mit einer evtl. Grundumsatzsenkung.

Kubicki: Zu letzterem möchte ich sagen, daß wir eine ganze Reihe erstaunlicher Beobachtungen bei Meerschweinchen gemacht haben. Wir haben intraperitoneal 0,5 mg Fentanyl verabreicht und wir hatten eigentlich überhaupt keine Lebensäußerung des Tieres mehr. Die Atmung war klinisch kaum noch feststellbar, ohne daß EEG-Veränderungen auftraten, wie wir sie sonst bei einem Sauerstoffmangel gewöhnt sind. Wir hatten ein sehr dysrhythmisches EEG, das in periodischen Entladungen kam, aber ohne Null-Linien dazwischen und wir hatten wirklich den Eindruck, als ob der Sauerstoffbedarf enorm herabgesetzt wird. Wir haben es bei diesen Fällen allerdings noch nicht messen können.

Rittmeyer: Ich hätte noch zwei Fragen an Herrn Gemperle was den Grundumsatz betrifft. Diesen Grundumsatz-Sauerstoffverbrauch senken Sie in einem erheblichen Maße durch jede Form der Narkose. Alle Untersuchungen, um den Hypothermie-Einfluß zu manifestieren auf den Grundumsatz, gehen davon aus, daß der Grundumsatz in Narkose auf einen Basalstoffwechsel gebracht ist und dieser Basalstoffwechsel läßt sich nun nicht mehr viel senken. Es hat sich herausgestellt, daß damit der Hypothermie Grenzen gesetzt sind, vor allen Dingen der moderierten Hypothermie. Jetzt möchte ich Sie fragen: 1. Ist diese Grundumsatzsenkung bei anderen Narkosen schwächer als hier unter NLA? Und 2. Wollen Sie aus diesen 50%igen Senkungen schließen, daß die NLA eine Dämpfung der zentralen Stoffwechselsteuerung macht?

Gemperle: Zuerst zur Frage 1. Es liegen Messungen vor bei anderen Narkosen – ich glaube, NORLANDER hat auf dem Kongreß in Genf darüber bei gewöhnlichen Routinenarkosen, wie Halothan, berichtet, und er hat Grundumsatzerniedrigungen von ungefähr 12–15% angegeben. Wir haben das auch gemacht, ich habe meine Hunde in diese Lage versetzt, weil es ja unmöglich war, unnarkotisierte Hunde zu haben, bei denen ich den Grundumsatz-Nullwert bestimmen konnte. Darum habe ich mich auf die Barbituratnarkose eingelassen und dies als Null-Linie, als gesetzte Null-Linie, angegeben. Erst dann haben wir mit der Neuroleptanalgesie begonnen. Und auf diese schon bestehenden Verhältnisse – das ist noch interessant zu vermerken – haben wir bei diesen Hunden Operationen im Abdomen und Thorax durchgeführt. Ließen wir sie nur in Barbituratnarkose, so haben wir Grundumsatzsteigerungen bis zu 50% und noch mehr bekommen. Haben wir NLA dazu gegeben, so hatten wir diese Steigerungen nicht mehr, also der stark analgetische Effekt macht offenbar diese Stabilisierung. Sie haben aus der Kurve gesehen, daß sie nach 10–15 min vorlag, ich glaube, wenn man kontinuierlich messen würde, würde man schon nach 2–3 min eine ganz erhebliche Einschränkung sehen. Wir haben also den Effekt, den wir bei der Barbituratnarkose beobachten konnten, unter NLA nicht mehr gehabt. Also war wohl die Analgesietiefe so enorm, daß das Tier keine Gegenregulation mehr ausführte. Und zu Frage 2. Es ist ja wohl eine etwas gewagte Behauptung und ich habe sie auch nicht so formuliert. Ich persönlich schließe auf eine zentrale Regulierung, zunächst einmal ganz aus klinischen Beobachtungen. Geben Sie Lethidron – da sind Sie doch mit mir einig, daß dies ein zentrales Analeptikum mit rein zentraler Angriffsstelle ist – so haben Sie sofort, und zwar innerhalb 1 min, eine erhebliche Exzitation. Die haben wir gar nicht messen können, weil die Messung mit dem Spirometer unmöglich ist, wenn nicht absolute Ruhe herrscht. Wir haben dann 5 min gewartet und dann gemessen und haben ungefähr den Ausgangswert erhalten, wie er bei ähnlichen Versuchen mit dressierten Hunden gewonnen werden konnte. Wir waren also noch höher als mit dem Normalruhewert. Mit Lethidron – durch die Exzitation – zeigte der Hund einen Grundumsatzüberschuß von +15. Das ist doch eine Möglichkeit, daß das alles zentral gesteuert wird. Aber die andere Möglichkeit zur Erklärung, die mir viel plausibler erscheint, sind doch unsere Abklemmversuche. Wir haben Hunde praktisch decerebriert, so daß sie überhaupt keine Hirnstrompotentiale mehr äußerten. Dann haben wir wiederum die Pharmaka gespritzt, um eine Grundumsatzmessung durchzuführen. Und wir haben festgestellt, daß wir nie mehr eine Grundumsatzsenkung erreichen konnten. Das spricht doch auch wieder dafür, daß eine zentrale Regulierung da sein muß, denn wir konnten ja mit all den Pharmaka nun nicht mehr zentral angreifen. Diese Hunde zeigten, was zu erwarten war, einen Grundumsatz von ungefähr —12–15%. Das kann man sich auch vorstellen, wenn Sie einen myxematösen Patienten haben, der sehr ruhig ist, ist der Grundumsatz auch sehr tief. Und diese Hunde sind richtig schlaff und praktisch tot, da ist nur noch das Herz, das ruhig weitergeschlagen hat mit guten Blutdruckwerten, und das ist wiederum erstaunlich. Und so glaube ich trotz allem schließen zu können, daß es schließlich doch eine zentrale Regulierung gibt.

Schmidt: Mir ist die gute Korrelation zwischen dem EEG-Grundrhythmus, dem Grundumsatz und letztlich dem, was ich am Kreislauf – wenn man das länger kontrolliert – gesehen habe, aufgefallen. Ich habe Untersuchungen gemacht beim PARKINSON-Syndrom über die Korrelation zwischen dem EEG-Grundrhythmus und der Hirnsauerstoffaufnahme. Die Korrelation bei extremen Schwankungen im vegetativen Grundtonus, also bei extremer Parasympathikotomie und Sympathikotonie, ist mit $R = 0{,}79$ höchst signifikant. Wenn ich EEG-Grundrhythmusänderungen sehe, wie bei Ihnen in den ersten 40–50 min bei einem Alpha-Rhythmus, und bei Ihnen einen Grundumsatz- oder Energiestoffwechselsenkung von bis zu 50% feststelle, die sich dann auch wieder in derselben Zeit regularisiert, dann möchte ich doch annehmen, daß korrelierte, im ganzen Körper vorhandene Senkungen des Stoffwechsels vorliegen, sich dann auch in einer Senkung des Herz-Zeit-Volumens äußern. Ich glaube, wir werden dahin kommen, zu sagen, daß das doch eine starke, durch vagomimetische und sympathikolytische Effekte hervorgerufene extreme Senkung der gesamten vegetativen Funktionen ist.

Grabow: Auch ich wollte noch etwas zu Herrn GEMPERLE sagen: Trotz der überzeugenden Meßwerte, die Sie uns geboten haben, bin ich immer noch nicht recht überzeugt, daß nun eine absolute Grundumsatzsenkung vorliegt. Sie haben den Sauerstoffverbrauch bestimmt und damit eine spirographische Grundumsatzbestimmung vorgenommen. Das allein genügt meines Erachtens aber nicht, um eine Grundumsatzbestimmung vorzunehmen. Für eine Grundumsatzbestimmung ist die Bestimmung des respiratorischen Quotienten mit Sauerstoffaufnahme und CO_2-Abgabe nötig. Die habe ich bisher vermißt. Mir fiel bei Ihren Befunden immer auf, daß alle mit einem erniedrigten Bikarbonatgehalt zusammenkamen. Das entspricht aber doch einer metabolischen Azidose, und das würde dann dafür sprechen, daß bei niederem Sauerstoffverbrauch eine verminderte Gewebsperfusion mit Sauerstoff erfolgt, die zu dieser metabolischen Azidose führt. Das darf doch nun aber nicht dazu führen, daß eine echte Grundumsatzerniedrigung angenommen wird, sondern nur irgendwelche peripheren Lungenperfusionsstörungen.

Gemperle: Ja, dazu kann ich mich hier nicht endgültig äußern. Was ich hier vorgetragen habe, ist ja nur eine vorläufige Mitteilung und eine Hypothese. Sie wissen alle, wie unerhört schwierig es ist, Grundumsatzmessungen in einem geschlossenen System durchzuführen. Bis Sie nur den ENGSTRÖM einmal dicht bekommen haben und bis Sie den Spirometer angeschlossen haben, dauert das 1–2 Std., wenn Sie eine wirklich objektive Messung durchführen wollen. Darum habe ich mich dann nur auf die Blutgaswerte, die einfach bei den verschiedenen Messungen parallel entnommen wurden, verlassen. Und diese Blutgasanalysen-Werte, das ist meine Meinung, ist doch bei uns Anaesthesisten immerhin die Quittung für eine durchgeführte Anaesthesie.

Buhr: Ich wollte dazu nur sagen, daß man eigentlich nur vom Sauerstoff-Aufnahmewert sprechen kann, nicht vom Grundumsatz. Aber vielleicht kann ich noch etwas zum Myocardstoffwechsel sagen. Die EKG-Untersuchungen haben uns klar gemacht, wie in der Barbituratnarkose tatsächlich beträchtliche Veränderungen auftreten, die sich allerdings relativ schnell wieder zurückbilden. So sehen wir z. B., daß die elektrische Systole verlängert ist und die mechanische dagegen verkürzt. All diese Veränderungen haben wir nie bei der Neuroleptanalgesie gefunden.

Gemperle: Dazu muß ich eine Korrektur bemerken: ich habe immer nur von Sauerstoffaufnahme gesprochen, der Begriff Grundumsatz ist hier nur durch den Gesprächsjargon hineingekommen.

Henschel: Meine Damen und Herren, die Zeit drängt. Vielleicht sollten wir, bevor wir zur postoperativen Phase kommen, noch kurz etwas über eine spezielle Indikation der Neuroleptanalgesie hören, nämlich zu ihrer Anwendung im Kindesalter. In Bremen hat sich Frau SCHWEDER mit diesem Gebiet beschäftigt, sie ist eine der wenigen, die damit Erfahrungen hat. Ich selbst weiß nur noch von DAVENPORT in Kanada, der eine größere Untersuchungsserie angestellt hat, die wir aber bis heute noch nicht weiter kennen.

Schweder: Für die Neuroleptanalgesie werden morphinartige Substanzen verwendet. Daher schien ihre Anwendungsmöglichkeit bei Kindern zunächst fraglich.

Morphin und seine Abkömmlinge führen bei Kindern schon in sehr geringer Dosierung zur Atemdepression, die meist schon viel früher auftritt als die beabsichtigte Schmerzausschaltung. Auch HENSCHEL hat aus diesen Gründen vor der Anwendung der Neuroleptanalgesie in einer Kinderklinik gewarnt.

Wir verwenden jedoch seit $1^1/_2$ Jahren die Neuroleptanalgesie für besondere, hierfür geeignete Fälle mit gutem Erfolg.

Ich möchte vorausschicken, daß alle diese Kinder grundsätzlich intubiert werden und daß Möglichkeit zur kontrollierten Beatmung immer vorhanden ist. Ohne diese Vorsichtsmaßnahmen beim Kind eine Neuroleptanalgesie durchzuführen, erschiene mir nicht nur unzweckmäßig, sondern geradezu leichtfertig.

Daß die Inhalationsnarkose für Kinder besonders günstig ist, kann nicht bestritten werden.

Wenn aber Erkrankungen, besonders entzündliche Veränderungen der Atemwege vorliegen, ist die Verwendung gewebsirritierender und -reizender Narkosemittel nicht wünschenswert. Hier wenden wir jetzt die Neuroleptanalgesie an.

Unter den größeren Kindern sind es besonders die Fälle von Bronchiektasen mit oft heftiger Begleitbronchitis und Sekretretention, die in Neuroleptanalgesie operiert werden – z. B. wenn der erkrankte Lungenanteil entfernt werden muß. Die Neuroleptanalgesie ist hier nicht nur eine schonende Anaesthesieform, sie erleichtert auch die postoperative Überwachung der Kranken.

Die Patienten sind nach der Operation sofort ansprechbar und können zum Tiefatmen und Abhusten angehalten werden. Postoperative Atelektasenbildung durch unzureichende Atemleistung kann damit weitgehend vermieden werden.

Unter den Neugeborenen, die ja die besonderen Probleme der Kinderchirurgie und damit auch der Kinderanaesthesie bedingen, sind es besonders die Patienten mit angeborener Ösophagusatresie, die in Neuroleptanalgesie operiert werden. Diese Kinder, die im Alter von 1–3 Tagen aufgenommen werden, haben alle aspiriert, mindestens Fruchtwasser. Die Lunge ist daher niemals mehr einwandfrei gesund. Wie stark die pulmonalen Veränderungen sind, hängt von verschiedenen Umständen ab:

1. Vom Alter des Kindes. Innerhalb der ersten 24 Lebensstunden hat sich meist noch keine klinisch erfaßbare Pneumonie entwickelt. Ältere Kinder haben oft eine doppelseitige Pneumonie mit ausgedehnten Atelektasenbezirken.

2. Vom Gewicht des Kindes; bzw. von seinem Reifegrad. Ausgetragene und normalgewichtige Kinder sind resistenter als Frühgeburten, besonders wenn sie noch unter 2000 g wiegen.

3. Von den zusätzlichen Schädigungen, die das Kind infolge nicht rechtzeitiger Diagnosenstellung erfahren hat, z. B. wiederholte Fütterversuche und Röntgenuntersuchungen mit Kontrastmitteln.

Auch bei verbesserter Diagnostik und schnellerem Transport in eine Fachklinik müssen wir wenigstens mit der nicht zu vermeidenden Fruchtwasseraspiration immer rechnen. So hatten von vornherein die pulmonalen Komplikationen in der Statistik der Todesursachen dieser Fälle einen erheblichen Anteil.

Nachdem der früher übliche Äther durch das weniger reizende Halothan ersetzt wurde, ergaben sich bereits deutliche Verbesserungen unserer Behandlungsergebnisse. Die postoperativen Schwierigkeiten nahmen ab und es überlebten auch insgesamt mehr Kinder als in den Jahren zuvor, auch solche mit schwereren pulmonalen Veränderungen. Die guten Ergebnisse, die Henschel mit der Neuroleptanalgesie bei erwachsenen Patienten erzielte, ermutigten uns, diese Narkosemethode auch beim Neugeborenen anzuwenden. Wir hofften, eine vorgeschädigte Lunge des Kindes damit weitgehend schonen zu können.

Bisher wurden in der Bremer Kinderklinik 58 Fälle von Ösophagusatresie in Neuroleptanalgesie operiert. Die Ergebnisse waren gut. Alle Kinder waren am Ende der Operation wach und hatten einen guten Kreislauf. Die Atemleistung war – mit Ausnahme eines Falles – immer gut und unbehindert, die Kinder konnten sofort nach der Operation kräftig schreien. Eines der Kinder, bei dem die Spontanatmung nach der Operation unbefriedigend war und auch noch längere Zeit blieb, hatte außerdem noch eine Nierenmißbildung. Vermutlich hatte bereits ein präurämischer Zustand bestanden.

Einige der Kinder hatten bei der Aufnahme schon schwere Pneumonien. Es ist gelungen, sie am Leben zu erhalten, ohne daß besondere postoperative Schwierigkeiten aufgetreten sind. Im letzten Jahr haben wir auch 3 Kinder mit schwerer Blutung aus den Luftwegen retten können. Bisher galt diese Komplikation als unüberwindbar. Es schien fast aussichtslos, solche Patienten überhaupt zu operieren.

Bei diesen 3 Kindern war es gelungen, die Atemwege hinreichend frei zu halten und die Blutung zum Stehen zu bringen. Sie trat auch späterhin – weder während der Narkose noch in der postoperativen Zeit nicht wieder auf.

Alle Kinder überstanden die postoperative Zeit beachtenswert gut und machten auffallend wenig Schwierigkeiten, insbesondere konnte das Auftreten postoperativer Atelektasen weitgehend eingeschränkt werden.

Indessen hat natürlich auch die verbesserte operative Technik einen Anteil an den günstigeren Verläufen.

Schließlich hängt die Zahl der überlebenden Fälle auch weitgehend von dem anfallenden Krankengut ab.

Unter den in Neuroleptanalgesie operierten Kindern überlebten bisher 75% gegenüber 66% bei Halothannarkose.

Die Neuroleptanalgesie belastet die Neugeborenen so wenig, daß es in einigen Fällen möglich war, mehrere schwere Mißbildungen in einer Operation zu beseitigen.

Trotz einer Operationsdauer von mehreren Stunden sind die Kinder am Ende der Operation in gutem Zustand und voll atemtüchtig gewesen.

Ein so ausgedehnter Eingriff wird selbstverständlich nur bei kräftigen Kindern, und wenn keine schwerwiegenden pulmonalen Veränderungen bestehen, ausgeführt.

Wir haben den Eindruck, daß die Neuroleptanalgesie unter Beachtung gewisser Sicherheitsmaßnahmen auch in der Kinderanaesthesie anwendbar ist und glauben, den Beweis erbracht zu haben, daß diese Anaesthesie bei pulmonal geschädigten Patienten gegenüber der bisher bei Kindern üblichen Inhalationsnarkose erhebliche Vorteile bietet, so daß sie zur Rettung schwerstkranker Kinder wesentlich beitragen kann.

Henschel: Vielen Dank, ich glaube, das war doch eine sehr wertvolle Mitteilung, die einige von uns ermutigen wird, in entsprechenden Fällen nun auch die NLA auf diesem Gebiet anzuwenden. Zu den Erfolgen kann man Frau Schweder nur beglückwünschen.

Böhmert: Dosierung?

Schweder: Zur Dosierung ist zu sagen: außerordentlich wenig. Wir haben schon in Freiburg gesagt, daß der Verbrauch der Kinder außerordentlich unterschiedlich ist. Das richtet sich nicht nur nach dem Gewicht der Kinder, sondern offensichtlich ist die Fähigkeit der Neugeborenen-Leber, diese Stoffe abzubauen, oft verschieden stark entwickelt. Wir haben anfangs das Thalamonal verwendet, sind dann aber zu der Überzeugung gekommen, daß der Nachschub an Sedativum nicht nötig ist, sondern nur noch eine Schmerzausschaltung gefordert wird. Wir verwenden jetzt das Haloperidol in einer Dosierung von etwa 1 mg – das sind 0,2 ml der üblichen Ampulle – für etwa 4–5 kg Körpergewicht. Bei ausgedehnten Operationen geben wir die gleiche Menge nochmal intravenös. Wir leiten die Narkose mit Lachgas ein, bis eine Tropfinfusion angelegt ist, und danach geben wir Phenoperidin in einer Dosis von 0,1–0,3 mg je nach Größe des Kindes und, ich möchte sagen, je nach Qualität, denn vitale Kinder können auch größere Dosen vertragen. Man muß sich sehr nach dem klinischen Bild richten.

Henschel: Schönen Dank. Ich darf Sie nun nur eines bitten, Frau Schweder, ob Sie nicht einmal versuchen, statt des Haloperidol das Dehydrobenzperidol zu verwenden, anstatt des Phenoperidin das Fentanyl. Das tun wir ja bei den Erwachsenen aus den gestern wohl offen dargelegten Gründen. Das Haloperidol soll mehr zu extrapyramidalen Zeichen neigen als das Dehydrobenzperidol und das Kind ist meines Erachtens zu solchen Symptomen noch prädestinierter als mancher Erwachsene. Es würde uns alle tatsächlich interessieren, wenn wir später einmal etwas über Ihre Erfahrungen mit diesen beiden Pharmaka hören könnten.

Schweder: Das ist sehr schwierig. Die beiden Stoffe werden außerordentlich schnell abgebaut. Man muß mindestens 3–4, mitunter 5–6mal während der Operation nachinjizieren und das belastet unser Flüssigkeitskontingent zu sehr, denn Sie wissen, wir verwenden einen intravenösen Dauertropf mit einem ganz dünnen PVC-Schlauch, aus dem man natürlich dieses injizierte Mittel erst einmal herausspülen muß, indem man z. B. Laevulose nachspritzt. Da sammelt sich dann aber Kubikzentimeter zu Kubikzentimeter und wir haben manchmal, bei stark aufgefüllten Kindern, nur 10–15 ccm Raum für unsere Anaesthesie überhaupt. Mit Phenoperidin kommen wir meistens mit 1–2 Injektionen aus und das hilft uns schon. Das Haloperidol verwenden wir, weil wir sehr gern eine etwas anhaltendere Sedierung haben. Wir haben nur drei Fälle, bei denen wir einmal Überdosierungserscheinungen bemerkt haben, aus einer Gesamtzahl von 4–500 Fällen bis heute.

Crul: Ich glaube, mit diesem Volumenüberschuß kann man Ihnen helfen. Es gibt heute ganz spezielle T-Stücke, die die Injektion von minimalen Pharmaka-Mengen ohne irgendwelches Nachspritzen in eine liegende Kapillare ermöglichen.

Henschel: Wir müssen jetzt zum letzten Punkt kommen, nämlich zur Frage der postoperativen Ventilation nach Neuroleptanalgesie. Vor uns steht die Diskrepanz der Ergebnisse zweier gestriger Vorträge. Aber bevor wir auf diese im einzelnen eingehen, möchte ich Herrn HERDEN bitten, etwas über blutgasanalytische Befunde, die in seiner Abteilung durchgeführt wurden, zu sagen.

Herden: Wir haben Blutgasanalysen gemacht bei unserer Methode mit dem Dauertropf. Und zwar vor Prämedikation mit Thalamonal, 30–45 min nach Prämedikation mit Thalamonal und dann unmittelbar nach Operationsende und in einigen Fällen nochmals 20–30 min nach der Operation. Dabei haben wir gefunden, daß – ich beginne mit den postoperativen Werten, die ja hier am interessantesten sind – postoperativ keine signifikanten Veränderungen festzustellen waren, sowohl in der Sauerstoffsättigung als auch im PCO_2. Eine Sauerstoffspannung können wir bei uns nicht feststellen, wir haben nur die Sättigung, das PCO_2 und den pH-Wert sowie den Standard-Bikarbonatwert bestimmt. Was uns auffiel, ist, daß nach der Prämedikation, also 30–45 min nach der Gabe von durchschnittlich 2 ml Thalamonal doch oft eine Erhöhung des PCO_2 festzustellen ist. Nun sind unsere Zahlen aber nicht groß. Wir verfügen nur über 20 Beobachtungen, die verwertbar sind, aber es scheint doch eine Signifikanz aufzukommen, daß sich der PCO_2-Wert um 3–4 mm Quecksilber erhöht.

Henschel: Das wollte ich gerade fragen: wie hoch? Wobei Ihr Maximalwert wie war?

Herden: Wir hatten einen Patienten, bei dem der PCO_2-Wert vor der Prämedikation 48 mm Hg und nach der Prämedikation 56 mm Hg betrug.

Henschel: Es ist ja klar, daß das Fentanyl einen atemdepressiven Effekt hat. Der ist bei anderen Analgetika, z. B. beim Pethidin, auch da.

Herden: Es fiel nur auf, daß er nach der Operation nicht so ausgeprägt ist.

Henschel: Schönen Dank. Meine Damen und Herren, vor uns stehen – wie gesagt – die beiden Vorträge von gestern mit den unterschiedlichen Ergebnissen und es zwingt sich uns die Aufgabe auf, irgendeine Erklärung dafür zu finden. Wir wollen nicht über die Befunde im einzelnen, über die Zahlen und Werte, über die Methoden der Untersuchungen diskutieren. Die müssen geglaubt werden. Wir brauchen einen Schlüssel zum Verständnis. Vielleicht ist ein kleiner Schlüssel schon darin zu finden, daß bei der einen Arbeit nur über Thoraxeingriffe, über Lungenresektionen gesprochen wurde, und daß bei der anderen Arbeit nur abdominale und neurochirurgische – vorwiegend Rückenmarksoperationen – Eingriffe verwertet wurden.

Herrn GRABOWS Untersuchungen haben mich gestern etwas pessimistisch hinsichtlich unserer eigenen Beobachtungen gestimmt, obwohl – das sagte ich schon mehrfach – von anderer Seite immer mehr unser Eindruck bestätigt wird. Als ich heute früh vor dieser Sitzung in unserer Klinik war, habe ich mir einen 76jährigen Patienten angesehen, der nach Mitternacht wegen einer Magenperforation in einem sehr deletären Zustand in NLA operiert worden war. Er bot 7 Std. nach der Anaesthesie allerdings einen Zustand, der in keiner Weise den Befunden von Herrn GRABOW entsprach.

Grabow: Zunächst muß ich einmal sagen, daß Sie sicherlich die NLA besser in der Hand haben und beherrschen als wir. Wir können vielleicht besser mit der Halothan-Narkose umgehen, möglicherweise schneiden dann auch die Halothan-Patienten bei uns besser ab. Das ist vielleicht ein Grund. Ich gebe weiter zu, daß unsere Dosierung stellenweise erheblich dazu beigetragen hat oder haben kann, daß der postoperative Verlauf dem entsprach, den ich andeutete, mit Schläfrigkeit und keinem Abhusten. Das kann, wie mir einige von Ihnen sagten, bei hohen Dosen von Dehydrobenzperidol passieren. Wir haben uns allerdings streng an die früher empfohlene Dosierung gehalten und haben bei Blutdruckanstiegen, bei Pulsfrequenzsteigerungen durch entsprechende Nachgabe von Dehydrobenzperidol und Fentanyl versucht, eine stabile Kurve zu erzielen, und das haben wir durch fortlaufende Registrierung des Druckes oder eben auch durch Manschetten-Registrierung erreicht. Dadurch sind wir dann zu höheren Fentanyl- und vor allem Dehydrobenzperidol-Mengen gekommen, die über den 25 mg, die empfohlen werden, liegen. Wir haben Messungen durchgeführt bis zur 24. Std., danach gleichen sich beide Untersuchungsreihen an. Bis dahin liegt aber bei uns ein statistisch gesicherter Unterschied vor. Ich habe keine rechte Erklärung, warum der PO_2 in der Neurolept-Gruppe tiefer liegt als in der Halothan-Gruppe. Eine wäre eben: die Patienten haben schlechter gehustet, sie haben leichter dadurch Atelektasen, sie haben einen höheren Shunt und damit ist der PO_2 niedriger geworden. Eine alveoläre Hypoventilation kann es nicht gewesen sein, denn der PCO_2 war normal. Mehr kann ich leider dazu nicht sagen.

Henschel: Ich glaube, Sie haben die entscheidenden Punkte:

a) Erfahrung,

b) Technik und damit

c) Dosierung,

sehr richtig erkannt.

Böhmert: Ich muß nun ja auch etwas sagen. Wenn ich unsere Werte mit Ihren Ergebnissen vergleiche, und wir haben beide 10 min, 1 Std. und 2–4 Std. nach Operationsende gemessen, haben wir in der ersten Stunde nach der Operation eine Übereinstimmung. Was für eine Störung vorliegt, ist unklar, es könnte ja auch eine Verteilungsstörung sein. Wir haben die Ventilationswerte mit bestimmt. Die alveoläre Ventilation, auf die es ja in diesen Fällen ankommt, ist gleich geblieben. Wir haben aber im Gegensatz zu Ihnen auch nach zwei und vier Stunden normale PO_2-Werte erhalten. Und teilweise sogar noch über dem Ausgangswert liegende PO_2-Werte. Das widerspricht Ihren Befunden. Und hier kommen wir zur Dosierungsfrage, über die wir uns schon unterhalten haben. Die Dosen liegen bei Ihnen zum Teil mehr als doppelt so hoch wie bei uns. Soweit mir erinnerlich, sind Sie ja bis zu 100 mg Dehydrobenzperidol gekommen.

Grabow: Ja, und Sie sagten, daß Sie am Anfang auch solche Mengen erreicht haben?

Böhmert: Jawohl, aber nur vor zwei Jahren, als das Dehydrobenzperidol und Fentanyl aufkam...

Henschel: Und dann wurden diese Dosen nicht von uns erreicht, sondern von einem unserer Gäste, der uns die beiden neuen Substanzen zum ersten Male demonstrierte.

Böhmert: Und mit diesen anfänglich hohen Dosen hatten wir auch die schläfrigen Patienten, wie Sie sie nach der NLA sehen. Ich glaube, das ist wohl die Hauptursache dafür, daß Sie sagen, daß nach den Halothan-Narkosen bei Ihnen die Patienten nicht so schläfrig sind wie nach der NLA.

Grabow: Ja, Herr BÖHMERT, das ist aber eine Definitionsfrage: was nennt man schläfrig? Die Patienten lagen im Bett, hatten die Augen zu, waren aber ansprechbar und vielleicht auch in der Lage, eine Zeitung zu lesen. Jemand, der eine Thorakotomie überstanden hat, ist natürlich mitgenommen und hat das Bedürfnis zu ruhen. Ich glaube, da gibt es wenig Unterschiede zwischen der Halothan-Narkose und der NLA. Die Schmerzen bei den in Halothan-Narkose operierten Patienten sind natürlich größer, das sagen die Patienten selbst.

Böhmert: Und Sie meinen doch, daß diese niedrigen PO_2-Werte daran liegen, daß die Patienten hinterher weniger atmen und dadurch weniger abhusten können und daß es unter Umständen zu einer Art Anschoppung der Lunge kommt.

Grabow: Das wäre für mich eine elegante Erklärung.

Böhmert: Aber es ist doch nun erklärlich, daß ein Patient, wenn er noch wacher ist, wahrscheinlich besser abhusten wird und auch dadurch besser durchatmet.

Grabow: Ja, das würde es genau treffen, denn die Halothan-Patienten sind ja dann wacher.

Böhmert: Ja nun, man behauptet aber, daß die Halothan-Narkose in der postoperativen Phase oft spastische Zustände macht, und Sie sagen, daß die Patienten mehr Schmerzen haben als nach einer Neuroleptanalgesie. Das würde aber doch genau dem widersprechen. Wenn man weniger Schmerzen hat, atmet man im allgemeinen besser durch.

Grabow: Nun, schmerzbedingte Ventilationsstörungen fallen beispielsweise nach den Untersuchungen von RODEWALD nahezu für irgendwelche

Meßwerte des Säurebasenhaushaltes aus. Die gibt es höchstens in 1% des Gesamtumfanges. Wenn jemand schmerzbedingt nicht gut atmet, dann macht sich das praktisch nicht in einer Senkung oder in einer Steigerung des PCO_2 bzw. PO_2 bemerkbar. Wir haben ja auch keine Hypoventilation, sondern wir müssen an eine Diffusionsstörung denken oder an eine Shunt-Änderung, denn die Patienten haben einen niedrigen PO_2, beide Gruppen, wobei allerdings die NLA-Gruppe tiefer liegt. Bei, ich betone nochmals, normalem PCO_2 und annähernd normalem pH-Wert. Damit kann man doch eine Ventilationsstörung ausschließen. Es muß irgendwie in der Übertragung zwischen Alveole und Kapillare liegen.

Gemperle: Ich möchte vielleicht etwas hinzufügen, Sie haben hier Untersuchungen von Herrn Rodewald zitiert. Es mag richtig sein, was er sagt. Aber es ist doch eigenartig, daß meine Halothannarkosen-Fälle schlechter abgeschnitten haben als die NLA-Patienten. Sie sind doch sicher mit mir der Meinung, daß Halothan ein schlechtes Analgetikum ist. Ich habe jetzt Versuche gemacht, Halothan mit Pethidin zu kombinieren und ich konnte dabei feststellen, daß die Saturation dieser Patienten wesentlich besser ist.

Grabow: Unsere Meßwerte stimmen ja fast überein. Sie haben 10 min nach der Extubation gemessen, und die Werte entsprechen nahezu unseren Ausgangswerten. Es ist auch so, daß der Halothan-Narkotisierte nach der Extubation für eine gewisse Zeit zur Preßatmung neigt. Das ist bei Neuroleptanalgesierten nicht der Fall.

Gemperle: Das können Sie mit kleinen Dosen von 30–40 mg Pethidin ohne weiteres auffangen.

Henschel: Meine Damen und Herren, ich habe als Vorsitzender die Aufgabe, zu vermitteln. Vor allem aber darauf zu achten, daß wir die Zeit nicht überschreiten. Ich möchte Ihnen einen Kompromiß anbieten. Die Gießener Gruppe untersucht einmal abdominale Eingriffe mit der von uns angewandten Dosierung und wir untersuchen als nächstes Patienten mit Lungenresektionen und wir werden uns dann noch einmal unterhalten.

Vielleicht darf ich schnell noch ein ganz kurzes Résumé fassen. Ich sagte gestern, daß meine Meinung ist, daß die Neuroleptanalgesie eine Methode ist, über die man diskutieren muß, die man aber nicht mehr wegdiskutieren kann. Ich bin so frei und sage, daß diese beiden Tage meine Auffassung offensichtlich bestätigen. Wir haben eine Fülle von neuem Material angeboten bekommen. Ich glaube, Anaesthesieverfahren, die so gründlich durchdiskutiert werden, wo man die verschiedensten Aspekte so eingehend durchspricht, sind selten. Wir sollten auf dieser Ebene fortfahren. Wir sind uns einig und ich begrüße es, daß noch einige Fragen zu klären und zu untersuchen sind. Darüber wollen wir in einiger Zeit hoffentlich Klarheit haben. Und vielleicht darf ich einen Wunsch äußern: wir sollten uns in einem oder in eineinhalb Jahren wieder – vielleicht an dieser

Stelle – treffen, um das, was inzwischen an Ergänzendem oder an Neuem gefunden wurde, zu besprechen. Die freimütige Aussprache im kleinen Kreise bringt uns tatsächlich immer wesentlich weiter als ein Referat auf einem großen Kongreß.

Somit möchte ich allen Referenten und Diskussionsrednern für ihre Beiträge danken, ich glaube, das Niveau kann als hoch bezeichnet werden, und mit diesem Rückblick auf zwei sehr positive Arbeitstage darf ich das 2. Bremer Neuroleptanalgesie-Symposion schließen.

Sachverzeichnis

Anaesthesiology and Resuscitation
Anaesthesiologie und Wiederbelebung
Anesthésiologie et Réanimation